SOPHIA KIMMIG

MOVE!

WIE FORTBEWEGUNG DAS LEBEN DER TIERE BESTIMMT

Hanser

1. Auflage 2025

ISBN 978-3-446-28110-3

Vilshofener Straße 10 | 81679 München | info@hanser.de

Umschlag: Anzinger und Rasp, München
Motiv: © Photostock-Israel / Science Photo Library / Getty Images
Satz: Greiner & Reichel, Köln
Druck und Bindung: GGP Media GmbH, Pößneck
Printed in Germany

FSC www.fsc.org
MIX
Papier | Fördert gute Waldnutzung
FSC® C014496

Für Aurelia,
die auf manch steinigem Weg an meiner Seite geht
SISTERHOOD

INHALT

PROLOG

Während ich diese Zeilen schreibe, klingen von meinem Wohnzimmerfenster her ferne Rufe an mein Ohr. Hell und sirrend summieren sie sich und kommen rasant näher. Die Stimmen vereinen sich zu einer akustischen Welle, türmen sich auf, schwellen an und entladen sich dann im kraftvollen Schrei Dutzender Kehlen. Ein Schrei, der nach purer Freiheit klingt.

Es ist die Freiheit eines Lebewesens, das den Boden in seinem ganzen Leben kaum je berührt. Das in der Luft frisst, trinkt und sogar schläft. Sein luftiges Element, nach dem es im Laufe der Evolution so eindrücklich passend geformt wurde, verlässt es über Monate hinweg nicht ein einziges Mal.

Erneut dringen die Vogelstimmen von draußen herein und ich blicke auf. Die Rufe des Mauerseglers sind lautstark und dennoch melodisch. Dieses energiegeladene Himmelskonzert gehört zu meinen liebsten unter all den Tönen in der Natur. Also stehe ich auf und verlasse meinen Schreibtisch, um auf den Balkon zu treten. Von links nähern sich die Segler in atemberaubendem Tempo. Über den begrünten Hinterhöfen finden sie Beute und so ziehen sie jagend eine Schneise und durchfliegen unter lautem Rufen die Häuserschlucht, nur um sie wenige Minuten später in umgekehrter Richtung erneut zu durchqueren. Sie flattern und gleiten, drehen in rasanten Manövern kurz vor der nächsten Hauswand ab oder überqueren in aberwitzigem Tempo und mit Haaresbreite einen First.

Allabendlich ziehen sie so ihre Kreise und ich beobachte, lausche und staune. Diese Momente sind für mich die Essenz des Sommers. Eine Essenz, die leider flüchtig ist, denn sobald die Tageslänge mitsamt der Dämmerung etwa 17 Stunden unterschreitet, verlassen uns die Vögel bereits für ihre lange Reise gen Süden. Trotz vieler spätsommerlicher Tage und lauer Nächte, die ihrem Aufbruch noch folgen werden, trotz Freiluftkino, Radeln zum Baggersee, Ohne-Jacke-das-Haus-Verlassen und Neue-Eissorten-Ausprobieren fehlt etwas. Jedes Mal, wenn sie gehen, nehmen sie etwas von der Essenz des Sommers mit, tragen es fort.

Noch kann ich abends auf meinem Balkon sitzen und den Rufen lauschen. Manchmal schließe ich dabei die Augen und versuche mir vorzustellen, wie die Welt wohl aus der Perspektive der Vögel aussieht. Wenn man so leicht und frei von jeglichen Barrieren über sie hinweggleitet.

Etwa 10 000 Kilometer liegen zwischen den Brut- und den Überwinterungsgebieten der Mauersegler. Stellen Sie sich vor, Sie müssten 10 000 Kilometer zu Fuß zurücklegen (oder 237-mal in direkter Folge einen Marathon laufen, was etwa auf dasselbe herauskäme). Unvorstellbar, nicht wahr? Dabei wirkt auch diese Zahl noch winzig, wenn man sie mit der folgenden vergleicht: Laut NABU schätzt man die Entfernung, die ein einziger Mauersegler, innerhalb nur eines Jahres, bei all seinen Flügen zurücklegt, auf etwa 190 000 Kilometer.[1]

In Gedanken verfolge ich ihre Wege, versuche diese unglaublichen Distanzen zu begreifen. Doch sie entgleiten mir, wie es die zarten Vögel am Himmel tun. Was für mich außerhalb meiner Vorstellungskraft liegt, ist für Abermillionen von Lebewesen da draußen alltägliche Realität. Sie wandern, fliegen und schwimmen um die Welt. Doch auch die vielen kleinen Bewegungen überall – sei es der Regenwurm, der sich durch den Blumentopf auf meinem Balkon wühlt, oder die Ameise, die als Teil einer ganzen Straße von Ameisen systematisch Erledigungen nachgeht – sind in ihrer Gänze nicht begreiflich. Denn das ganze unermessliche Leben auf dieser Erde ist bewegt.

»Leben ist Bewegung, Stillstand ist Tod«, heißt es. Zugeschrieben wird die Aussage unter anderem dem Schweizer Maler und Bildhauer Jean Tinguely, der als einer der bedeutendsten Vertreter der kinetischen Kunst gilt. Also derjenigen Kunstform, die das Bewegte als integralen Anteil ihrer Ästhetik betrachtet. So auch die maschinenartigen, beweglichen Skulpturen, die Tinguely schuf. Groß, bunt und laut oder zart und filigran, aus feinen Drähten oder massiven Zahnrädern zusammengeschweißt, versuchen sie den Geist der Bewegung zu verkörpern. Ob die Zuschreibung des benannten Zitats korrekt ist, bleibt offen. In seinem Manifest »Für Statik«[2], das Tinguely 1959 in 40 000 Flugblättern aus dem Flieger abwerfen ließ, heißt es jedoch »Es bewegt sich alles, Stillstand gibt es nicht«[3]. Eine Aussage, die nicht nur radikaler, sondern wohl auch zutreffender ist, zumindest wenn es darum geht, das Lebendige in unserer Welt zu beschreiben.

Werfen wir einen gemeinsamen Blick auf diese Welt. Von oben betrachtet muss sie wie ein gigantischer Ameisenhaufen wirken – überall wimmelt es nur so von Lebewesen, die sich von einem Ort zum anderen bewegen: Fische schwimmen zielstrebig stromaufwärts zurück zum Ausgangspunkt ihres Lebens, um selbst neues Leben zu erschaffen, das demselben Kreislauf folgen wird. Am Himmel ziehen Vögel über Kontinente und Meere hinweg, um dem eisigen Tod im Winter ihrer Heimatgefilde zu entfliehen. Durch das Erdreich graben sich winzige Organismen und zersetzen das, was von denjenigen ihrer Mitgeschöpfe zurückblieb, die nun selbst stillstehen, nachdem ihr Leben endete.

Bewegung zieht sich wie ein roter Faden durch Lebensgeschichten von Organismen, aber auch durch die Geschichte des Lebens selbst. Ob es nun schwimmt, läuft, kriecht, hüpft, watschelt, gleitet, rollt oder fliegt, Bewegung prägt besonders tierisches Leben seit seinen Anfängen. Vor etwa vier Milliarden Jahren legte die Abiogenese (die chemische Evolution) den Grundstein für alles, was ihr im Laufe der biologischen Evolution nachfolgen sollte, als im wild bewegten Chaos der sinnbildlichen Ursuppe anorganische Stoffe aufeinandertrafen und aus lebloser Materie Leben wurde. Seitdem hat das Leben eine unbeschreibliche Vielfalt an Organismen hervorgebracht, die sich fleißig von A nach B bewegen.

Wie viel Bewegungsfreiheit diesen Organismen gegeben ist, unterscheidet sich dabei maßgeblich. Manch ein komplexes, vielzelliges Leben ist überwiegend stationär. Denken wir nur an eine alte Eiche, die im Angesicht von Jahreszeiten und Wetterwechseln, von aufflammenden Kriegen und geschlossenen Frieden, von Generationen von Menschen und Zeitenwenden tief verwurzelt über Jahrhunderte an Ort und Stelle verharrt.

Auch Pflanzen bewegen sich natürlich. Sie schlagen Wurzeln durch das Erdreich und sogar durch Gestein. Sie winden sich um Strukturen, öffnen und schließen ihre Blüten und Blätter oder drehen ihre Köpfe der Sonne entgegen. Wie begrenzt, ja fast gefangen, muss dieses Maß an Bewegungsfreiheit hingegen aus der Perspektive eines Steinadlers erscheinen, der sich von einer Felsenklippe aus kraftvoll in die Lüfte stürzt und sich von der Thermik in schwindelnde Höhen tragen lässt.

Wer möchte nicht lieber Adler sein als Eiche, wenn er an Freiheit denkt? Tiere, inklusive uns Menschen, legen teils unglaubliche Distanzen zurück. Doch wir zahlen für dieses Fortkommen einen hohen Preis. Während pflanzliches Leben modular aufgebaut ist und es dadurch so zäh und widerstandsfähig ist, dass Pflanzen große Teile ihres Organismus verlieren und dennoch überleben können, ist tierisches Leben unitar – einmalig, einzigartig, verletzlich und ultimativ sterblich. Ein immenser Tribut für ein Stückchen Freiheit. Betrachten wir die unglaubliche Komplexität des bewegten Lebens, drängt sich jedoch eine Erkenntnis auf: Ohne diese Freiheit wäre das Leben auf der Erde, so wie wir es kennen, nicht denkbar.

DIE GESCHICHTE(N) EINER BEWEGTEN WELT

In *MOVE!* wollen wir uns der Vielfalt der Bewegungen der tierischen Welt widmen. Es ist ein Thema, das nicht nur fantastische Einblicke in die wundervolle biologische Vielfalt unseres Planeten bietet, sondern darüber hinaus eine aktuelle Brisanz aufweist: Auch wenn Leben schon immer in Bewegung war und seit jeher komplexen Veränderungen unterworfen ist, stehen wir heute vor nie da gewesenen Herausforderungen. Die Klimakrise macht zunehmend größere Teile der Erde für uns Menschen unbewohnbar. Forschende erwarten in nicht allzu ferner Zukunft klimabedingte Massenfluchtbewegungen, wie es sie seit den Weltkriegen nicht mehr gegeben hat. Menschen fliehen vor den Folgen einer Veränderung, die wiederum von Menschen verursacht wurde. Auch tierisches Leben wird zunehmend zerstreut. Wir verschleppen Organismen und damit ganze Spezies, teils absichtlich, teils ungewollt, und bringen sie in Winkel der Erde, die sie aus eigener Kraft nie erreicht hätten. So gelangen sie an Orte, an denen sich ihre Rolle im Ökosystem radikal verändern kann: Waren sie zuvor Teile eines über lange Zeiträume entstandenen, komplexen Ganzen, die sich in ein eng verflochtenes Netzwerk einfügten, so verwandeln sie sich am neuen Ort in Störfaktoren in einem anderen solchen fein justierten System. Sie werden zu invasiven Arten, die ganze Netzwerke zerreißen. Die Konsequenzen dieser globalen Drift werden wir ebenso betrachten wie die Frage nach den Chancen, die den Veränderungen innewohnen. Menschengemachte Eingriffe in die Umwelt, die manchen Arten neue Wege eröffnen, führen dazu, dass natürliche Massenbewegungen, große Ströme von Individuen über unseren Globus, die die Evolution in Jahrmillionen hervorgebracht hat, innerhalb kürzester Zeit kollabieren. Welche Folgen das hat, können wir nur erahnen.

Tierische Bewegung beschäftigt den Menschen seit jeher und in vielerlei Hinsicht. Schon frühe Höhlenmalereien zeigen Tiere nicht als statische Objekte, sondern erkennbar in Bewegung, im Galopp, auf dem Sprung. Ihr Bewegungsverhalten zu studieren, war wahrscheinlich Teil der menschlichen Überlebensstrategie. Wie schnell oder weit kann ein bestimmtes Tier laufen? Wohin ziehen die Herden dieser oder jener Art?

In der religiösen Vorstellung einer Allbeseeltheit von Naturerscheinungen vieler indigener Kulturen Amerikas konnte dem Erscheinen und Verschwinden von Tieren auch große mythologische Bedeutung jenseits von Nahrungsversorgung innewohnen und selbst im mechanistisch geprägten Europa des Mittelalters bewegten Fragen nach tierischer Migration Philosophen und Denker.

Der Vogelzug oder aus damaliger Sicht vielmehr das unerklärliche Verschwinden Abertausender Vögel jedes Jahr inspirierte zu manch abstruser Theorie. Die sogenannte Aal-Frage[4] etwa, die Frage danach, woher die Aale in den Flüssen Europas stammen, beschäftigte Wissenschaftler von der Antike bis weit in das 20. Jahrhundert hinein, in gewisser Hinsicht sogar bis heute. Denn auch wenn wir heute mithilfe modernster Datenlogger den Vogelzug nicht nur verstehen, sondern bis ins kleinste Detail begleiten können, und obwohl wir nach jahrhundertelangem Rätselraten endlich wissen, dass alle Aale in Europas Flüssen von einem einzigen Ort, der Sargassosee, stammen, geschieht ein großer Teil tierischer Bewegung von uns unbemerkt oder unbeachtet. Über den Zug von Insekten wissen wir beispielsweise ungleich weniger als über den der Vögel. Und auch wenn die Aal-Frage technisch gesehen beantwortet ist, hat kein Mensch je die Fortpflanzung des europäischen Aals beobachten können.

Unser Wissen über tierische Fortbewegung ist bruchstückhaft und unsere Betrachtung häufig zu kleinteilig und begrenzt. Dabei bildet Fortbewegung die Grundlage milliardenfachen Lebens auf unserem Planeten. Wie ein feines Netz zieht sich die Bewegung von Organismen durch Populationen und Ökosysteme. Sie verbindet Orte und Arten und hat dabei eine Vielfalt an Formen und Funktionen erreicht, die uns in ehrfürchtiges Staunen versetzt. Stellen Sie sich nur einmal vor, der gesamte Himmel wäre erfüllt vom Flattern von Tausenden und Abertausenden von Schmetterlingen. Lebewesen, deren hauchzarte Flügel sie dennoch Tausende Kilometer weit tragen.

Lassen Sie uns die einzigartige Welt der tierischen Bewegungen erkunden und gemeinsam staunen. Der vorliegende Text ist eine vielschichtige Betrachtung des bewegten Lebens auf der Erde. Er erzählt von der Koordination gigantischer Schwärme, die es dank abgestimmter Bewegungen schaffen, nicht zusammenzustoßen. Vom *Homing Instinct*, der auf scheinbar magische Weise Tiere in eine Heimat zurückkehren lässt, die sie selbst nie bewusst erlebten. Von beeindruckenden Flugkünsten, skurrilen Fortbewegungsformen, der Frage nach der richtigen Anzahl von Beinen, globalen Wanderwegen der Tiere, dem fast bewegungslosen Abhängen von Faultieren und vielem mehr. Er ist eine Geschichte von Anpassung und Veränderung, Verletzlichkeit und der allzu selbstverständlich genommenen, großen Freiheit, irgendwo hinzugehen.

Gleichzeitig ist natürlich auch diese Betrachtung tierischer Bewegungen begrenzt. Ich habe eigene Forschung zur Bewegungsökologie von Tieren betrieben und im Zuge dessen und darüber hinaus viele Arbeiten anderer Forschenden studiert. Dennoch ist es nahezu unmöglich, eine Expertin in all den vorgestellten Themenfeldern zu sein. Denn die Natur tierischer Bewegungen, von den Mechanismen verschiedener Fortbewegungsformen bis zur Koordination von Schwärmen, ist unermesslich komplex. Ihre Erforschung vereint verschiedenste Disziplinen von Zoologie über Physiologie und Chemie bis zu Physik. Kleinste Teilabschnitte des Themas können so komplex sein, dass manche Wissenschaftler und Wissenschaftlerinnen sich ihr gesamtes Berufsleben ausschließlich mit einem einzigen isolierten Aspekt beschäftigen und möglicherweise dennoch nur an der Oberfläche kratzen können. Darüber hinaus erreicht unser kollektives Wissen Ebenen, die für einen einzelnen Menschen nicht mehr zu verarbeiten sind. Dafür ist ein Menschenleben schlicht zu kurz.

Dieses Buch ist also eine Auswahl des uns vorliegenden Wissens und meiner Schlussfolgerungen daraus. Es ist eine Zusammenstellung faszinierender Naturbeobachtungen und Erkenntnisse, die Forschende über Generationen hinweg gesammelt haben. Darüber hinaus ist es auch meine ganz persönliche Zusammenstellung verschiedener Aspekte und Geschichten rund um tierische Bewegungen, die ich als besonders bemerkenswert empfinde – ein sorgfältig kuratierter Einblick in die Facetten einer komplexen Welt.

In zehn Geschichten erzähle ich von dieser Welt. Zehn Geschichten über faszinierende Lebewesen, über die Wege, die sie gehen, und über die großen Fragen, die sie anregen. In Summe entsteht so ein neues, emergentes Ganzes. Ich hoffe, mit diesem Buch kann ich Ihnen eine neue Perspektive näherbringen. Ich wünsche mir, dass Sie einen Eindruck von der unglaublichen Vielfalt des bewegten Lebens bekommen. Dass Sie sich mit mir aufrichtig daran erfreuen, in Ehrfurcht vergehen, Trauer empfinden und nachdenklich sein können. Dafür schicke ich Sie auf eine Reise zu verschiedenen Orten und aus wechselnden Perspektiven. Ich werde Sie mit Millionen Gnus durch die Masai Mara ziehen und mit den Karettschildkröten durch Meeresströmungen schwimmen lassen. Vielleicht bekommen wir so gemeinsam eine Idee, eine winzige Ahnung davon, wie wundervoll diese Welt ist.

1

ERSTE SCHRITTE

Der Himmel spannt sich tiefblau über die Küste Spitzbergens. Unlängst hat der Frühling begonnen, doch hier im hohen Norden, jenseits des Polarkreises, hat Frühling eine andere Bedeutung als in der übrigen Welt. Der Polarkreis bildet eine unsichtbare Grenze, die die gewohnte Welt mit ihrem steten Wechsel aus Sonnenaufgang und Sonnenuntergang von jener Welt trennt, in der es im Sommer niemals wirklich dunkel und im Winter auch tagsüber nicht mehr hell wird.

Die aktuellen Temperaturen liegen um zehn Grad unter null, das Wasser ist eisfrei. Das Blau des Meeres verbindet sich am Horizont in einer wässrigen Linie mit den Farben des Himmels. Ein Polarfuchs wandert zwischen kargen Felsen umher, umtriebig erkundet das hungrige Tier den schneebedeckten Strand. Harte Kontraste formen eine Landschaft geprägt von Fels und Schnee. Wenn es Glück hat, findet das Tier hier zwischen dem Kies kleine Krebse, Muscheln und weitere Nahrung, die das Meer ausgespuckt und an die Küste gespült hat. Ein verendeter Seevogel, dessen ausgemergelter Körper von den anlaufenden Wellen umspült wird, wird zur ersten Mahlzeit des Tages.

Den ersten Winter seines Lebens hat der Polarfuchs in dieser Region verbracht. Der Winter war lang und von der fortwährenden arktischen Dunkelheit geprägt. Eine Weile hat sich der junge Fuchs in der Nähe des elterlichen Reviers herumgetrieben und versucht, dort Fuß zu fassen. Erfolglos. Nun will er nur noch eines, seinen Geburtsort verlassen. Seit einigen Wochen bewegt er sich schon entlang der Küstenlinie im Nordwesten der Inselgruppe auf und ab. Es zieht ihn westwärts, doch das offene Meer, auf das er allenthalben trifft, stellt eine unüberwindbare Barriere da. Immer weiter und weiter reichen seine Erkundungstouren, bis er das gewohnte Gebiet schließlich endgültig verlässt. Er wird nicht zurückkehren.

Nach einigen Tagen Marsch durch raues Gelände erreicht das Tier den Norden Spitzbergens und das Ufer. Dort trifft es erneut auf offenes Wasser. Intuitiv ändert der Fuchs seinen Kurs daraufhin drastisch. Er steuert nun wieder nach Südosten und überquert in den folgenden Tagen den nördlichen Teil Spitzbergens vollständig von West nach Ost. Er wandert bis zur östlichen Küste, wo er an einem späten Märzabend zum ersten Mal auf die zugefrorene See trifft und Spitzbergen in nordöstlicher Richtung über das Meereis verlässt.

Auf festem Meereis angekommen führt sein Weg einige Tage konsequent nordwärts. Das nördliche Meereis ist eine unwirkliche Umgebung, denn es gibt kaum Leben. Meilenweit nur weiße Leere. Kein anderes Tier ist zu sehen, keine einzige Pflanze kann hier wachsen, denn unter dem Eis befinden sich weder Erdreich noch Gestein, nur Ozean und Tiefe.

Tag und Nacht wechseln sich ab und der Fuchs läuft stetig gen Norden. Die Kälte umhüllt ihn wie ein vertrauter Mantel, während er durch schier endlose Weiten aus Schnee und Eis wandert. Sein Fell, dick und weich, schützt ihn vor den schneidenden Winden, die unablässig über die gefrorene Landschaft fegen. Sie hinterlassen feine Wellenmuster im pulvrigen Schnee, die der Windrichtung folgend Mandalas auf das Eis zeichnen und wieder verwischen.

Hier draußen gibt es wenig Nahrung. Der Polarfuchs muss

jede Gelegenheit, etwas zu fressen, wahrnehmen, jeder Bissen kann über Leben und Tod entscheiden. Die letzten Tage waren hart und sein Magen ist leer. Daher nimmt seine Nase sofort den schwachen Geruch von Aas wahr, der unverhofft vom Wind aus der Ferne herübergetragen wird. Kurz vor Erreichen des 85. Breitengrads orientiert er sich windwärts und dreht nach Westen ab.

Eine kilometerlange Meereisrinne zwingt den Fuchs, einen größeren Umweg einzulegen. Wie offene Wunden klaffen die Rinnen im Eis und offenbaren das darunterliegende Meer. Der Umweg zehrt zusätzlich an seinen Kräften, doch etwa 40 Kilometer entfernt von dem Punkt, an dem er den Duft zum ersten Mal wahrnahm, stößt der Polarfuchs endlich auf den abgefressenen Kadaver einer Ringelrobbe. Ein Eisbär hat das an die 70 Kilogramm schwere Tier erbeutet und den Großteil des Leibes gefressen. Fett, Muskelfleisch und Organe der Robbe haben den vermutlich ebenfalls von großem Hunger getriebenen Bären für eine Weile mit neuer Energie versorgt. Anschließend ist er weitergezogen. Für den gerade einmal zwei Kilogramm leichten Polarfuchs bilden die Reste von rot gefrorenem Fleisch, die an den Knochen hängen, eine ordentliche Mahlzeit.

Er legt eine eintägige Pause ein und frisst wiederholt von dem Kadaver, bis er sich schließlich wieder auf den Weg macht, weiter gen Westen über das Eis. Trotz seiner geringen Größe bewegt er sich schnell. Der aufgefrischte Wind nimmt die Spuren mit, die seine Pfoten im Pulverschnee der letzten Nacht hinterlassen. 21 Tage nach Verlassen Spitzbergens erreicht der Polarfuchs erneut das Festland. Er ist im Nordosten Grönlands angekommen, auf der anderen Seite der Grönlandsee, dem nördlichen Teil des Europäischen Nordmeers.

Seine Reise ist jedoch noch immer nicht beendet. In den folgenden Wochen wandert er über das grönländische Eisschild, ohne sich je irgendwo niederzulassen. Nach anderthalb Monaten steten Fußmarschs verlässt er an einem grauen Dezembertag Grönland wieder, diesmal in Richtung Nordwesten erneut über das zugefrorene Meer.

Intuitiv beschleunigt er hier draußen seine Schritte. So massiv das Eis zu diesem Zeitpunkt ist, so fragil ist es gleichermaßen in Angesicht des sich wandelnden Wetters. Denn die ganze Welt, die den Fuchs umgibt, besteht aus gefrorenem Meerwasser. Steigen die Temperaturen, wird es vollständig abtauen und eine ganze Welt wird sich einfach in nichts auflösen.

Unvermittelt frischt der Wind auf und die Wolken verdichten sich am Horizont. Ein Schneesturm kündigt sich an. Mit einem letzten Blick auf den klaren Himmel macht sich der Fuchs auf den Weg zu einer kleinen Erhebung, die ihm Schutz vor den eisigen Böen bieten soll. Schnee beginnt zu fallen, zuerst sanft, dann heftiger und bald versinkt die Landschaft um ihn herum im weißen Nebel. Der Fuchs hat sich fest zusammengerollt, die kurze Schnauze unter den Schwanz geschoben lässt er sich einschneien und harrt aus. Er schließt die Augen und beginnt oberflächlich zu schlafen. So kann die erzwungene Pause wenigstens neue Kraft für die kommenden Meilen liefern. Nach einigen Stunden legt sich der Sturm und langsam lässt sich wieder mühsam erkennen, wo Schnee und Eis enden und dahintreibende Wolkenfetzen beginnen.

Nur gelegentlich zwingt das Wetter den Polarfuchs dazu, solche Pausen einzulegen. Meist trotzt das Tier Wind und Wetter und geht einfach stoisch weiter. Es wird langsamer, wenn der Wind allzu wütend an ihm reißt, doch stets setzt es eine Pfote vor die andere.

So karg und einsam, so bizarr diese Welt erscheint, so außerweltlich schön ist sie auch. Tagsüber und wenn der Himmel wolkenlos ist, bildet das Packeis ein Gemälde von Grau, Weiß, Türkis und Blau. Wo sich Meerwasserrinnen und Packeislöcher befinden, zeichnet sich das Eis leuchtend türkis unterhalb des Meeresspiegels ab. Schmelzwasserbäche gurgeln eisblau über hart gefrorenes, weißes Eis und gelegentlich liegen transparente Eisklumpen wie Glasperlen in der Landschaft und brechen das Licht in all seinen Farben.

Nachts spannt sich ein unendlich weiter, tiefschwarzer Himmel über weißen Schnee. Hier gibt es keine künstlichen Lichtquellen und der Himmel ist so dunkel, wie die Sterne hell sind. Dann wabern grüne und violette Lichter über den Nachthimmel. Leuchtende Wellen aus buntem Licht. Ätherisch schön, ziehen sie über das Himmelsmeer. Neonfarbene Streifen, wie mit einem fransigen Pinsel nach obenhin ausgestrichen. Ihr bunter Schein spiegelt sich auf dem Eis.

Es ist eine harte Schönheit, die die Arktis ihren Bewohnern schenkt. Eine Schönheit, die für die wenigen existiert, denen es gelingt, hier zu überleben. Der Polarfuchs kann hier und nur hier überleben. Es gibt kein Leben für ihn jenseits von Schnee und Eis. Also setzt er seinen Weg fort, wandert weiter durch die einsame Stille. Schließlich, 76 Tage nach Verlassen Spitzbergens und nach über 4000 zurückgelegten Kilometern, erreicht das Tier Ellesmere Island in Nunavut, Kanada, wo es sich endlich niederlässt.

SPUREN IM SCHNEE

Woher wissen wir, dass ein kleines Tier wie der Polarfuchs (*Vulpes lagopus*) in der Lage ist, mehrere Tausend Kilometer weit zu laufen? Dass Polarfüchse hervorragende Langstreckenläufer sind, hat jahrzehntelange Forschung gezeigt. Dass wir jedoch von *dieser* außergewöhnlich weiten Reise wissen, verdanken wir einem Zufallsfund: Im Sommer 2017 statteten Forschende des Norsk Polarinstitutt ein junges Polarfuchs-Weibchen mit einem GPS-Tracker aus. Gefangen wurde das Tier nahe des Fjorten-de-Julibreen-Gletschers in der Gegend des Krossfjords, einem Fjord im Nordwesten der Insel Spitzbergen.

Spitzbergen wird international als Svalbard (Kühle Küste) bezeichnet und gehört formal zu Norwegen, auch wenn die Inselgruppe mit ihren über 400 Inseln und Schären über 600 Kilometer nördlich vom norwegischen Festland, mitten im Polarkreis liegt. Die Besenderung der Fähe und über 40 weiterer Artgenossen diente dazu, mittels GPS-Daten das Raumnutzungsverhalten der Polarfüchse auf Spitzbergen zu erforschen. Eva Fuglei und ihren Kollegen ging es in der Studie primär darum, die Bedeutung des See-Eises für die lokale Polarfuchspopulation zu verstehen. Sie wollten wissen, wie abhängig die Küsten-Füchse vom Meereis waren und wie sie es nutzten.[1] Dass sie dadurch Zeugen einer unglaublichen Reise und eines neuen Langstreckenrekordes wurden, war ein zufälliges Nebenprodukt, mit dem niemand gerechnet hatte.

Die beeindruckende Reise des Polarfuchses begann im März 2018 im Westen Spitzbergens und umfasste eine Gesamtdistanz von 4415 Kilometern. Damit gelang dem nur 1900 Gramm schweren Tier eine interkontinentale Reise von Europa nach Nordamerika, über 1789 Kilometer Luftliniendistanz durch extrem lebensfeindliches Gebiet, und das zu Fuß.

Weite Teile dieser Strecke lief die Fähe über offenes Meereis, und als sie Grönland erreichte, hatte sie bereits 1500 Kilometer zurückgelegt, was sie offenbar nicht davon abhielt, weitere 2000 Kilometer bis Kanada zu laufen. Dort blieb sie in einem begrenzten Gebiet rund um die Fosheim-Halbinsel, bis der GPS-Tracker am 6. Februar 2019 seine Übertragung einstellte.

Dass Polarfüchse weite Strecken zurücklegen können, ist seit einiger Zeit bekannt.[2] Schon häufiger wurden auch im Rahmen von Forschungsprojekten größere Laufdistanzen bei Polarfüchsen beobachtet.[3] Allerdings nicht so weit und nicht in dieser Geschwindigkeit. Die durchschnittliche Bewegungsgeschwindigkeit der Polarfüchsin mit einem Mittelwert von 46,3 Kilometern pro Tag schwankte stark, vermutlich aufgrund der Umgebungsbedingungen. Zwischendurch erreicht sie jedoch einen Spitzenwert von 155 zurückgelegten Kilometern pro Tag. Das ist die höchste Geschwindigkeit, die jemals für die Art aufgezeichnet wurde.

WARUM WEGGEHEN?

Was motivierte das kleine Polarfuchs-Weibchen der Svalbard-Studie, unter extremen Bedingungen so weite Wege zurückzulegen? Was brachte das Tier dazu, in eine ungewisse Zukunft, mehrere Tausend Kilometer weit, zu Fuß bis nach Kanada zu laufen? Warum nehmen Tiere überhaupt die Strapazen weiter Reisen auf sich?

»Willst du immer weiter schweifen?«, fragt Johann Wolfgang von Goethe in seinem berühmten und vielfach adaptierten Gedicht *Erinnerung* und beantwortet die Frage direkt mit dem Hinweis darauf, warum sich das Bleiben lohne: »Sieh, das Gute liegt so nah.«[4] Nicht immer liegt das Gute, das zum Überleben Wichtige jedoch in unmittelbarer Nähe. Polarfüchse werden früh selbstständig. Zwischen Mitte Mai und Mitte Juni, im kurzen arktischen Sommer geboren, müssen sie meist bereits im Winter desselben Jahres das elterliche Territorium verlassen und sich auf die Suche nach einem eigenen Revier machen. Die Suche kann lang und beschwerlich sein und die Tiere weit von ihrem Heimatort wegtreiben. Auf den ersten Blick sind die verschiedenen Polarfuchspopulationen geografisch isoliert, so auch die Population des Svalbard-Fuchses. Doch Spitzbergen ist saisonal durch das Meereis mit Grönland und Nordamerika verbunden, was den Polarfüchsen der Inseln eine Möglichkeit zur Fernausbreitung bietet.

Die Fähigkeit, unter kalten und rauen Bedingungen weite Strecken zurückzulegen, brachte die Tiere bereits in ihrer Evolutionsgeschichte an die entlegensten Orte. So ist der Polarfuchs das *einzige* endemische Landsäugetier Islands. Zum Vergleich: In Nordamerika sind über 450 heimische Säugetierarten beschrieben.[5] In Deutschland sind laut der Gesamtartenliste des *Rote-Liste-Zentrums*, das die Bestände von Flora und Fauna dokumentiert, 107 verschiedene Säugetierarten etabliert. Darunter befinden sich zwar elf gebietsfremde Arten[6] (mit denen wir uns in einem späteren Kapitel auseinandersetzen werden), der Großteil ist jedoch heimisch. Diese Säugetiere waren lange vor dem Menschen in der Region des heutigen Deutschlands verbreitet. Auf Island sieht das völlig anders aus. Keinem weiteren Säugetier, nicht einmal einem Vertreter der größten Familie der Säugetiere, den Langschwanzmäusen mit ihren 834 Arten[7], zu denen auch die Ratten gehören, gelang es, Island selbstständig zu erreichen und sich dort zu etablieren.

Zunächst war unklar, ob es der Polarfuchs wirklich aus eigener Kraft nach Island geschafft haben könnte. Man spekulierte, dass der Polarfuchs von den ersten Siedlern Islands mit auf die Insel gebracht worden sein könnte. Der Gedanke ist insofern nachvollziehbar, als Island extrem abgelegen ist und alle anderen auf Island lebenden Säugetiere zu irgendeinem Zeitpunkt vom Menschen dort eingeführt wurden. Die Frage in Bezug auf die Einwanderungsgeschichte des Polarfuchses war also, ob sich seine Präsenz auf Island vor der Ankunft der ersten Menschen zwischen dem 7. und 9. Jahrhundert[8] nachweisen lässt.

Regulationen zur Jagd von Polarfüchsen im ältesten Rechtstext Islands legen nahe, dass die Art zu diesem Zeitpunkt bereits verbreitet war, außerdem wurden Kieferknochen, Zähne und weitere Knochen mehrerer Polarfüchse in einer etwa 2700 Jahre alten Fossilschicht gefunden. Dies sind jedoch keine eindeutigen Belege, da die Knochenfunde nicht per Radiokarbondatierung altersbestimmt wurden und später verloren gingen.[9]

2004 legte eine Sprengung im Rahmen von Bauarbeiten im Nordwesten Islands dann neue Knochenfunde frei. Die C14-Datierung der so gefundenen Polarfuchsschädel zeigte, dass sie etwa 3500 bis 3600 Jahre alt waren. Das war der Nachweis, dass Polarfüchse isländischen Boden betraten, lange bevor die ersten Menschen es taten.

Bis heute sind manche Fragen in der Besiedlungsgeschichte Islands durch den Polarfuchs offen, doch neuere genetische Untersuchungen zeigen eine frühe Abspaltung der isländischen Population von allen anderen arktischen Populationen, die bis heute starke genetische Durchmischung zeigen.[10] Letztere ist laut Meinung der Forschenden darauf zurückzuführen, dass Polarfüchse regelmäßig große Distanzen zurücklegen und sich so auch weit entfernte Populationen fortwährend durchmischen. Die Langstreckenläufer sind ihrer hohen Mobilität also über die Jahrtausende treu geblieben.

Es erscheint unglaublich, dass es für das kleine Tier evolutionär betrachtet eine erfolgreiche Strategie sein kann, sich über riesige Distanzen durch eine solch lebensfeindliche Umgebung zu schlagen. Noch unglaublicher ist es jedoch, dass überhaupt ein Tier in so einer Umgebung überleben und sich sogar fortpflanzen kann. So unglaublich, dass der Polarforscher und Zoologe Fridtjof Nansen am 26. April 1885 auf seiner Expedition zum Nordpol bei 85° nördlicher Breite notierte: »Ich war nicht wenig überrascht, als ich gestern Morgen plötzlich die Spur eines Tieres im Schnee sah. Es war die eines Polarfuchses [...]. Die Spur war ganz frisch. Was in aller Welt machte dieser Fuchs hier oben auf dem wilden Meer?«[11]

Was in aller Welt machte der Polarfuchs dort? Eine gute Frage, besonders in Anbetracht der extremen Strapazen, die Polarfüchse für ihre Fernausbreitung quer durch die Arktis auf sich nehmen. Die Reise über das Meereis ist nicht nur deswegen gefährlich, weil den Tieren bei einem Wetterumschwung der Boden unter den Pfoten wegtauen könnte. Allein die Witterungsbedingungen sind extrem. Zwar wird es am nördlichen Pol nicht ganz so kalt wie am Südpol, dennoch verlangen –30 °C bis –20 °C im Winter einem kleinen Organismus einiges ab. Schließlich muss es der Körper trotz dieser Umgebungstemperaturen schaffen, das Körperinnere und insbesondere die inneren Organe konstant warm zu halten. Gleichzeitig kann man sich hohe Stoffwechselraten, die große Wärme produzieren, in so kargen Regionen ebenfalls nicht leisten. Denn diese verbrauchen Energie und kreieren einen erhöhten Nahrungsbedarf, der sich dort schlicht nicht decken lässt.

Der Polarfuchs überlebt in dieser Kälte nur, weil er seinen Wärmeverlust minimiert hat. Der Allen'schen Regel folgend, die besagt, dass (bei homoiothermen, also gleichwarmen Organismen) die relative Länge der Körperanhänge wie Extremitäten, Schwanz oder Ohren in kalten Klimazonen geringer ist als bei verwandten Arten und Unterarten in wärmeren Gebieten, haben die Tiere kurze Schnauzen und kleine Ohren. Wenn Sie neben einem Polarfuchs einmal an einen Wüstenfuchs mit seinen riesigen Ohren denken, wird die Allen'sche Regel deutlich sichtbar. Je weniger Oberfläche die Füchse bieten, desto geringer der Wärmeverlust. Dazu kommt ein höchst effizient isolierendes Fell, das den Tieren das Leben im hohen Norden trotz Niedrigtemperarturspitzen von bis zu –50 °C ermöglicht, ohne ihren Stoffwechsel hochzufahren und damit ihren Nahrungsbedarf zu erhöhen. Dennoch brauchen die Tiere natürlich Nahrung zum Überleben und diese Nahrung ist im Polarkreis knapp.

VON KÜSTEN- UND LEMMING-FÜCHSEN

Polarfüchse lassen sich in zwei verschiedene Ökotypen einteilen (zwei Gruppen, die zur selben Art gehören, sich aber hinsichtlich ihrer Lebensweise und insbesondere hinsichtlich ihrer Ernährungsweise unterscheiden): der sogenannte Küsten- und der Lemming-Fuchs. Lemming-Füchse finden sich vor allem in Nordamerika, Eurasien und Ostgrönland. Sie leben im Inland polarer Regionen und ernähren sich hauptsächlich von Nagetieren. Besonders wichtig als Beutetiere sind Lemminge, deren Populationen in zyklischen Phasen von drei bis fünf Jahren auftreten. Bis heute ist ungeklärt, wieso. Entsprechend ihrer Beutetiere, schwanken auch die Populationen der Lemming-Füchse stark mit dem verfügbaren Nahrungsangebot.

Der Ökotypus der Küsten-Füchse bezeichnet Polarfüchse, die in Küstenregionen, zum Beispiel auf Spitzbergen, auf Island und in Westgrönland, vorkommen. Sie sind Nahrungsgeneralisten und ernähren sich unter anderem von Fischen, Weichtieren und von Meeresvögeln und deren Gelegen. Sie fressen darüber hinaus aber auch Nagetiere und alles, was ihnen das Land an Nahrung zu bieten hat. Ihre Nahrungsquellen sind planbarer und verlässlicher, jedoch besonders im Winter auch rarer. Daher sind die Populationen der Küsten-Füchse stabiler, aber es werden weniger Nachkommen großgezogen.

Beide Ökotypen unternehmen weite Wege. Polarfüchse sind als Spezies hochmobil und ausdauernde Läufer. Diese Mobilität ist jedoch gefährlich. Studien zeigen, dass die Überlebenswahrscheinlichkeit von standorttreuen Tieren dreimal so hoch ist wie die migrierender Füchse. Das Abwandern ist also tatsächlich höchst riskant.

Gleichzeitig weisen einige Studien darauf hin, dass die Suche nach Nahrungsquellen der Hauptmotivator für Polarfüchse ist, weite Strecken zurückzulegen.[12] Dafür unternehmen sie, unter anderem, längere Ausflüge auf das Meereis und kehren dann in ihr Territorium zurück. Manche Tiere verlassen ihr Revier auch endgültig oder leben vollkommen nomadisch. Lemming-Füchse zeigen stärkeres Wanderverhalten als Küsten-Füchse, was aufgrund der unterschiedlichen Verlässlichkeit der Nahrung in ihren jeweiligen Lebensräumen die These stützt, dass Nahrungssuche entwicklungsgeschichtlich eine wichtige Triebfeder für die Lauffreudigkeit des Polarfuchses war.

Die Tiere nutzen typischerweise den Winter, um in neue Regionen vorzudringen. Mit etwa 20 Millionen Quadratkilometern ist die Arktis jedoch gigantisch groß (fast 56-mal so groß wie Deutschland und etwas mehr als das Doppelte der Fläche der USA mit all ihren Klimazonen und Biotopen). Um in dieser unermesslichen Weite voranzukommen und neue Ressourcen zu entdecken, muss man also zwangsläufig ziemlich weit laufen können.

Polarfüchse sind dabei nicht nur widerstandsfähig, sondern auch erfindungsreich. Sie folgen beispielsweise über große Zeiträume und Distanzen Eisbären, um in Zeiten von Nahrungsmangel von den Resten ihrer Beute zu leben. Not macht erfinderisch und letztlich müssen sich die Strapazen auf lange Sicht betrachtet auszahlen. Denn um evolutionär stabil zu sein, muss ein Verhalten, zumindest unterm Strich, Vorteile für eine Art mit sich bringen. Warum? Verhaltensweisen, die zu nachteilig sind, werden durch natürliche Selektion ausgemerzt, indem diejenigen Individuen, die sie zeigen, schlicht nicht überleben und ihre Gene so nicht bis in die nächste Generation überdauern. So riskant die langen Wege der Polarfüchse also sind, müssen sie in Summe einen Überlebensvorteil darstellen.

Tiere bewegen sich aus den unterschiedlichsten Gründen. Um Nahrung zu finden, auf der Suche nach potenziellen Partnern, um Räubern auszuweichen, auf der Suche nach Schutz oder einer neuen Heimat. Ein Ortswechsel verspricht neue Möglichkeiten, die am alten Standort möglicherweise nicht oder nur eingeschränkt bestehen.

ES KOMMT BEWEGUNG IN DIE SACHE

Es liegt ein unverkennbarer Vorteil in der Möglichkeit, zu gehen, wenn es ungemütlich wird. Ist man an seinen Standort gebunden, ist man schließlich den dortigen Bedingungen auf Gedeih und Verderb ausgesetzt. Besteht diese Option nicht, kann eine Veränderung der Umweltgegebenheiten im schlimmsten Falle sogar das Ende der eigenen Existenz bedeuten.

Betrachtet man die drei Reiche des komplexeren Lebens, das Tierreich (inklusive uns Menschen), das Reich der Pilze und das Pflanzenreich, scheint Fortbewegung auf den ersten Blick jedoch nicht allzu beliebt in der Evolution gewesen zu sein. Sowohl die Pilze als auch die Pflanzen haben neben den Tieren das

Land erobert und beide Reiche sind von sessilen (sesshaften), stationären Organismen geprägt. Wieso ist nicht alles Leben stationär, wie das der Pflanzen und Pilze, die sich (in der Regel) nur über Generationen hinweg, nicht aber auf individueller Ebene bewegen können?

Die fundamentalen Unterschiede, die diese Lebensweisen ausmachen, und die Konsequenzen, die diese Verschiedenheit nach sich zieht, werden wir im Kapitel *Freiheit* genauer betrachten. Zunächst interessiert die Frage, was die Entstehung von Fortbewegung erdgeschichtlich überhaupt motivierte. Warum bewegen sich tierische Organismen fort? Wenn wir einmal unsere Lupe herausholen und uns die Welten außerhalb unserer täglichen Wahrnehmung anderer Lebewesen ansehen, finden wir Bewegung, die sehr viel älter ist als das erste tierische Leben. Und wenn wir schon dabei sind, die Lupe auszupacken, holen wir doch gleich noch die Zeitmaschine aus dem Schrank und schauen uns die Entstehung des Lebens und des ersten bewegten Lebens einmal genauer an.

Vor etwa vier Milliarden Jahren gab es die Erde bereits seit einigen Hundertmillionen Jahren[13], doch sie beherbergte zunächst noch kein Leben. Irgendwann um diese Zeit, wobei dieses *Irgendwann* ein extrem großes Zeitfenster von 500 Millionen Jahren evolutionsgeschichtlicher Unschärfe ist, entwickelten sich aus unbelebter Materie biologische Einheiten – es entstand Leben. Auch wenn es noch sehr lange dauern sollte, bis das Leben Formen annahm, wie wir sie uns heute unter dem Begriff Lebewesen vorstellen.

Wie das erste, das allererste Leben in die Welt kam, ist so etwas wie der heilige Gral in den stammesgeschichtlichen Wissenschaften – der Phylogenie. (Die Frage nach der Entstehung des Lebens ist wohl in allen menschlichen Kulturkreisen und

Denksystemen gestellt worden.[14] Als Fragestellung, die offenbar zur Essenz des menschlichen Nachdenkens über sich selbst gehört, haben sich auch Philosophie und Religion mit ihr befasst. Uns interessiert an dieser Stelle jedoch die wissenschaftliche Betrachtung der Geschichte des Lebens.)

Die Phylogenese oder Phylogenie bezeichnet die stammesgeschichtliche Entwicklung der Gesamtheit aller Lebewesen auf der Erde. Dazu gehört die Entstehung verwandtschaftlicher Gruppen und biologischer Systeme ebenso wie die Evolution einzelner Merkmale von Organismen. Im Rahmen phylogenetischer Forschung haben Generationen von Wissenschaftlern und Wissenschaftlerinnen unzählige Puzzleteile über die Geschichte des Lebens zusammengetragen. Doch wo nahm es seinen Anfang? In Bezug auf die Entstehung des Lebens stolpert man allenthalben über die These William Harveys »Ex ovo omnia« (Alles aus dem Ei). Der englische Arzt und Anatom Harvey (1578–1657) widmete sein Leben der Erforschung des menschlichen Körpers. Zu seinen größten Errungenschaften gehört die erste sachgemäße Beschreibung des menschlichen Herz-Kreislauf-Systems, nachdem man zuvor lange geglaubt hatte, das Blut im Körper würde fortwährend von der Leber produziert. Ein bahnbrechender Fortschritt in der Geschichte der Medizin.[15] Darüber hinaus beschäftigte er sich auch intensiv mit Embryologie und der Entstehung von Leben. Seine These bezog sich allerdings auf die ontogenetische Entstehung des Lebens – also die Frage, woher ein jedes gegenwärtiges, also im Hier und Heute existentes Individuum stammt. Das Ei stand für ihn am Anfang der Entwicklung jedes einzelnen Lebewesens, nicht aber des Lebens selbst.

Leicht umformuliert zu »Omne vivum ex ovo« (Alles Leben kommt aus dem Ei) machte der italienische Naturforscher Francesco Redi den Satz bekannt, als er die damals verbreitete These infrage stellte, komplexe Organismen wie Insekten entstünden durch Abiogenese, also durch die fortwährende Urzeugung aus unbelebter Materie. Man nehme etwas Dreck und Stein, knete es gut durch, und voilà: ein Käfer. Aus heutiger Sicht erscheint die Idee einer Urzeugung ganzer vielzelliger Lebewesen absurd. Die Abiogenese oder Urzeugung von Vielzellern wurde entsprechend durch wissenschaftliche Arbeiten im 17. und 18. Jahrhundert widerlegt. Auch die Idee von der Urzeugung weniger komplexer Einzeller und Bakterien musste sich nach den Forschungen des Chemikers und Bakteriologen Louis Pasteur in das Museumsarchiv verworfener Erklärungsmodelle in der Geschichte der Naturwissenschaften einreihen.

Dabei war der Grundgedanke an sich gar nicht so falsch. Die Erklärungsmodelle setzen nur zu spät in der Geschichte des Lebens an. Viel zu spät, nämlich am Beginn des Lebens konkreter, höchst komplexer Individuen. Heute wissen wir, dass die Erzeugung solch neuer Individuen auf der geschlechtlichen oder ungeschlechtlichen Fortpflanzung bereits vorhandener Organismen basiert, nicht auf der fortlaufenden Entstehung aus toter Materie. Biogenese, aus Leben entsteht Leben. Wenn wir jedoch viel weiter zurückgehen in der Erdgeschichte, lange bevor das Leben überhaupt komplex wurde, treffen wir wieder auf sie – auf die Urzeugung. Wir finden sie in der brodelnden Ursuppe des Lebens.

Wenn Leben aus Leben entsteht, führt uns das unweigerlich zu einem Paradoxon. Das Biogenese-Paradoxon, welches in der berühmten Frage danach, ob Henne oder Ei zuerst existierte, verbildlicht wird. Die Auflösung dieses Paradoxons besteht in der Abiogenese, der Urzeugung, also der Entstehung belebter aus unbelebter Materie. Zur Entstehung des Lebens auf der Erde gibt es, wenig überraschend, verschiedene Erklärungsmodelle. Sie unterscheiden sich jedoch vorwiegend in Fragen nach Spezifika, wie dem Ort der Entstehung. Die Theorie der Abiogenese selbst ist heute wissenschaftlicher Konsens. Ihr zufolge entwickelten sich durch chemische Evolution in der Urumgebung der frühen Erde erste organische Substanzen.

Diese chemische Evolution verlief in mehreren Phasen. Am Anfang stand die Synthese und Anhäufung kleiner organischer Moleküle (Monomere), die sich später zu komplexeren polymeren Makromolekülen wie Proteinen verbanden. Irgendwann begannen diese Komplexe, sich zu vervielfachen. Die Bildung von Lipidmembranen (Schichten aus Fetten, die noch heute unsere Körperzellen umhüllen) um diese neuen, funktionalen Komplexe grenzte sie von ihrer Umgebung ab. Es entstanden sogenannte Protobionten, die ersten Vorläufer der Zellen, inklusive ihres eigenen Stoffwechsels.

Auch wenn wir womöglich niemals abschließend klären werden, wie das Leben auf der Erde genau entstand, sind die chemische Evolution und ihre verschiedenen Phasen vielfach experimentell überprüft und bestätigt worden. Unabhängig voneinander beschrieben zunächst sowohl der sowjetische Biochemiker Alexander Iwanowitsch Oparin als auch der britische Biologe J. B. S. Haldane die Bedingungen einer Uratmosphäre, unter denen die Abiogenese möglich sein sollte, und postulierten, die Atmosphäre des Planeten vor vier Milliarden Jahren sei dazu geeignet gewesen. Anders als heute gab es damals weder Sauerstoff noch eine Ozonschicht, die UV-Strahlung war entsprechend deutlich stärker, die Atmosphäre bestand vorwiegend aus vulkanischen Gasen.

1953 testeten die Amerikaner Stanley Miller und Harold C. Urey die Hypothesen von Oparin und Haldane. Ihnen gelang der

Nachweis der Entstehungsmöglichkeit organischer Substanzen aus anorganischer Materie.[16] Auch wenn andere Experimente weiteres Licht ins Dunkel brachten, stellt das Miller-Experiment einen Meilenstein für das Bemühen dar, die Anfänge des Lebens auf der Erde zu begreifen.[17] Mit der Entdeckung der sogenannten Schwarzen Raucher, hydrothermaler Quellen am Grunde der Tiefsee, kamen Diskussionen darüber auf, ob die chemische Evolution sich nicht vielmehr dort als unter atmosphärischen Bedingungen abgespielt haben könnte. Auch die Gaswolken zwischen Sternen werden als Entstehungsort diskutiert, demnach wären erste Moleküle aus dem All auf die Erde gekommen. Spannende Denkansätze, die sich möglicherweise nie abschließend klären lassen werden. Für die weitere Entwicklung des Lebens spielt das jedoch eine untergeordnete Rolle. Irgendwo in wildbewegten Gaswolken, chaotischer Uratmosphäre oder im Strudel schwarzer Unterseevulkane nahm alles seinen Anfang. So oder so herrschten auf der Erde bereits früh die Bedingungen, die es benötigte, um aus komplexen Molekülen, Protobionten, die ersten Zellen und alles ihnen folgende Leben entstehen zu lassen.

EINE KURZE GESCHICHTE DES LEBENS

Die ältesten Informationen zur Frühgeschichte des Lebens reichen in etwa bis zur Zeitmarke von 3,8 Milliarden Jahren zurück, weil für alles Davorliegende der nötige Informationsträger, die sedimentäre Überlieferung, fehlt.[18] Der Deutsche Geochemiker Manfred Schildlowski schrieb in seiner Abhandlung über die Entstehung des Lebens: »Bekanntlich ist in der Erdgeschichte Zeit immer durch Stoff belegt, wobei die Abfolge geologischer Formationen letztlich materialisierte Zeit repräsentiert.« Im Falle des ältesten Lebens auf der Erde ist diese materialisierte Zeit ein Fund von einzelligen Organismen in einer 3,46 Milliarden Jahre alten Gesteinsschicht im Westen Australiens.[19] Erstaunlicherweise ähneln diese frühen Bakterien bereits den noch heute existierenden Formen.

Die uns vertrautesten Organismen sind diejenigen, die mit dem bloßen menschlichen Auge sichtbar sind. Doch über drei Viertel der Geschichte des Lebens auf der Erde bestand dieses aus mikroskopisch kleinen Einzellern. Von da an wurde das Leben Schritt für Schritt komplexer. Es bräuchte jedoch eine ganze Bibliothek, um diese Geschichte im Detail nachzuerzählen, daher hier nur die extreme Kurzfassung à la »History of Everything«, dem Titelsong der beliebten Science-Sitcom *The Big Bang Theory*:

Die ersten Lebewesen waren einfach aufgebaute Zellen mit einer Hülle und einem gelartigen Inneren, das auch Erbinformationen beinhaltete. Diese Erbinformationen waren, anders als bei uns Eukaryoten (eukaryon, »mit Kern«) nicht in einen Zellkern verpackt. Diese sogenannten Prokaryoten (»vor Kern«, kernlos) werden meist in zwei Linien unterteilt, die Archaeen und die Bakterien, denen wir – wenn man bedenkt, dass sie zu den wichtigsten menschlichen Krankheitserregern gehören – verständlicherweise nicht in Sympathie verbunden sind. Lange bildeten sie jedoch das einzige Leben auf der Erde.

Die Gruppe der Cyanobakterien war weit verbreitet und vielfältig. Sie kennen Cyanobakterien möglicherweise als »Blaualgen«, die uns im Sommer das Baden in Seen vermiesen. Aber wir verdanken ihnen viel, denn sie brachten durch Fotosynthese Sauerstoff in die Welt. Nach und nach füllten sie die Atmosphäre mit dem für uns so kostbaren Gas. Während dieser Vorgang vielen Prokaryoten zum Verhängnis wurde, legte er den Grundstein für einen Großteil des heutigen Lebens.

Vor etwa 2,1 Milliarden Jahren entstanden die ersten Eukaryoten und brachten damit ein neues Zell-Design aufs Tableau. Ein Design, das beispielsweise in Polarfüchsen und Menschen noch heute Anwendung findet, denn sie sind vielzellige Eukaryoten. Diese Zellen waren viel größer und komplexer aufgebaut und besaßen kleine Organellen wie Mitochondrien (für die Produktion von Energie in tierischen Zellen) oder Chloroplasten (für die Fotosynthese bei Pflanzen). Ähnlich wie unsere Organe im Körper konnten diese winzigen Organellen verschiedene Funktionen in den Zellen übernehmen. Wahrscheinlich entstanden Eukaryoten durch den Zusammenschluss mehrerer einfacherer Zellen. Kleine Organismen machten andere zu einem Teil von sich selbst (sogenannte Endosymbionten). Gemeinsam bildeten sie im Laufe der Evolution ein neues, komplexeres und letztlich untrennbares Ganzes.

Diesen Zusammenschluss von einzelnen Individuen zu einer neuen Lebensform konnte die Wissenschaft 2024 im Detail am Beispiel einer Alge nachvollziehen. Diese Alge machte ein bis dato eigenständiges Bakterium zu einem Organ.[20] (Als würden wir uns eine Pflanze einbauen, die dann für uns Fotosynthese betreibt, sodass wir uns von Sonnenlicht ernähren können.) In der in *Science* erschienenen Studie beschreiben die Forschenden, wie ein Cyanobakterium seine Unabhängigkeit verlor und danach als neues Zellorganell Ammoniak für die Alge *Braarudosphaera bigelowii* produziert. Zwei Lebensformen sind so zu einem neuen Organismus verschmolzen, der als erstes höheres Lebewesen Luftstickstoff verwerten kann. Wie wir gesehen haben, ist so ein Zusammenschluss in der Evolutionsgeschichte zwar schon mehrfach passiert, in Anbetracht der Zeitspanne, in der dies passierte, ist es jedoch selbst evolutionsbiologisch betrachtet ein extrem seltenes Ereignis.

Das neue Level an Komplexität von Zellen ermöglichte die Entstehung einer enormen Vielfalt an Einzellern, den Protisten, die uns mitsamt ihrer kreativen Fortbewegungsmethoden später noch begegnen werden. Ein ähnlicher Prozess des Zusammenschlusses brachte eine weitere Milliarde Jahre später die ersten Vielzeller mit sich. Auch die ersten Vielzeller waren noch klein. Erst vor etwa 600 Millionen Jahren entstanden größere Organismen inklusive der ersten Tiere. Im Rahmen der sogenannten kambrischen Radiation explodierte die Vielfalt der Vielzeller förmlich und vor etwa 500 Millionen Jahren eroberte das Leben, das sich bis dahin über Milliarden Jahre im Wasser abgespielt hatte, endlich das Land. Pflanzen und Pilze besiedelten das Festland gemeinsam und sind dadurch bis heute eng miteinander verbunden. Ein beeindruckender Fossilbericht zeigt durch unzählige Funde, Puzzleteilen gleich, die anschließende Entwicklung der Fische zu Amphibien, dann weiter zu Reptilien und daraus gleichermaßen hervorgehend Vögeln und Säugetieren. Vor 50 bis 60 Millionen Jahren bestanden damit die meisten heute existenten tierischen Ordnungen bereits, inklusive der Primaten. Vor etwa 5 Millionen Jahren begann dann die Geschichte der Menschwerdung und vor gerade einmal ungefähr 300 000 Jahren erschien *Homo sapiens* auf der Weltbühne.[21]

Beim Blick in die heutige Natur ist es schwer vorstellbar, dass es ein *Davor* gab. Dass alles, was uns nun so vertraut ist, einen Großteil der Erdgeschichte lang nicht existierte und mit einer Prise Chemie in der bewegten »Ursuppe« der frühen Erde seinen Anfang nahm. Doch seitdem ist unbegreiflich viel Zeit ins Land gegangen. Es fällt uns schwer, die Bedeutung großer Zahlen zu erfassen, besonders den Sprung von Millionen zu Milliarden (oder den 3,46 Milliarden Jahren Geschichte des Lebens). Für ein besseres Verständnis können wir die Zeitskala anpassen, sodass sie mehr Bezug zum eigenen Leben hat: Eine *Million* Sekunden sind etwa elfeinhalb Tage. Etwas weniger als zwei Wochen also. Überschaubar, nicht wahr? Und wie viel wären dann eine *Milliarde* Sekunden? Etwa 11 570 Tage, also fast 32 Jahre Ihres Lebens.

Seit seinen Anfängen hatte das Leben also viel Zeit, sich weiterzuentwickeln. Leben ist ein Kontinuum. Die kontinuierliche Organisation zu Verbindungen höherer Ordnungen (von Molekülen über Zellen bis hin zu Organismen), die Entstehung von Variation und das Formen ebendieser durch selektive Kräfte im Außen führte uns letztlich ins Heute. Die Komplexität des Lebens gründet auf der Hierarchie von Strukturebenen von der atomaren Ebene bis zum Ökosystem und mit jeder Stufe treten Eigenschaften auf, die die einzelnen Komponenten nicht zeigen. Die Einzelteile eines Hämoglobins bestehen beispielsweise aus simplen Elementen wie Eisen, Sauerstoff, Stickstoff, Kohlenstoff und Wasserstoff. Erst durch die Faltung des Moleküls in eine bestimmte Form, durch das Zusammenwirken seiner Einzelteile, erhält es eine Eigenschaft, die es zuvor nicht hatte: Es kann den lebenswichtigen Sauerstoff durch unsere Blutbahn transportieren. Diese Emergenz ist der Kern biologischen Lebens.

WANN DAS LEBEN LAUFEN LERNTE

Bewegung spielte offensichtlich schon bei der Entstehung des frühen Lebens eine Rolle. Immer wieder mussten einzelne Moleküle und Organismen zueinanderfinden, um neue, weiterentwickelte Organisationsformen zu bilden. Doch die chaotische Bewegung der Ursuppe lässt sich schlecht mit einem Sonntagsspaziergang vergleichen. Wann also begann sich der erste Organismus aktiv zu bewegen?

Tatsächlich viel früher, als man zunächst vermuten würde: Schon etwa die Hälfte der Prokaryoten, der simplen ersten Lebewesen auf der Erde, deren Spuren 3,46 Milliarden Jahre zurückreichen, kann sich gezielt fortbewegen. Ihre Zellen verfügen über sogenannte Geißeln oder Flagellen. Wie eine Peitsche geformt, ermöglichen solche Anhängsel durch kräuselnde Bewegungen im Wasser Vortrieb. Wir kennen diesen Anblick vermutlich am besten von der Fortbewegung des menschlichen Spermiums. Auch wenn es sich dabei um eine eukaryotische Zelle (also eine ältere, komplexere Zelle mit Kern) handelt, ist die Funktionsweise ähnlich.

Bis zu 50 Mikrometer pro Sekunde Schwimmgeschwindigkeit erreichen manche Bakterien. Das ist in etwa das Hundertfache ihrer Zellgröße in einer Sekunde.[22] Wenn wir die Zellgröße mit einer menschlichen Schrittlänge von etwa einem Meter gleichsetzen, entspräche das einer Laufgeschwindigkeit von 360 Stundenkilometer! Usain Bolt mit seinen 44,72 Stundenkilometern über die 100 Meter kommt dagegen einer Schnecke gleich.

Neben Flagellen gibt es auf der Urerde mindestens zwei weitere Fortbewegungsmethoden. Sogenannte Spirochäten, lang gezogene Bakterien, haben Strukturen unter der äußeren Zellwand, die sich verformen können und so zu einer spiralförmigen Bewegung führen. Sie bewegen sich wie ein winziger Korkenzieher, der sich drehend durchs Wasser zieht. Eine dritte Methode basiert darauf, eine Art schleimige Fäden auszustoßen, die sonst dazu dienen, an Dingen zu haften (wie eine Art winziger Spiderman). Zügig ausgespuckt können sie durch den Rückstoß auch der Fortbewegung dienen, ähnlich wie ein Düsenantrieb.

Erste Formen der Fortbewegung gab es also schon vor Milliarden von Jahren. Doch warum? Die Entscheidung eines Polarfuchses, abzuwandern, ist letztlich im Großen das, was die Bewegung eines Bakteriums im Kleinen ist. Sie folgt einem Ziel.

In einer homogenen Flüssigkeit wäre jede Bewegung ziellos und somit sinnlos. Denn worin liegt der Sinn, sich fortzubewegen, wenn es ohnehin überall gleich aussieht? In der Umgebung der Bakterien müssen sich also ebenfalls Ziele verbergen, auch wenn diese weniger offensichtlich sind als die Suche eines jungen Fuchses nach dem eigenen Revier. Die rudimentärste Form zielorientierter Fortbewegung, wie sie Bakterien und Archaeen zeigen, ist die Taxis.[23] Sie ist eine simple und dennoch zielgerichtete Orientierungsreaktion von Lebewesen aufgrund einer Umgebungsinformation. Das heißt, ein Lebewesen richtet sich nach einem Reiz oder Umweltfaktor aus. Das kann für unser Bakterium beispielsweise die Temperatur, die Beleuchtungsstärke oder auch die Konzentration eines chemischen Stoffes sein.

Wie bewusst diese Bewegung ausgeführt wird, ist dabei fraglich. Die Frage nach der Bewusstheit tierischer und damit auch unserer eigenen Fortbewegung ist eine eigene Geschichte, der wir uns zu einem späteren Zeitpunkt widmen. Dafür werden wir eine Ratte namens Razza kennenlernen und einen Blick auf die von Konrad Lorenz und Nikolaas Tinbergen (beide Pioniere der klassischen Verhaltensforschung) formulierte Instinkt-Theorie werfen. Für den Moment reicht es uns, einen Begriff daraus herauszugreifen, der eine zielgerichtete Handlung beschreibt, die tierischem Verhalten zugrunde liegt (wie das Suchen eines Raubtieres nach Beute, um seinen Hunger zu stillen): die Appetenz. Das Wort stammt aus dem Lateinischen und bedeutet »nach etwas strebend«. Damit drückt sie also ein innewohnendes Bedürfnis aus. Wonach streben Organismen? Im fundamentalsten Sinne wohl nach Veränderung. Taxis ermöglicht diese Veränderung, ohne komplexe Entscheidungen und ohne lange Beine oder prächtige Flügel.

Auf etwas zuzustreben, kann genauso wichtig sein wie die Fähigkeit, sich von etwas zu entfernen. Mit Taxis kamen beide Möglichkeiten in die Welt und ermöglichten erstmals zielgerichtetes, bewegtes Leben.

Der Reiz, der eine Taxis auslöst, lässt sich ihrem Namen entnehmen. So bezeichnet Phototaxis beispielsweise die Bewegung auf eine Lichtquelle zu (oder von ihr weg), Thermotaxis die Bewegung in Reaktion auf einen Temperaturreiz und Gravitaxis oder Geotaxis Bewegung, die sich an der Schwerkraft orientiert. Sie ermöglicht es Mikroorganismen beispielsweise, zu erkennen, wo oben und unten ist, und sich in einem Gewässer ins nährstoffreichere Sediment herabzubewegen.

Chemotaxis, die Bewegung aufgrund der Konzentration eines Stoffes, ist eine grundlegende Zellreaktion, die in der frühen Geschichte des Lebens vermutlich entscheidende Überlebensvorteile bot. Gemeinsam mit der Entstehung von Rezeptorsystemen, die in irgendeiner Form die Umgebung erfassen, bot sie die einmalige Gelegenheit, bessere Orte aufzusuchen und ungünstige Umgebungen zu verlassen. Dabei sehen die Schwimmbewegungen von Bakterien alles andere als zielgerichtet aus. Sie sind eine Mischung aus sich abwechselnden Schwimm- und Taumelbewegungen. Auf den ersten Blick erscheint die Bewegungsrichtung zufällig und die Abläufe wirken willkürlich. Im Grunde ist es den Bakterien tatsächlich nicht möglich, sich gezielt von einem Ort zum nächsten zu bewegen. Sie können nicht einfach eine Richtung wählen und losschwimmen. Sie bewegen sich zunächst willkürlich, prüfen dann allerdings ihre Umgebung und bewegen sich gegebenenfalls erneut. In der Summe entsteht dadurch erstaunlicherweise eine zielgerichtete Bewegung hin zu einer Quelle (oder von ihr weg). Durch ihre schlagenden Flagellen erinnern Bakterien irgendwie an winzige Tierchen, doch letztlich sind es nur simple Hüllen mit Ruder. Evolutionsgeschichtlich ist es noch ein weiter Weg von einem flagellenschlagenden Einzeller, der dem Licht entgegenschwimmt, bis zu einem Polarfuchs, der Tausende Kilometer durch die Einsamkeit der Arktis wandert. Doch es ist der erste Schritt auf diesem Weg.

KLEIN, ABER OHO

Mit der großen Vielfalt der einzelligen Protisten, die die Entwicklung der komplexeren Eukaryoten-Zelle ermöglicht, kamen vielfältigere Fortbewegungsmethoden ins Spiel. Schaut man etwas genauer hin, sieht man es im Wasser überall wuseln und wimmeln. »Dies war für mich unter all den Wundern, die ich in der Natur entdeckt habe, das Wunderbarste von allen; und ich muss sagen, dass mir bisher nichts größeres Vergnügen bereitet hat als der Anblick so vieler Tausender Lebewesen in einem kleinen Wassertropfen, die sich untereinander bewegen, jedes einzelne Lebewesen mit seiner eigenen Bewegung«, bemerkte der niederländische Naturforscher Antoni van Leeuwenhoek, als er mithilfe des Mikroskops erste Einblicke in diese uns sonst verborgene Welt gewann.[24]

Protisten, das ist eigentlich keine stammesgeschichtliche Gruppe, sondern vielmehr eine Sammelbezeichnung für alle Eukaryoten (also Lebewesen mit komplexen Zellen), die eben nicht Pilze, Tiere oder Pflanzen sind. Manche sind mit den Tieren enger verwandt, andere mit den Pflanzen, und auch wenn sie vor beiden entstanden, geht ihre Diversifizierung in der Evolutionsgeschichte weiter. 60 000 Arten sind bekannt, die meisten sind Einzeller und die bekannteste ist vielleicht die Amöbe.

Man sollte diese Einzeller jedoch nicht unterschätzen. Selbst der einfachste Protist ist komplexer als all die kernlosen Prokaryoten (mit den Bakterien und Archaeen), die zuvor schon Hunderte Millionen Jahre die Erde beherrschten. Schließlich müssen Protisten in nur einer Zelle diverse Funktionen ausführen, für die anderen vielzelligen Eukaryoten wie uns diverse Zellen und Organe zur Verfügung stehen. Man muss sich einen Protisten eher wie ein winziges Tier vorstellen statt wie eine unserer Körperzellen.

Zu den Protisten gehören zum Beispiel Pantoffeltierchen. Ihr Körper ist von Tausenden kleinen Härchen, den Cilien, bedeckt. Damit können sie aktiv schwimmen. Sie gehören zur großen Gruppe der Wimperntierchen, die diese Form der Fortbewegung eint. Auch die berühmte Amöbe kann sich fortbewegen. Sie stülpt ihr Plasma wie kleine Scheinfüße aus und zieht den Körper mit dem restlichen Plasma nach. Somit kriecht sie ganz ohne Skelett und Muskulatur. Die Technik ähnelt aber bereits dem, was später in der Evolution Muskulatur und Skelett übernehmen werden. Zu den pflanzenähnlichen Protisten gehört beispielsweise Volvox. Sie sehen aus wie eine filigrane, halb transparente und leuchtend grüne Kugel, deren Wand aus Hunderten oder Tausenden zweigeißeligen Zellen gebildet wird. Wenn sie sich vermehren, bilden sich im Inneren neue Kugeln, die man hindurchscheinen sieht.

Auch die Schleimpilze gehören zu den Protisten. Schleimpilze haben sich in den letzten Jahren durch einige erstaunliche wissenschaftliche Funde auch in der populärwissenschaftlichen Berichterstattung einen Namen gemacht. So zum Beispiel der Schleimpilz *Physarum polycephalum*, der sich in einem Experiment durch ein Labyrinth bewegte, das dem Großraum Tokyos nachempfunden war.[25] Dies tat er so effizient, dass seine Bewegungsmuster letztlich das Bahnnetz Tokyos widerspiegelten. Ohne Augen, Muskeln oder Hirn schafft es der Schleimpilz nicht nur, sich von A nach B zu bewegen, sondern auch die kürzeste, effizienteste Route dafür zu finden. Doch wie kann ein Schleimpilz seine Position verändern? Er besitzt ein Zytoskelett mit bestimmten Proteinen (wie Aktin und Myosin), die auch die späteren höheren Tiere inklusive uns Menschen in ihren Muskeln verwenden. So kann er sich aktiv vorwärtsmanövrieren und seinen Körper nachziehen.

Die früheste vollständig dokumentierte Fortbewegung eines nicht mikroskopischen Lebewesens ist die von *Yilingia spiciformis*. Ylingia ist ein wurmähnliches Tier, das einer Weizenähre gleicht. Das größte bekannte Exemplar war etwa 27 Zentimeter lang. In der Dreischluchtenregion im heutigen Südchina fanden Forschende im Kalkstein eines Steinbruchs am Fluss Yangtse die über 540 Millionen Jahre alte Spur eines Tieres. Das Besondere daran: Erstmals waren nicht nur Lauf- oder Grabspuren des Tieres sichtbar. Solche Spuren hatte man in der Gegend schon früher gefunden. Sie bilden vielleicht die ältesten hinterlassenen »Fußabdrücke« in der Geschichte tierischen Lebens.[26] Spuren alleine lassen jedoch einen großen Interpretationsspielraum offen, besonders in einer Welt, deren Bewohner einem überwiegend unbekannt sind.

Diesmal fand man jedoch etwas, das in der Fossilgeschichte ein seltenes Glück ist. Der Verursacher der Spur wurde mitsamt seiner Fährte konserviert.[27] Wie in einem steinernen Gemälde, das den Moment festhält, in dem die Tiere das Laufen lernten. Die Spuren eines wurmartigen Urtiers mögen zunächst unspektakulär erscheinen, doch die Entwicklung der Motilität (die

Fähigkeit zur aktiven Bewegung) höherer vielzelliger Tiere wie Ylingia war eine Innovation, die die Erde nachhaltig veränderte.

Fortbewegung prägt das Leben seit seiner Entstehung. Schon die ersten Organismen in der Geschichte des Lebens schwammen offenbar mithilfe von Rudern aktiv durch die Ursuppe des Lebens. Bis zur Vielfalt heutiger tierischer Bewegungen bedurfte es jedoch einer langen Entwicklungsgeschichte. Ein Großteil des tierischen Lebens, das sich heute so selbstverständlich durch unsere Welt bewegt, entstand erst in den letzten wenigen Hundertmillionen Jahren einer Milliarden Jahre währenden Geschichte.

Auch war die uns so viel vertrautere Welt an Land über lange Zeit überwiegend immobil. Nachdem Pflanzen und Pilze das Land erobert hatten, sollten noch Millionenjahre vergehen, bis die höheren Tiere im großen Stil Bewegung in die Sache brachten. Warum das Leben an Land zunächst stillstand, werden wir zu einem späteren Zeitpunkt betrachten. Am Ende der Geschichte (zumindest aus heutiger Sicht) steht jedenfalls eine enorme Vielfalt von Lebewesen, die ihre eigenen Wege gefunden haben. Was sie vom Bakterium bis zum Mauersegler vereint, ist, dass sie sich bewegen, weil sie nach Veränderung streben.

Das Streben nach Verbesserung ist allen sich bewegenden Organismen gemein. Egal, ob wir ein Pantoffeltierchen oder eine Biologin sind. Wir bewegen uns, weil wir uns mehr erhoffen vom Dort. Aufgrund von Millionen kleinen Entscheidungen, bewusst oder unbewusst, bewegen wir uns fort. Ein Ruderschlag hin zum Licht. Ein Flügelschlag hin zu einem sicheren Rastplatz. Ein Schritt hin zu einem neuen Territorium am anderen Ende der arktischen See.

2

DIE NATUR DER BEWEGUNG

Sanft fällt Sonnenlicht durch das Blätterdach des Amazonas-Regenwaldes und verliert sich auf seinem Weg durch Schichten von Grün. Nahe am Boden ist das Licht schwach und schummrig. Nur wenige, vereinzelte Lichtflecken beleuchten einen Teppich aus Moosen und Farnen. Es riecht nach feuchter Erde.

Gut getarnt von der dichten Krautschicht bevölkert eine Vielzahl an Insekten und anderen Kleinstlebewesen den Waldboden. Sie bauen herabfallendes Laub und totes Holz ab, belüften den Boden und bilden die Grundlage eines weit verzweigten Nahrungsnetzes im artenreichsten Ökosystem der Erde. Immer wieder verrät ein leises Rascheln oder die Bewegung einiger Blätter, dass hier auch größere Bodenbewohner unterwegs sind.

Aus der Krautschicht heraus recken sich Sträucher bis zu acht Meter hoch dem Licht entgegen. Hier treffen sich Schatten und Licht und verschmelzen zu einem diffusen Leuchten. Große Blätter helfen Sträuchern und Palmen, so viel wie möglich des spärlichen Lichts aufzunehmen. Über den Stängel eines langen Palmblattes marschiert eine Straße aus Blattschneideameisen. Ein großer, leuchtend blauer Schmetterling flattert vorbei und verschwindet wieder im Blätterwerk. Die Luft ist warm und Wasserdampf hängt in Schwaden zwischen Sträuchern und Bäumen.

In der unteren Baumschicht des Waldes stehen Gummibäume, Baumfarne und Kakaobäume. Um das kostbare Licht zu nutzen, das die oberste Baumschicht des Regenwalds durchbricht, wachsen sie schmal nach oben. Einzelne Sonnenstrahlen werfen schimmerndes Licht auf baumbewohnende Bromelien. Als gelbe und feuerrote Farbtupfer stechen sie aus dem Grün. Statt aus dem Erdreich wachsen sie an den Stämmen und auf den Ästen anderer Pflanzen, um näher ans Licht zu kommen. Dazwischen stehen die mächtigen Stämme derjenigen Bäume, die das Kronendach des Regenwaldes bilden.

An einem dieser Stämme hängt, etwa fünf Meter über dem Boden, ein haarig aussehendes, braun-grünes Gebilde. Von fern scheint es eine weitere baumbewohnende Pflanze zu sein. Ein grünlicher Fleck, der mit unzähligen anderen Flecken in Myriaden von Grüntönen verschmilzt. Wie beim Blick durch ein Kaleidoskop schafft die enorme Pflanzenvielfalt in Verbindung mit den verschiedenen Lichtstimmungen im Wald eine leuchtende Welt aus Grün, in der Strukturen sich auflösen und ineinanderzufließen scheinen. Doch dann bewegt sich das vermeintliche Gebilde. Langsam zieht es sich den Stamm hinauf.

Nun, da es einen Arm ausgestreckt hat, ist das geheimnisvolle Wesen eindeutig als Tier erkennbar. Bei näherer Betrachtung zeigt sich ein zottelig behaarter Körper mit langen, schlaksigen Gliedmaßen. Drei beeindruckende Krallen zieren die Pfoten seiner Vorderbeine, mit denen es den mächtigen Stamm des Shihuahuaco-Baums umklammert.

Auch wenn dies wohl das Letzte ist, was einem möglichen Betrachter auffiele – das Tier hat es eilig. Das Braunkehl-Faultier ist gerade auf dem Rückweg von einer gefährlichen Reise. Es war viele Stunden unterwegs und hat sich dennoch nur wenige Meter von seinem Standort entfernt. Zumindest wenn man die zurückgelegte Entfernung als Distanz am Boden begreift. Die Bewegung des Faultiers erfolgte aber aus einer gänzlich anderen, einer vertikalen Perspektive auf die Welt.

Am frühen Morgen hatte es sich von der Krone des Baumes aus auf den langen Weg nach unten gemacht. Mit langsamen Bewegungen hatte es sich Meter für Meter abwärtsgeschoben. Eigentlich verbringt das etwa einen halben Meter lange Tier seine Zeit bevorzugt weit oben in den Wipfeln der Bäume. Hier unten, in Bodennähe, ist es der Gefahr durch mögliche Räuber wie den Jaguar ausgesetzt. Auch Tayras, flinke und langbeinige Marder, haben es auf das Faultier abgesehen. Dennoch ist es den ganzen Weg bis zum Waldboden hinabgekrochen.

Die gleiche Reise hatte es bereits letzte Woche, ungefähr zur selben Zeit, unternommen. Genau wie in der Woche zuvor und der ihr vorangegangenen. Der profane Grund für den riskanten Besuch am Boden: Das Faultier musste sich erleichtern.

Nun ist es auf dem Rückweg und beeilt sich, möglichst zügig in sicherere Höhen vorzudringen. Ein Rascheln veranlasst es, seinen Kopf zu drehen und anschließend zu verharren. Es vergehen einige Sekunden, doch nichts rührt sich, also setzt es seinen Weg fort. Sein langsamer Aufstieg wirkt beschwerlich, aber beharrlich.

Als das Faultier den Blick hebt, offenbart es ein rundliches, freundlich anmutendes Gesicht mit einer hundeartigen Nase. Das Fell seines etwas flachen Gesichts ist heller als am übrigen Körper. Zwei gelbliche Flecken oberhalb der Augen sowie braune Zeichnungen, die von den Augen ausgehend nach außen laufen, verleihen ihm ein höchst ungewöhnliches Antlitz.

Als es in etwa 20 Meter Höhe angekommen ist, verlässt das Tier den Stamm. Es orientiert sich ostwärts und folgt einem ausladenden Ast. Langsam hangelt es sich daran entlang. In Rückenlage, alle vier Gliedmaßen am Ast festgekrallt, geht es in bedächtigen Hangelbewegungen Stück für Stück voran.

Endlich scheint es zufrieden mit seiner Umgebung. In einer dicht belaubten Astgabel hält es an und schließt seine Augen. In den nächsten Stunden wird es sich nicht mehr vom Fleck bewegen.

Kaum hat es seine Bewegung eingestellt, verschmilzt das Faultier wieder mit seiner Umgebung. Die Brauntöne des Fells setzen sich in den Farben des Geästs fort. Grüne Schlieren und Felder ziehen sich wie Lianen und Moos durch das Fell. In seiner Bewegungslosigkeit wird es fast unsichtbar.

Auch wenn der Boden die größten Gefahren für das Faultier bereithält, ist es hier oben im Geäst keinesfalls sicher. Keine Höhen, die ein Faultier erklimmen kann, nicht einmal ein 60 Meter hoher Shihuahuaco-Baum, könnten es außerhalb der Reichweite der Harpyie bringen. Die Harpyie gehört nicht nur zu den größten Greifvögeln der Welt. Der Vogel ist auch der kräftigste, der stärkste unter ihnen allen, und er hat sich auf die Jagd von Säugetieren wie dem Faultier oder Affen spezialisiert. Seine Tarnung ist daher auch hier oben von entscheidender Bedeutung für das Braunkehl-Faultier. Sie ist der Schlüssel eines Tieres, für das Flucht keine Option darstellt, um zu überleben.

Ruhig hebt und senkt sich der Brustkorb des Faultiers. Der Wald um es herum ist ein Mosaik aus Farben und Klängen. Die Geräusche des Waldes scheinen gedämpft. Das Rauschen der Blätter im Wind vermischt sich mit dem gelegentlichen Knacken eines Zweiges, dem Quaken von Pfeilgiftfröschen und dem Zirpen von Insekten zu einem Klangteppich am Rande seiner Wahrnehmung.

Dann ruft ein Tukan. Sein Geschrei hallt durch die Bäume und wird von den anderen Bewohnern des Waldes beantwortet.

Vom Tumult geweckt, wird das Faultier langsam aktiv. Es beginnt, das zu tun, womit es den Großteil des Tages füllt, wenn es gerade mal nicht schläft. Es begibt sich auf Nahrungssuche.

Bedächtig klettert es den Stamm ein wenig hinab, bis es die Krone eines benachbarten Ameisenbaumes erreicht. Sorgfältig werden dessen Blätter abgezupft, begutachtet und verspeist. Nach und nach wandert ein Blatt nach dem anderen in einer trägen Bewegung in seinen Mund. Dazwischen kaut es lange und hält immer wieder inne, scheint Pausen einzulegen, seine Tätigkeit fast zu vergessen und sie dann doch wieder aufzunehmen. Manchmal wirken die Bewegungen des Faultiers fast wie in Trance. Das Hangeln, das Pflücken der Blätter, das Kauen, das Atmen – allem, was dieses ungewöhnliche Lebewesen tut, scheint eine tiefe Ruhe und Behäbigkeit innezuwohnen.

DIE ENTDECKUNG DER LANGSAMKEIT

Aus unserer Perspektive erscheint dieses Leben seltsam. Wir belächeln die Langsamkeit des Faultiers und unterstellen ihm sogar Müßiggang, wie die Wahl seines deutschen Artnamens und vieler anderer Sprachen eindrücklich belegt. In ihrer südamerikanischen Heimat werden die Tiere »die Faulen« (los perezosos) genannt und auch im Französischen, Portugiesischen, Polnischen, Dänischen, Norwegischen und Englischen legt man ihnen die Todsünde der Faulheit zur Last. Eine Sünde, die laut des Philosophen David Hume gar schlimmer sei als die Neigung zu exzessivem Luxus.[1] Welch ungnädige Beurteilung. Dabei sind Faultiere wie unser Braunkehl-Faultier (*Bradypus variegatus*) alles andere als faul. Sie sind hervorragend angepasste Überlebenskünstler, die in der Langsamkeit eine nachhaltige Überlebensstrategie entdeckt haben.

Faultiere gibt es schon sehr lange. Die sieben Arten, die es heute noch gibt, ähneln sich alle stark in ihrer Lebensweise. Das gilt jedoch nicht für alle Faultiere, die die Evolution hervorbrachte.

Der stammesgeschichtliche Aufstieg der Faultiere begann vermutlich im Oligozän (dem Erdzeitalter, das vor etwa 34 Millionen Jahren begann und vor etwa 23 Millionen Jahren endete). In den folgenden Erdzeitaltern entstand eine enorme Vielfalt. 90 verschiedene Arten sind bekannt, die sich hinsichtlich Körpergröße, Fortbewegungsweise, Ernährung und Lebensraum erheblich unterscheiden.[2] Darunter auch Riesenfaultiere wie *Megatherium americanum*, mit sechs Meter langen Körpern, die mehrere Tonnen auf die Waage brachten und auf dem Boden lebten.[3] So vielfältig die Ahnenlinie der Faultiere auch war, die meisten dieser Arten sind im Laufe der Erdgeschichte wieder verschwunden. Überlebt haben jene sieben langsamen, baumbewohnenden Faultierarten, die wir heute belächeln.

Ihre Lebensweise hat sich dabei vermutlich sogar zweimal unabhängig voneinander durchgesetzt: Alle heutigen Faultiere lassen sich entweder den Zwei- oder den Dreifinger-Faultieren zuordnen. Forschungen zu ihrer Stammesgeschichte offenbarten, dass sich die Vorfahren der beiden Gruppen sehr früh in der Evolution trennten, ihre Lebensweise entwickelte sich danach in beiden Gruppen unabhängig voneinander zur heutigen Form weiter.[4] Die Langsamkeit ist also keine primitive Behäbigkeit, sondern die erfolgreiche evolutionäre Anpassung eines Spezialisten.

Tobias Keiling und Heidi Liedke schreiben in den *Naturkunden* über das Faultier: »Aber man stellt fest, dass man es mit einem Wesen zu tun hat, das immer ganz und gar anders gewesen ist als alle anderen; das aus der Zeit fällt und ohne Veränderung so bleibt, wie es schon immer war. In der Andersheit ist es ein Sinnbild nicht für Muße, sondern für Konstanz und Beharrlichkeit.«[5] Aus biologischer Sicht stimmt das natürlich nicht ganz, denn weder ist das Faultier mit seiner Strategie allein im Tierreich, noch ist es keinerlei Veränderungen unterworfen. Der wohlwollende Blick auf dieses wundersame Wesen trifft dessen Kern jedoch weit besser und wirft Licht auf die Tatsache, dass nicht hinter jedem Erfolg ein Höher, Schneller oder Weiter steckt. Manchmal sind es ganz andere Eigenschaften, die einen Erfolg ausmachen.

Im Falle des Faultiers ist seine Langsamkeit eine Reduktion auf das Wesentliche und ermöglicht es den Tieren, mit sehr wenig Energie auszukommen. Das ist auch notwendig, denn die Blätter, die die Grundlage der Faultier-Ernährung bilden, sind extrem nährstoffarm. Entsprechend führen die Tiere ein Leben im Energiesparmodus. Das Braunkehl-Faultier verschläft beispielsweise etwa 15 bis 18 Stunden des Tages. Auch der Stoffwechsel der Tiere arbeitet stark verlangsamt. Die Verdauung der Blätternahrung braucht viel Zeit und so vergehen auch zwischen zwei Mahlzeiten oft längere Pausen. Das führte dazu, dass erste Naturbeobachtungen des Faultiers durch die Europäer sogar die skurrile Hypothese anregten, Faultiere ernährten sich von Wind, da niemand sie je habe fressen sehen.[6]

Faultiere bewegen sich nur, wenn es nötig ist, und wenn sie es tun, tun sie es langsam. In einer Minute kommen Faultiere nur etwa vier Meter weit.[7] Selbst wenn wir Menschen spazieren, nicht laufen, sind wir mehr als zwanzig Mal so schnell. Am Boden sind Faultiere sogar noch langsamer (interessanterweise sind sie aber gute Schwimmer) und somit erheblich gefährdet. Rund die Hälfte aller ausgewachsenen Braunkehl-Faultiere kommt Schätzungen zufolge beim Abstieg vom Baum ums

Leben. In der Wissenschaft hat man sich daher lange gefragt, wieso die Tiere diesen Weg überhaupt auf sich nehmen. Die an sich etwas aktiveren Zweifinger-Faultiere erledigen ihr Geschäft nämlich einfach im Hängen, vom geschützteren Baum aus. Forschende der Universität Wisconsin-Madison haben darauf unlängst eine überraschende Antwort gefunden.[8] Die Faultiere steigen vom Baum, um die außergewöhnliche Symbiose einer Gruppe ungemein verschiedenartiger Lebewesen zu fördern: Faultier, Motten, Algen und Pilze.

Das Fell des Faultiers wird von Motten, Grünalgen und Pilzen besiedelt. Der Belag aus Grünalgen verbessert die Tarnung im Blätterwerk. Untersuchungen des Mageninhalts von Faultieren haben gezeigt, dass ihnen die Algen auch als Nahrung dienen. Der Nährwert der Grünalgen übersteigt den der sonst verspeisten Blätter um ein Vielfaches und sie sind darüber hinaus leichter zu verdauen. Die Algen im Fell sind also eine wertvolle zusätzliche Nahrungsquelle für die Tiere. Doch was hat das mit dem Ausflug auf den Waldboden zu tun?

Hier kommt die Motte der Gattung *Cryptoses* ins Spiel. Sie legt ihre Eier in die Hinterlassenschaften des Faultiers, in denen sich dann ihre Larven entwickeln können. Durch den Besuch des Faultiers an festen Latrinen am Boden können dort frisch geschlüpfte Motten direkt wieder in den Pelz des Faultiers einziehen. Dabei tragen sie auch geringe Mengen der Überreste mit sich. Pilze im Fell der Motte ernähren sich von diesen Überresten. Sie verdauen diese ebenso wie verendete Motten und erzeugen dabei Stickstoff. Der Stickstoff düngt dann die Algen und regt so ihr Wachstum an.

Die »Badezimmer-Routine« der Faultiere führt also indirekt zu mehr Grünalgen im Fell und damit zu mehr Nahrung und besserer Tarnung. Im Gegensatz zu den Zweifinger-Faultieren, die sich neben Blättern auch von Früchten und Insekten ernähren, sind Dreifinger-Faultiere möglicherweise auf die zusätzlichen Kalorien angewiesen. Tatsächlich tragen alle Faultierarten Motten und Algen mit sich. In ihrer Studie konnten die Forschenden aber zeigen, dass es bei den Dreifinger-Faultieren viermal so viele sind.

Faultiere haben ihre eigene spezielle Nische gefunden und ihre vermeintliche Faulheit ist ein zentraler Bestandteil ihres Überlebenserfolgs. Neben der Erschließung energiearmer Nahrungsquellen hilft sie auch bei der Tarnung vor den Sichtjägern unter ihren Fressfeinden und hat sie bis ins Heute überdauern lassen. Vielleicht sollten wir unsere Bewertung von Faulheit also kritisch hinterfragen? Der französische Schriftsteller Paul Lafargue widmete der Faulheit ein eigenes Werk. Im Gegensatz zur üblichen gesellschaftlichen Konnotation beschreibt er sie nicht als Laster. Tatsächlich war sein Werk *Das Recht auf Faulheit* eine provokante Analyse des Kapitalismus, die das Diktat der Produktivität und dessen Folgen für das Wohlbefinden der Menschen kritisch hinterfragte. Lafargue war überzeugt, dass erst ein gewisses Maß an Muße und Entspannung Raum für Kreativität und persönliche Entfaltung schafft. Eine Einschätzung, der die moderne Psychologie sicherlich recht gibt. Manchmal ist es nun mal besser, mit Bedacht vorzugehen und innezuhalten, egal ob im eigenen, bewegten Leben oder auf der Suche nach seinem Platz in der Geschichte des Lebens.

Wenn wir Faultiere als faul bezeichnen, setzen wir voraus, dass das bewegungslose Hängen Ausdruck von Antriebslosigkeit ist. Dass dem nicht so ist, haben wir gesehen. Es gibt darüber hinaus jedoch auch eine physiologisch interessante Komponente an dieser Betrachtung: Haben Sie schon einmal versucht, sich über längere Zeit an einen Ast oder eine Stange zu hängen? Das ist alles andere als entspannend. Es verlangt unserer Muskulatur einiges ab, sich irgendwo hängend festzuhalten. Wenn Sie das nächste Mal an einem Spielplatz mit Klettergerüst oder einem geeigneten Baum vorbeikommen, probieren Sie es gerne einmal aus, falls Sie sich nicht mehr an das Gefühl erinnern. Wer nicht ausgesprochen trainiert ist, schafft es vielleicht nur wenige Sekunden bis Minuten, sich so zu halten. Wie also gelingt es dem Faultier, stundenlang zu hängen und dennoch Kraft und Energie zu sparen? Um der Antwort näher zu kommen, lohnt sich ein Blick auf die Anatomie des Faultiers. Wenn wir verschiedene Tiere, inklusive uns Menschen, betrachten, können wir häufig von ihrem Aussehen auf die Art und Weise ihrer Fortbewegung schließen. Ihr Körperbau verrät uns, ob sie beispielsweise für das Schwimmen oder das Fliegen geformt sind, und manchmal sogar, wie gut sie darin sind.

Auch die Lebensweise des Faultiers hat seinen Körper geformt. Faultiere sind leicht (etwa vier bis sechs Kilogramm beim Braunkehl-Faultier) und haben lange Gliedmaßen und lange Krallen, mit denen sie sich gut festhalten können. Dreifinger-Faultiere haben mehr Halswirbel als alle anderen Säugetiere. Dadurch können sie ihren Kopf weiterdrehen und haben auch, ohne sich fortzubewegen, einen besseren Überblick über ihre Umgebung. Der Körper der Faultiere ist in vielerlei Hinsicht auf

das Hängen ausgelegt. Ihre inneren Organe sind mit den Rippen verwachsen. So drückt deren Gewicht beim Hängen nicht auf die Lunge. Selbst ihr Fell gibt Hinweise auf das seitenverkehrte Leben der Tiere. Der Haarscheitel verläuft nicht wie bei den anderen Säugetieren am Rücken, sondern am Bauch. Wenn die Tiere rücklings hängen, läuft so das Regenwasser besser aus dem Fell. Sogar ihre Jungtiere gebären Faultiere, während sie im Baum hängen. Anders als man zunächst vermuten könnte, haben Faultiere für das viele Hängen nicht mehr, sondern sogar weniger Muskelmasse als andere Säugetiere. Die Muskeln sind aber anders organisiert. Die ganze Faultier-Anatomie spart Energie: Versteifte Gliedmaßen, lange Arme, frei bewegliche Schulterblätter, veränderte Muskelansatz-Stellen und weitere Anpassungen des Muskel-Skelett-Apparats ermöglichen es ihnen, das eigene Körpergewicht mit möglichst geringem Energieaufwand zu halten.[9]

Um die Funktionsweise der Faultier-Anatomie verstehen zu können, mussten Wissenschaftler diese in Bewegung studieren. Sie ließen die Tiere durch einen Röntgentunnel hangeln[10] und erhielten so letztlich Einblick in das ausgeklügelte Bewegungssystem, das den Tieren ihre seltsame Fortbewegungsweise ermöglicht. Wie sich Tiere bewegen, ist eine Frage, die Menschen schon umtrieb, lange bevor solche technischen Möglichkeiten zur Verfügung standen. Schon in prähistorischen Zeiten war tierische Fortbewegung essenziell für die Menschheit. Zwar wissen wir heute, dass unsere Vorfahren deutlich mehr auf pflanzliche Nahrung bauten, als das verbreitete Klischee vom steinzeitlichen Jäger impliziert.[11] Stabile Isotopenuntersuchungen zur menschlichen Ernährung im frühen Holozän zeigten beispielsweise, dass die Nahrung der untersuchten Menschen zu 70 bis 95 Prozent aus pflanzlicher Nahrung bestand. Trotzdem war die Jagd auf Tiere ein wichtiger Bestandteil der menschlichen Geschichte und je nach Jahreszeit und Weltregion konnte die Bedeutung tierischer Nahrung höher sein. Das Jagen von beweglichen Zielen setzte ein gewisses Verständnis der Bewegungsabläufe, Wanderrouten und Geschwindigkeiten von Tieren voraus. Fischerei und Jagd mussten sich beispielsweise teils saisonalen Tierzügen anpassen.[12] Erst mit der Entwicklung der Tierhaltung machte sich der Mensch in Teilen von der Fortbewegung der Tiere unabhängig. Seiner Faszination für tierische Bewegung tat dies allerdings keinen Abbruch.

Bereits vor fast 2500 Jahren beschäftigten sich Denker, Philosophen und Mediziner, darunter Platon, Hippokrates und Aristoteles, mit der Fortbewegung. Für Platon zog sich Bewegung durch die Essenz des Seins, denn seiner Meinung nach bildete die eigenständige Bewegung ein Definitionsmerkmal für die Existenz einer Seele.[13] Im *Timaios*, seinem in Dialogform verfassten Spätwerk, unterschied er sieben verschiedene Formen von Bewegung[14], wobei seine Betrachtungen weit über physische Fortbewegungsformen hinausgingen. Basierend darauf, dass eigenständige Bewegung für ihn Zeichen der Beseeltheit war, schrieb er auch Tieren und den Sternen eine Seele zu.

Aristoteles' Verständnis von Bewegung umfasste Aspekte physiologischer bis planetarer Bewegungen. Seine Bewegungslehre verwob ein geozentrisches Weltbild mit der Theorie der vier Elemente und Erklärungen für himmlische ebenso wie tierische Bewegungen. Demnach würden sich Erstere harmonisch nach einer idealen, ewigen Ordnung verhalten, während Letztere nicht auf regelmäßigen, »göttlichen« Bahnen erfolgten und einer anderen Ursache zugrunde lägen, diese Ursache sei die Lebendigkeit des Körpers. Seine Spätschrift *De motu animalium* widmet sich schließlich der Frage nach dem Auslöser der »Selbstbewegung« von Lebewesen. Dies beinhaltet alle gewollten oder auch ungewollten Akte tierischer und menschlicher Organismen.[15] Aristoteles kommt unter anderem zu dem Schluss, dass Bewegung von unbewegten Objekten im Außen abhängig sei, und erkannte damit bereits ein Grundprinzip der Fortbewegung – die Bewegung gegen einen Widerstand.

Diversen Quellen zufolge kam die Erforschung der Fortbewegung des Menschen anschließend für annähernd 2000 Jahre überwiegend zum Erliegen. Grund sei die gesellschaftliche Moral der damaligen Zeit, da sie die Sektion von Leichen, die für das Studium des Bewegungsapparats unabdingbar war, verbot. In der Renaissance flammte das wissenschaftliche Interesse wieder auf und durch heimliche Autopsien sammelten Künstler wie Leonardo da Vinci und Michelangelo Buonarroti Informationen über die Natur der menschlichen (und damit tierischen) Bewegung. Da Vinci, heißt es, habe dabei »unter Lebensgefahr und im Schutze der Dunkelheit auf Friedhöfen frische Leichen ausgegraben, um sie heimlich zu sezieren«[16]. Wie heimlich das Ganze ablief, ist rückblickend schwer zu beurteilen. Denn es fanden schon im früheren Mittelalter vielerorts anatomische Untersuchungen und sogar öffentliche Sektionen statt. So verfasste Mondino de' Liuzzi, ein italienischer Arzt, bereits um 1300 die erste praktische Anleitung zum Sezieren und sein Schüler Guido da Vigevano fertigte anatomische Illustrationen an.[17] Nichtsdestotrotz legte die Arbeit von Männern wie da Vinci und weiteren Anatomen der Renaissance wie Andreas Vesalius den Grundstein für das Verständnis der Skelett- und Muskelanatomie und damit der Frage nach der Funktionsweise von Fortbewegung – ein bedeutender Schritt für die entstehende Lokomotionsforschung. Lokomotion ist die Bewegung von einem Ort zum anderen. Sie ist ein aktiver Prozess, der vom Tier eingeleitet und kontrolliert wird, und lässt sich am besten mit dem deutschen »Fortbewegung« übersetzen.[18] (Lateinisch *loco,* »von einem Ort«, *motio,* »Bewegung«.[19])

Ebenfalls unter dem Titel *De motu animalium* erschien Ende des 17. Jahrhunderts ein Werk des italienischen Physikers und Mathematikers Giovanni Alfonso Borelli, das einen detaillierten Blick auf Biologie und Physik der Bewegung warf. In seine Ausführungen flossen die Erkenntnisse jahrzehntelanger Studien über die Gesetzmäßigkeiten von Bewegungen ein, die er in seinem medizinischen Labor in Pisa durchführte. Unter der Prämisse, dass die von Galilei entwickelten mechanischen Naturgesetze ebenso für lebendige Körper galten, betrachtete er erstmalig den Körper als Skelett-Muskel-Maschine und erklärte damit Prozesse vom Herzschlag bis zum Laufen, beschrieb durch Muskeln ausgelöste Bewegungen und deren Funktionsweise.[20]

Auch im Rahmen der Aufklärung wurde die naturwissenschaftliche Betrachtung der Fortbewegung zunehmend komplexer. Sie verband die Anatomie der Lebewesen mit der Physik der Bewegung und schuf die Biomechanik. Das Verständnis von physischen Abläufen der Fortbewegung verbesserte sich maßgeblich. Lange Zeit fehlte es allerdings am Verständnis für die komplexen Beweggründe tierischer Fortbewegung, denn im Europa des 17. Jahrhunderts wurden Tiere weitestgehend als quasi mechanische Einheiten betrachtet. Der französische Naturwissenschaftler und Philosoph René Descartes prägte das Bild von Tieren als unbeseelten Maschinen. Heute gehen wir davon aus, dass andere Tiere im Grundsatz ebenso frei oder unfrei in ihren Entscheidungen sind, Wege einzuschlagen, wie wir es sind. Doch dieser Frage werden wir uns im Kapitel *Selbstbestimmtheit* widmen. Die Erforschung der Frage, *wie* sich Tiere bewegen, beschäftigte die Menschheit weiter.

DIE WETTE

Mit der Entwicklung der Fotografie im 19. Jahrhundert entstand ein weiteres Werkzeug im wissenschaftlichen Methodenkoffer, das neue Einblicke in tierische Bewegungsabläufe ermöglichte. Der Beitrag der Fotografie zur Bewegungsforschung hatte seinen Ursprung dabei ausgerechnet in einer Wette: Wir befinden uns in Kalifornien im Jahr 1872. Pferderennen zählen zu den beliebten gesellschaftlichen Vergnügungen und überhaupt hat das Pferd, kurz vor der Entwicklung des Automobils, noch eine große Alltagsrelevanz. Unter Pferdehaltern, Rennsportfreunden und in Salongesellschaften kursiert zu dem Thema ein beliebtes Rätsel: Wenn ein Pferd galoppiert, gibt es dann einen Zeitpunkt, zu dem alle vier Beine gleichzeitig in der Luft sind? In dem das Pferd quasi für einen kurzen Moment fliegt? Oder befindet sich zu jeder Zeit ein Bein am Boden, während die anderen drei Beine ausholen? An dieser Frage scheiden sich die Geister und mit dem menschlichen Auge ist der Bewegungsablauf schlicht zu schnell, um es erkennen zu können.

Der ehemalige Gouverneur Kaliforniens und Geschäftsmann Leland Stanford möchte die Frage beantwortet wissen und außerdem eine Wette gewinnen. Er beauftragt den Natur- und Landschaftsfotografen Eadwaerd Muybridge, eine Lösung auszutüfteln, um die Streitfrage ein für alle Mal beilegen zu können. Bislang existieren keine Aufnahmen eines Pferdes im Galopp. Erste Versuche Muybridges, diesen fotografisch einzufangen, scheitern am Stand der Technik. Alle Aufnahmen im Galopp misslingen trotz Variation von Belichtungs- und Verschlusszeit aufgrund der hohen Geschwindigkeit des Pferdes. Durch technische Verbesserungen gelingt es Muybridge 1877 endlich, Leland Stanfords Pferd Occident im Galopp zu fotografieren. Das Bild zeigt alle vier Beine in der Luft!

Obwohl das Foto deutlich schärfer ist als all die zuvor Verworfenen, bearbeitet Muybridge das Bild, um ein besseres Ergebnis zu erhalten. Diese Bildmanipulation führt jedoch dazu, dass die Fotografie als Beweis nicht zugelassen wird. Statt aufzugeben, entwickelt Muybridge eine neue Idee: Er will den gesamten Bewegungsablauf des Pferdes einfangen. Dafür baut er zwölf einzelne Kameras auf, die durch feine Drähte mechanisch ausgelöst werden, als Leland Stanfords Pferd Sallie Gardner sie passiert. Es entstehen zwölf aufeinanderfolgende Bilder des Bewegungsablaufs und damit das erste »Bewegtbild« der Geschichte.[21]

Mit seiner Fotoserie eines Pferdes im Galopp gelang Muybridge nicht nur der Nachweis, dass sich beim Galopp alle vier Beine des Pferdes für einen kurzen Augenblick tatsächlich in der Luft befinden. Er legte ganz nebenbei auch den Grundstein für die Entwicklung des Films, denn er entwickelte eine Art Vorläufer des Filmprojektors, mit dem er die aufeinanderfolgenden Bilder in schneller Folge abspielen konnte. Mit *The Horse in Motion* entstand der Urvater des Films. Der Bewegung von Tieren widmete sich Muybridge weiter. Den Fotografien des galoppierenden Pferdes sollte eine Serie von elf Büchern mit mehr als 100 000 Bildern sich bewegender Tiere folgen.

Ab Mitte des 20. Jahrhunderts befeuerten technische Entwicklungen in der Mikroskopie die Bewegungsforschung. Sir Andrew Huxley und Hubert Huxley entdecken die zellulären Grundlagen der Muskelkontraktion. Neue Bildgebungsverfahren, Mikroskopie und Kernspinresonanz ermöglichen Einblicke in die zellulären Funktionen der Bewegung. In den 1960er-Jahren unternahmen Charles Richard Taylor und Kollegen dann erste physiologische Messungen zur Atmung und Muskelaktivität. Sie trainierten verschiedene Tiere, auf Laufbändern zu laufen, und maßen mithilfe von Atemmasken begleitend deren Stoffwechselprozesse.[22]

Heute steht uns eine Vielfalt an Methoden zur Verfügung, um tierische Fortbewegung zu studieren. Von der Biomechanik über die Atmungsphysiologie bis zur Genetik widmen sich ihr verschiedene Disziplinen. In Schwimmtunneln und mit modernen Respirometern erfassen wir Strömungsgeschwindigkeiten, Sauerstoffverbrauch und CO_2-Produktion, um die energetischen Kosten der Fortbewegung von Fischen zu untersuchen. Wir lassen Vögel mit Atemmasken durch Windkanäle fliegen und verfügen über spezielle Respirometer für kleine Tiere wie Kolibris oder sogar Ameisen und Bienen. Hochgeschwindigkeitskameras, Druckplatten und ein Sammelsurium an Messsonden gehören ebenso zur Praxis wie maschinelles Lernen zur Analyse von Flügelschlagmustern. Letztere kann sogar dabei helfen, anhand spezifischer Bewegungsabläufe automatisiert Arten zu bestimmen.[23] Bis ins kleinste molekulare Detail zerlegen wir die Anatomie der Fortbewegung, erforschen Körper als biologische Lokomotionssysteme. Insofern ist die moderne Physiologie in gewisser Weise mit der mechanistischen Betrachtung von Descartes zu vergleichen. Im Unterschied zu dieser beschäftigt sie sich jedoch mit dem Wie, ohne ein Urteil über das Warum zu fällen.

Was wissen wir heute über die Fortbewegungsstrategien der Tiere? Fortbewegung ist ein immenser Kraftakt! Das spüren wir je nach individueller Fitness eindrücklich, wenn wir einen steilen Hang erklimmen, Treppenstufe für Treppenstufe nehmen, im Schwimmbad unsere Bahnen ziehen, oder für einen Halbmarathon trainieren.

In Abhängigkeit von unserer Umgebung sind wir umweltbedingten Zwängen ausgesetzt, deren physikalische Eigenschaften wir berücksichtigen müssen. An Land müssen wir vor allem der Schwerkraft entgegenwirken, für kleinere Arten kommt die Viskosität der Luft dazu. Diese ist ebenso ein Fluid wie das Wasser, das wir und andere Arten gegen Widerstand verdrängen müssen, um uns darin zu bewegen.

Um uns fortzubewegen, müssen wir also Kraft aufbringen. Die meisten Tiere nutzen für diese Krafterzeugung Muskeln. Sie arbeiten mit verschiedenartigen Körperanhängen zur Kontrolle der Bewegungen. Komplexe lokomotorische Systeme, das feine Zusammenspiel von Anatomie und Physiologie erlauben es den Tieren, mit der Außenwelt in Wechselwirkung zu treten und ihr Fortbewegung abzutrotzen: Muskel-Skelett-Systeme ermöglichen es, zelluläre Kontraktion in Bewegung des gesamten Körpers zu übersetzen. Angetrieben wird diese Maschinerie durch einen hoch entwickelten Energiestoffwechsel. Letztlich beteiligen sich bei den Tieren von Atmung zur Sauerstoffaufnahme, dem Herz-Kreislauf-System zur Verteilung des Sauerstoffs in die Muskeln, über den Zellstoffwechsel innerhalb der Muskulatur, den Bewegungsapparat selbst bis hin zur neuronalen Kontrolle der Bewegungsabläufe und den beteiligten Hormonen mannigfaltige Strukturen an der von außen so einfach erscheinenden Natur einer Bewegung.

Im Laufe der Jahrmillionen hat die Evolution eine unglaubliche Vielfalt an Fortbewegungsformen hervorgebracht. Kreative Lösungen und Strategien, die, entsprechend ihrer Umwelt ausgestaltet, einer unglaublichen Vielfalt an Arten ermöglichen, ihre Umgebung zu verändern und sich die Welt zu erschließen.

IM WASSER: AM BEGINN DER REISE

Das Streben nach Veränderung der äußeren oder inneren Umstände mag allen sich fortbewegenden Organismen gemein sein. *Wie* sie sich allerdings von einem zum anderen Ort bewegen, unterscheidet sich immens. Werfen wir einen Blick auf die Vielfalt tierischer Fortbewegungsformen in der Natur und beginnen wir dort, wo auch das Leben selbst und die Fortbewegung ihren Anfang nahmen, im Wasser. Genau genommen lernte das Leben nämlich zunächst schwimmen, lange bevor es das Laufen lernte.

Die Süß- und Salzwasser-Ökosysteme der Erde gehören zu den artenreichsten des Planeten. Wenn man bedenkt, dass das Leben im Wasser am ältesten ist und somit die längste Zeit hatte, sich in all seiner Vielfalt zu entwickeln, verwundert es nicht, dass ausgerechnet dort ein solches Spektrum an Lebewesen unterschiedlichster Entwicklungsstufen zu finden ist. Von den ersten Tieren, die auf der Bühne der Evolution erschienen, den Schwämmen, bis zu ihren jüngsten im Wasser lebenden Vertretern der Erdgeschichte, den Meeressäugetieren, beherbergen die Gewässerökosysteme eine einzigartige Lebensgemeinschaft. Auch wenn es auf den ersten Blick zunächst gleichförmig erscheinen mag, ist Wasser dabei nicht gleich Wasser. Offenkundig ist die Umgebung in den Meeren eine andere als die der Süßwassersysteme, darüber hinaus bilden sich in verschiedenen Tiefen unterschiedliche Habitate heraus, vom Grund bis zur Oberfläche.

Im Sand, in den wassergefüllten Zwischenräumen, am Grund von Meeren, Flüssen und Seen, überall leben kleinste Lebewesen. Darunter Bauchhärlinge, transparente, zarte Geschöpfe, die gerade einmal einen halben bis anderthalb Millimeter lang sind.

Dennoch sind sie vielzellige Tiere. Die länglichen Tierchen haben etwas Niedliches an sich, Arten wie *Lepidodermella squamatum* weisen Ähnlichkeit mit einem winzigen Seelöwen auf, der mit Schnurrharen am Kopf und gegabelter Schwanzflosse durchs Wasser gleitet. Winzige Muskeln bauen mit der Körperflüssigkeit im Inneren Gegendruck auf, um die Tiere voranzubringen, denn ein Skelett, welches diese Funktion bei uns übernimmt, besitzen sie nicht. Neben Bauchhärlingen rudern, schwimmen und tapsen unzählige weitere Kleinstlebewesen über den Grund und verwenden dabei eine Vielfalt an unterschiedlichen Fortbewegungsweisen. Die schwankenden Bewegungen der Bärtierchen erinnern tatsächlich ein wenig an ihre Namensvettern, kleine Fadenwürmer schlängeln sich zwischen Sandkörnern entlang und Rädertierchen strudeln umher. Benthische Arten nennen wir jene Arten, die sich im und am Boden von Gewässern fortbewegen. Einige dieser Tiere schwimmen nicht, sondern laufen beispielsweise über den Meeresboden, zum Beispiel Stachelhäuter wie die Seesterne, die kleine Röhrenfüße mit Saugnäpfen und klebrigen Oberflächen besitzen[24], oder verschiedene Krabbenarten. Diese laufen meist seitwärts, manche vorwärts und andere sogar rückwärts[25], sie können aber auch schwimmen.

Kopffüßer wie Tintenfische und Kraken nutzen den Strahlantrieb, um sich fortzubewegen. Sie erzeugen Schub, indem sie Wasser aufnehmen und es dann in einem explosiven Impuls wieder ausstoßen. Dieser pulsierende Jetantrieb ist eine gängige Schwimmart, die von einer Vielzahl von Arten verwendet wird.[26] Andere Arten bewegen sich nicht im eigentlichen Sinne im Wasser, sondern vielmehr auf dem Wasser. Kleine Arten wie der Wasserläufer nutzen die Oberflächenspannung des Wassers aus. Ihre Beine sind hydrophob, wodurch sie die Struktur des Wassers nicht beeinträchtigen.[27] Sehr viel schwerer und die Wasseroberfläche bei jedem Schritt durchbrechend, kann auch der Helmbasilisk trotz seiner Körperlänge von bis zu 80 Zentimetern übers Wasser laufen. Allerdings nur über kurze Distanzen und bei hoher Geschwindigkeit.[28] Im Gegensatz zur Anmut der Wasserläufer erscheint er dabei wie ein schlaksiger Teenager, der merkt, dass er in etwas Ekliges getreten ist. Kunstvoll wirkt dagegen die Fortbewegung von Delfinen, wenn sie auf den Wellen reiten. Ihre scheinbare Leichtigkeit führte in der Vergangenheit zu falschen Annahmen über eine vermeintlich mühelose Fortbewegung. Studien zeigten beispielsweise, dass Delfine häufig deutlich langsamer unterwegs sind als zuvor angenommen. Die schnellste dokumentierte »Routinegeschwindigkeit« (also Fortbewegung über längere Strecken) lag bei knapp elf Kilometern pro Stunde. Durch das Surfen auf den Wellen, bei dem sie lange Sprünge mit dem Schwimmen direkt unterhalb der Oberfläche kombinieren, sparen sie offenbar Energie.[29]

Kaum ein anderes Tier verbinden wir stärker mit der Bewegung durch Wasser als den Fisch. Mit »wie ein Fisch im Wasser« beschreiben wir sprichwörtlich Menschen, die sich irgendwo sichtlich wohlfühlen. Unter diesem Titel wurden Filme veröffentlicht und diverse Bücher publiziert, darunter eine Kurzgeschichtensammlung mit Texten von Doris Dörrie bis F. Scott Fitzgerald über die menschliche Beziehung zum und das Bewegen im Wasser. Dabei wirkt noch der schnellste Leistungsschwimmer, verglichen mit einem Fisch im Wasser, plump.

Über 35 000 Fischarten sind beschrieben[30], wobei das nur ein Näherungswert ist, und nicht immer ist eindeutig, wo die Artgrenzen verlaufen.[31] Damit sind etwa die Hälfte aller existenten Wirbeltiere – inklusive aller Amphibien, Reptilien, der Vögel und der Säugetiere – Fische. Die heutigen Fische teilen sich auf in die überwiegend marinen Knorpelfische mit den Haien, Rochen und Seekatzen und die Knochenfische mit Salz- und Süßwasserfischen. Darüber hinaus gibt es die fischähnlichen, sehr ursprünglichen Kieferlosen, zu denen Neunaugen und Schleimaale gehören. Die ersten Fischartigen waren die Kieferlosen. Im Ordovizium, 485 bis 443 Millionen Jahre vor der heutigen Zeit, entstanden dann die ersten Knorpelfische und es entwickelte sich eine große Vielfalt, die gut durch Fossilien belegt ist.[32] Es sollten noch viele Millionenjahre vergehen, bis die höheren Tiere den nächsten Schritt in der Evolution nahmen und die Amphibien in die Welt kamen. Seit dem Ordovizium schwimmen also Fische durch unsere Meere, deren Fortbewegungsstrategien im Wesentlichen bereits denen heutiger Fische entsprachen.

SCHNELL ODER WEIT

Dem Studium der Fische verdanken wir einen Großteil dessen, was wir heute über die tierische Muskulatur und die Funktionsweise von Muskelfasertypen wissen. Fische verfügen über zwei Hauptmuskelfasertypen: Die weiße Muskulatur macht 85 Prozent der gesamten Muskelmasse aus und dient der Erzeugung kraftvoller Bewegungsimpulse. Sie ermöglicht kurzzeitiges Schwimmen mit schnellen, kräftigen Stößen. Von der roten Muskulatur gibt es deutlich weniger, sie liegt vorwiegend direkt unter dem Seitenlinienorgan und in der Flossenbasis und dient dem langsamen, ausdauernden Dauerschwimmen. Rote Muskulatur erreicht ihre maximale Leistungsfähigkeit bereits bei viel geringerer Kontraktionsfrequenz als weiße, sie ist effizienter. Steigt die Schwimmgeschwindigkeit eines Fischs, nimmt die Aktivität der roten Muskulatur zu. Wird der Fisch noch schneller, beginnt auch die weiße Muskulatur zu unterstützen. Zwar steigt auch die Aktivität der roten Muskulatur weiter, sie kann aber nicht mehr Kraft generieren, dafür können Fische mit ihrer Hilfe stundenlang mit einheitlicher Geschwindigkeit schwimmen. Neben den beiden Hauptmuskelfasertypen gibt es bei vielen Fischen auch rosa Muskulatur, die eine Art Zwischentyp darstellt. Die Bedeutung der beiden Muskelfasertypen und ihre relativ simple neuronale Organisation ermöglichte es, ein grundlegendes Verständnis über die Funktion von Muskeln zu gewinnen, das die Basis für die spätere Erforschung weiterer tierischer Bewegung, auch unserer eigenen, schuf.

Trotz ähnlicher Körperformen setzen auch die Fischartigen auf unterschiedliche Fortbewegungsstrategien: Neunaugen bewegen sich schlängelnd fort. Indem eine Seite ihres Körpers kontrahiert, während die andere entspannt, krümmt sich der Körper. Vom Vorderende aus wandern Kontraktionswellen den Körper entlang. Die Geschwindigkeit kann sich ändern, der Bewegungsablauf ist jedoch immer gleich, anders als beispielsweise beim Pferd, mit seinen unterschiedlichen Gangarten. Einige Fische wie Rochen und Sägefische nutzen ihre Brustflossen als primäres Fortbewegungsmittel, sie schlagen damit und erzeugen, ähnlich wie Vögel mit ihren Schwingen, Auftrieb und Vortrieb.

Die meisten Fische schwingen ihre Körper, um Schub zu erzeugen, von einer Seite zur anderen. Das erzeugt eine Wellenbewegung, die sich bis zur Schwanzflosse fortsetzt. Mit ihren Brustflossen können sie zudem ihre Bewegung steuern und stabilisieren. Unter den modernen Fischen gehören besonders Thunfische und Makrelenhaie zu den Spitzensportlern unter den Schwimmern. Ihre Körper sind stromlinienförmig und spindelförmig und schwingen selbst bei hohen Geschwindigkeiten kaum, die Muskulatur im Rumpf leitet die erzeugten Kräfte direkt an die Schwanzflosse weiter. Große Kiemenoberflächen sorgen für eine effiziente Atmung und das Blut weist einen erhöhten Hämatokrit auf, es kann also besonders viel Sauerstoff transportieren. Im Gegensatz zu den meisten anderen Fischen wird das Herz mit sauerstoffreichem, arteriellem Blut versorgt (statt venösem), die Muskeln enthalten vermehrt das Muskelprotein Myoglobin und sogar die Körperkerntemperatur ist erhöht und verbessert dadurch die Kinetik der Fische.[33]

Tierische Körper und ihre Muskulatur sind unglaublich anpassungsfähig. Diese Anpassungsleistung lässt sich am Beispiel der Lachswanderung besonders eindrücklich nachvollziehen. Pazifische Lachse verbringen den Großteil ihres Lebens im Meer. Dort legen sie Energiereserven an, bevor sie sich am Ende ihres Lebens auf die beschwerliche Reise zu ihrem Geburtsort machen, um dort zu laichen. Wie sie dorthin finden können, damit wollen wir uns im Kapitel *Heimat* beschäftigen. Auch physiologisch ist diese Reise beeindruckend. Auf dem bis zu 1000 Kilometer langen Weg gegen den Strom nehmen sie keine Nahrung mehr zu sich und müssen so ihren Betriebsstoff anpassen. Anfangs kommt die Energie zu etwa 80 Prozent aus Fettreserven. Je weiter die Reise fortschreitet, desto mehr körpereigene Proteine müssen sie einsetzen und beginnen, ihre Muskulatur und den Verdauungstrakt abzubauen. Die weiße Muskulatur wird zuerst geopfert, die rote brauchen sie noch, um ihr Ziel zu erreichen. Am Ende ihrer Reise haben sie bis auf ihre Fortpflanzungsorgane alles aufgebraucht und ihr Leben findet nach dem letzten Kraftakt der Fortpflanzung ein Ende.

Gegen den Strom zu reisen, ist besonders kräftezehrend, doch wann immer sich Tiere bewegen, tun sie dies gegen Widerstand. Im Wasser wirken Auftrieb und Schwerkraft gegeneinander und die Viskosität, die Zähflüssigkeit des Wassers, verlangt den Tieren Kraft ab. Wenn ein kleines Tier, wie ein Ruderfußkrebs, seine Schwimmbewegung stoppt, kommt es unmittelbar zum Stillstand. Ein Wal hingegen gleitet noch einige Zeit voran, der Impuls seiner Bewegung reicht aus, um den Widerstand zu überwinden. Zwar hat das Wasser um einen Ruderkrebs die gleiche Viskosität wie an der Wal-Haut, aber der Wal profitiert von einem viel kleineren Verhältnis seiner Oberfläche zu seiner Masse. So bringen ihm Trägheitseffekte Vortrieb.

Die Masse eines Körpers beeinflusst die Bewegungsfähigkeit im Wasser maßgeblich, ebenso dessen Form: Zwischen den Haien, einer der ältesten komplexen Artengruppe der Erde, und den Delfinen liegt eine lange Evolutionsgeschichte. Eine Geschichte, in der einige Fische zunächst das Land eroberten, sich dann zu Amphibien und später zu Säugetieren entwickelten und Millionenjahre später als Meeressäugetiere wieder heimkehrten. Ihr entwicklungsgeschichtlicher Abstand könnte kaum größer sein, dennoch ähneln sich ihre Körper deutlich. Die Stromlinienform von Fischen und Meeressäugern verringert den Druckwiderstand im Wasser. Die Körperform hat sich als energetisch günstig erwiesen und sich dadurch mehrfach entwickelt und bei vielen Organismen durchgesetzt. Darüber hinaus können spezielle Oberflächenstrukturen den Reibungswiderstand im Wasser senken. Delfinhaut lässt sich beispielsweise flexibel von der Wassersäule zusammendrücken. Die Unebenheiten im Nano-Maßstab brechen Wirbel und senken den Widerstand. Nebenbei verhindern sie auch das Festsetzen von kleinen Krebstieren, die bei anderen Meerestieren an den Körpern haften. An glatten Flossen bilden sich in Flüssigkeiten Wirbel und erzeugen Widerstand. Sogenannte Tuberkel, kleine Hubbel auf den Flossen, brechen Verwirbelungen auf und reduzieren den Wasserwiderstand. Das gleiche Prinzip machen wir uns auch in der Luftfahrt zunutze, Tuberkel an Flugzeugflügeln führen zu bis zu 30 Prozent weniger Luftwiderstand. Verschieden geformte Flossen ermöglichen unterschiedliche Schwimmstile, mal sind sie runder, mal schmaler, mal symmetrisch oder asymmetrisch. So haben die Formen der Schwanzflossen bei Haien beispielsweise unterschiedliche Vorteile: Schwanzflossen, die ober- und unterhalb der Mittellinie symmetrisch geformt sind (homozerk), unterstützen schnelles Schwimmen, asymmetrische (heterozerk) das Ausdauernde. Die steifen Brustflossen erzeugen dabei Auftrieb und verhindern, dass sich der Hai im Kreis um seine Achse dreht.

Neben dem Wasserwiderstand müssen Tiere im Wasser auch den Auftrieb berücksichtigen. Auftrieb entsteht, wenn die Dichte eines Körpers geringer ist als die seiner Umgebung. Arten, die am Meeresboden leben, sind daher oft dichter als ihre Umgebung. Viele Wassertiere haben neutralen bis positiven Auftrieb. Eine Möglichkeit, sich zusätzlichen Auftrieb zu verschaffen, sind Schwimmblasen, gasgefüllte Ausstülpungen des Darms, die aktiv mit Luft befüllt (Schlucken von Luft) oder geleert werden können (Ablassen von Luft über den Darm). Bei manchen Arten gibt es keine Verbindung zum Darm mehr, sie verfügen über eigene Gasdrüsen, wieder andere erhöhen ihren Auftrieb durch Lipidspeicher. Man findet sie vom Zooplankton bis zum Hai. Viele aktive Fische verzichten jedoch auf eine Schwimmblase. Sie nutzen ihre Muskulatur, um ihre vertikale Position in der Wassersäule zu verändern. Dies ist zwar energetisch teurer, ermöglicht ihnen aber eine größere Flexibilität und Geschwindigkeit auf dem Weg durch ihr Element. So bewegen sie sich wendig und agil – wie ein Fisch im Wasser eben.

AN LAND: AUF ZU NEUEN UFERN

Die Anatomie der Muskeln sowie ihre neuronale Organisation im Wasser waren technisch betrachtet noch relativ einfach. Als die Tiere, Millionen Jahre nachdem die ersten Fische durch das Meer schwammen, an Land gingen, reichte diese evolutionäre Ausstattung nicht aus. Schlagartig wurden den Muskeln mehr Einsatzmöglichkeiten abverlangt. Schon bei den Amphibien, der ersten neuen Klasse, die sich aus den Fischen entwickelt hatte, müssen die Beine mehrere Bewegungen vollführen können. So kann ein Frosch mit seinen Beinen sowohl schwimmen als auch laufen und springen: drei völlig unterschiedliche Bewegungsabläufe. Landlebende Tiere wie Säugetiere verfügen entsprechend über ein viel komplexeres Zusammenspiel aus Bewegungsapparat und neuronaler Kontrolle. Anstelle der zwei bis drei Muskelfasertypen der Fische verfügen die Tetrapoden (die Vierfüßer, zu denen auch wir Menschen mit unseren vier Gliedmaßen trotz aufrechten Gangs gehören) über diverse Muskeltypen und Kombinationen dieser. Die meisten ihrer Muskeln sind komplexe Mosaike aus verschiedenen Fasertypen.

Betrachten wir beispielsweise den einfachen Schritt eines Menschen. Eine muskuläre Gruppe von Streckern (den Extensoren) im Bein arbeitet synergetisch, um das Bein vorwärtszubewegen. *Musculus soleus* und *Musculus gastrocnemius* helfen dabei, den Fuß zu strecken, *Musculus quadriceps*, der vierköpfige Oberschenkelmuskel, und der gerade Oberschenkelmuskel *Musculus rectus femoris* strecken das Knie, der *Musculus gluteus maximus* im Gesäß, der an der Hüfte ansetzt, schwingt das Bein vorwärts. Demgegenüber steht eine Gruppe von Beugern (den Flexoren), wie der vordere Schienbeinmuskel *Musculus tibialis anterior*, der den Fuß beugt, die Oberschenkelbeuger-Gruppe (*Musculi ischio cruralis*), die das Knie beugt, und *Musculus iliopsoas*, der Hüftlendenmuskel, der das Bein am Hüftgelenk dreht. Dazu kommen weitere kleine Muskeln in den Füßen, die die sensorischen Informationen der Haut weitergeben, um die Körperhaltung zu regulieren, und die Stützmuskulatur im Rücken und Rumpf für das Körpergleichgewicht. Ein einfacher Schritt bedarf also des komplexen Zusammenspiels aus Anspannung und Entspannung diverser Muskeln – dabei haben wir Sehnen und Bänder, Knochen oder Nerven sogar außen vor gelassen.

Dass das Gehen ein höchst komplexer Prozess ist, wird uns besonders deutlich vor Augen geführt, wenn wir kleinen Kindern beim Laufenlernen zusehen. Mühsam arbeiten sie sich vom Robben über das Krabbeln bis zum Laufen vor, und auch wenn sie das Prinzip gemeistert haben, stehen ihnen noch viele Stürze bevor.

Auch das Leben musste, stammesgeschichtlich gesprochen, erst einmal laufen lernen. Die Wirbellosen haben das Land viele Male erobert. Darunter ihre erfolgreichen Vertreter, die Arthropoden, zu denen beispielsweise Insekten und Spinnen gehören. Wirbeltiere, zu denen später Amphibien, Reptilien, Vögel und Säugetiere zählen sollten, gab es aber zunächst nur im Wasser.

Im späten Devon (vor etwa 370 Millionen Jahren) machten sich dann auch die Wirbeltiere auf die evolutionäre Reise. Ausgerechnet jene Tiere, die wir so sehr mit dem Leben im Wasser assoziieren, wagten den Schritt aus dem Wasser heraus. Wir verdanken den Fischen also nicht nur unser erstes Wissen über die Funktionsweise von Muskeln, sondern auch die Eroberung des Lands und damit die Voraussetzung für unsere eigene Existenz. Schon zuvor hatten sich bei den Fischen teils kräftige Brustflossen entwickelt. Mit ihrer Hilfe konnten sich die Tiere beispielsweise am Gewässergrund und durch dichte Unterwasservegetation bewegen. Diese Ausstattung bildete die Grundlage für erste Gehversuche an Land.

Außerdem bedurfte es einer großen physiologischen Veränderung, denn das Kiemen-Atmungssystem, das über Jahrmillionen den Bewegungsapparat der Tiere mit Sauerstoff versorgt hatte, funktionierte in dieser neuen Umgebung nicht. Zum Glück hatte sich in trägen, urzeitlichen Gewässern bereits eine Gruppe von Fischen entwickelt, die auf eine neue Atmungsweise setzten – auf Lungen. Ihre Lungen lagen am Darm und waren eine Weiterentwicklung der Schwimmblase, die sie nun zusätzlich zu ihren Kiemen besaßen.

Auf den ersten Blick mag die Evolution von Fischen zu Landbewohnern vielleicht wie eine abenteuerliche Geschichte erscheinen. Doch sie vollzog sich in vielen einzelnen Schritten und ihr Verlauf ist hervorragend belegt. Betrachtet man die körperlichen Strukturen der Tiere im Detail, ist der Weg von der Schwimmblase zur ersten Lunge gar nicht so weit, der Gang vom Wasser an Land mit der doppelten Ausstattung aus Lungen und Kiemen weniger gewagt. Neben dem Fossilbeleg, können wir diesen erdgeschichtlichen Schritt sogar an der gegenwärtigen Artenvielfalt nachvollziehen. Denn Lungenfische gibt es noch heute.

Sechs Arten haben überdauert.[34] Für manche ist die Luftatmung optional, andere sind tatsächlich darauf angewiesen und ersticken, wenn sie zu lange unter Wasser bleiben müssen – vielleicht der ungewöhnlichste Tod, der einen Fisch ereilen kann. Von außen betrachtet mögen Lungenfische wie ganz normale Fische aussehen, in ihrem Inneren verbirgt sich jedoch die evolutionäre Reminiszenz an den Landgang. Ihre nächsten lebenden Verwandten sind modernen DNA-Analysen zufolge auch nicht die Fische, sondern die Landwirbeltiere![35]

Interessanterweise verfügen Lungenfische über das größte bekannte Genom aller Tiere. Es besitzt bis zu 30-mal so viele Basenpaare (die Bausteine der DNA) wie das des Menschen. Das Genom ist aufgrund von sogenannten Transposons, kurzen DNA-Abschnitten, die ihre Position im Genom verändern können, besonders anpassungsfähig. Unlängst konnten Forschende zeigen, dass es die gleichen Gene wie die der Lungenfische sind, die bei menschlichen Embryonen die Entwicklung der Lungen steuern.[36]

Der nächste Verwandte der Lungenfische nach den Landwirbeltieren ist der Quastenflosser. Quastenflosser sind sogenannte lebende Fossile, da sie sich über einen langen erdgeschichtlichen Zeitraum wenig verändert haben. Sie sind ein weiteres Puzzleteil in der Geschichte des Landgangs und stehen genetisch quasi zwischen den anderen Fischen und den Lungenfischen. Interessant macht sie unter anderem die Tatsache, dass ihr Skelett dem der ersten Uramphibien ähnelt. Es ist im Bereich der Brust- und Bauchflossen teilweise verknöchert und mit Muskulatur versehen und bildet so eine gute Basis für den Schritt an Land.

Wann genau im Devon welcher Fisch den ersten Schritt an Land wagte, wissen wir nicht. Die dafür nötigen Grundlagen einer Lungenatmung und verstärkter Brustflossen waren jedoch geschaffen und es war letztlich nur eine Frage der Zeit. Die ersten Fische krochen jetzt also durch schlammige Uferbereiche und erkundeten eine neue Welt.

EIN HOCH AUF EIN PAAR BEINE

Auch wenn ihre paarigen Brustflossen den Fischen das Laufen über festen Grund erlaubten, schleifte dabei noch der gesamte Rumpf am Boden. Eine neue Lebensumgebung traf auf großes

Potenzial für physiologische Verbesserungen – Startschuss für die Evolution von Beinen. Kleine Veränderungen hin zu mehr Motilität konnten einen enormen Überlebensvorteil bedeuten und befeuerten so die Evolution von Extremitäten, Muskulatur, Körperanhängen und Skelett. Im Laufe der Zeit entstanden so zunächst die Schwanzlurche (zu denen Molche und Salamander gehören) und dann die Froschlurche, die ihren Schwanz verloren.

Einige Tiere machen bis heute im Kleinen jene Entwicklung durch, die das Leben im Großen beim Landgang vollzog. Ihre Körper unterliegen einer beeindruckenden Metamorphose von der Form, die die Bewegung durchs Wasser ermöglicht, zu jener, die das Land erreicht. Kleine Kaulquappen sind mit ihren rudernden Schwänzen hervorragend an ihren feuchten Geburtsort angepasst. Dann geben hormonelle Veränderungen das Signal für den Umbau ihres Körpers. Es entstehen zwei Beinpaare und der Ruderschwanz bildet sich zurück. Wie lange die Entwicklung dauert, hängt von der Spezies und den Umweltbedingungen ab, insbesondere von der Temperatur. Bei vielen Arten in Mitteleuropa sind es um die zehn bis zwölf Wochen. Es gibt aber auch Arten, bei denen diese Phase keine drei Wochen oder mehrere Jahre dauert. Nicht nur der Bewegungsapparat vollzieht die Veränderung, auch das Atmungssystem, das die Muskeln mit Sauerstoff versorgt. Frösche verfügen sogar über vier verschiedene Möglichkeiten, zu atmen, durch die Haut, durch die Membran im Mund, über Mund und Nase durch die Lunge und durch Kiemen (welche manche Arten behalten). Ähnlich verläuft die Entwicklung bei den Schwanzlurchen und auch für andere Arten beginnt das Leben im Wasser. Viele Insekten haben beispielsweise Wasserlarven, die sich zu erwachsenen Landtieren entwickeln, darunter Eintagsfliegen und Libellen.

Amphibien müssen denselben Körper über Land und durchs Wasser bewegen. Ein Körper, der in mehr als einer Lebenswelt funktioniert, ist eine immense Herausforderung für den Bewegungsapparat. Aale und Schlangen können sich beispielsweise mit Rumpfbewegungen über den Boden schlängeln, aber auch durchs Wasser schwimmen. Schildkröten laufen am Strand auf ihren Flossen und nutzen sie im Wasser zum Paddeln, ebenso wie Wasservögel ihre Füße sowohl zum Gehen als auch zum Paddeln verwenden. Jede Lebensweise erfordert eine eigene Fortbewegungsart, um den Herausforderungen der terrestrischen Welt zu begegnen – und das Leben hat im Laufe von Millionen Jahren viele davon hervorgebracht.

Die meisten wirbellosen Landbewohner abseits der Arthropoden (die Gliederfüßer, zu denen Insekten und Spinnen gehören) bewegen sich kriechend fort. Ermöglicht wird dies durch einen simplen Muskelaufbau, der einen flüssigkeitsgefüllten Hohlraum als Widerlager nutzt, der das hydrostatische Skelett (Hydroskelett) bildet. Wenn sich beispielsweise die Muskelfasern von Fadenwürmern auf einer Seite zusammenziehen, wird die Flüssigkeit auf die andere Seite gedrückt und der Wurm krümmt sich. Bei Regenwürmern gibt es eine Ring- und eine Längsmuskulatur, ähnlich wie beim menschlichen Darm. Peristaltische Kontraktionswellen erzeugen die nötige Kraft. Wenn sich die vorderen Ringmuskeln anspannen, verringert sich der Durchmesser des Tiers und das Hydroskelett sorgt dafür, dass sich das vordere Ende streckt. Anschließend zieht sich der Längsmuskel zusammen und zieht den Wurm nach. Durch seine Segmente, hat der Wurm dabei eine präzise Kontrolle über seine Bewegung, die zudem durch den Einsatz von Borsten unterstützt wird.[37] Blutegel und Spanner-Raupen bewegen sich ebenfalls mithilfe von Ring- und Längsmuskeln, schleudern aber ihre

Körper quasi in Schleifen vorwärts. Ein Körperende wird dafür festgesetzt und das andere wird peristaltisch nach vorne geschoben, so weit es geht, dann wird das erste Ende losgelassen, nach vorne gezogen und wieder festgesetzt; und der Zyklus wiederholt sich. Wenn Sie das nächste Mal eine Raupe sehen, beobachten Sie doch einmal, welche Fortbewegungsweise sie zeigt.

Auch Wirbeltiere wie Schlangen bewegen sich kriechend fort. Die meisten, aber nicht alle schlängeln dabei vorwärts. Einige wenige in Wüsten lebende Arten wie die Sandvipern bewegen sich aber in Wellenbewegungen seitwärts. Sie heben den Mittelteil ihres Körpers vom Boden ab und wuchten ihn quasi einen »Schritt« weiter, um dann den Rest des Körpers nachzuziehen. Es entsteht eine treppenartige Bewegung, mit der sie geschickt sandige Dünen erklimmen, ohne bei jeder Bewegung kleinste Sandlawinen auszulösen. Untersuchungen der Schlangenhaut unter dem Rasterelektronenmikroskop haben gezeigt, dass die Schlangen dafür spezielle Strukturen auf der Haut tragen.[38] Anstelle längs angeordneter Zacken ist die Haut von Gruben durchsetzt, was laut Studienergebnissen bessere Reibungskräfte zwischen Haut und Sand ermöglicht. Aus menschlicher Sicht ist das Laufen wohl der Klassiker unter den Fortbewegungsformen an Land. Auch wenn wir technisch gesehen ebenfalls kriechen können, sind wir auf unseren Beinen doch deutlich effektiver unterwegs. Säugetiere können mit ihren Beinen stehen, gehen, traben, sprinten und springen. Manche Arten sind ausdauernde Langstreckenläufer, andere Hochgeschwindigkeitsmeister.

Unter den Insekten gehören die Sandlaufkäfer zu den Sprintern. Während sie blitzschnell nach kleineren Beutetieren jagen, bleiben sie immer wieder stehen. Das merkwürdige Stop-and-Go gab der Wissenschaft Rätsel auf, bis man Folgendes herausfand: Die Käfer laufen so schnell, dass sie dabei quasi erblinden.

(Ihre ca. 120 zurückgelegten Körperlängen pro Sekunde entsprechen einem Mann von 1,80 Meter Größe, der 777 km/h läuft.) Während ihres Laufs erreichen deswegen nicht genügend Photonen das Auge, um ein klares Bild der Situation zu erzeugen – es entsteht Bewegungsunschärfe. Daher müssen sie hin und wieder anhalten, um sich neu zu orientieren.[39] Das Phänomen der Bewegungsunschärfe kennen auch wir, allerdings nicht während des Laufens, sondern wenn wir beispielsweise beim Zugfahren geradeaus aus dem Fenster auf die vorbeiziehenden Bäume und Masten blicken.

Unter den Landsäugetieren verbinden wir vor allem den Geparden mit hoher Geschwindigkeit. Geparden schaffen es von null auf hundert in etwa drei Sekunden, erreichen ein Tempo von 110 Stundenkilometern und schaffen es ganze sieben Meter mit einem Schritt zu überwinden. Dabei sind ihre Beine beim Rennen länger in der Luft als am Boden. Geparden erlegen ihre Beute durch schnelle, kraftvolle Sprints. Ihr ganzer Körper ist an diese Lebensweise angepasst. Leicht, drahtig, hochbeinig und agil streckt und komprimiert sich ihre Wirbelsäule bei jedem Schritt. Spezielle Sehnen im Bein werden stark gedehnt und dann wieder zusammengezogen und der lange Schwanz balanciert den Körper aus und hält ihn bei hoher Geschwindigkeit im Gleichgewicht. Das Prinzip, nach dem der Bewegungsapparat des Gepards Energie dämpft und freisetzt, diente sogar als Vorbild für die Entwicklung moderner Rennprothesen. Diese sind so effizient, dass sie sogar Kontroversen über die technischen Methoden beim paralympischen Leistungssport auslösten.[40]

Wer weiß, was uns das Studium der natürlichen Bewegungssysteme der Tierwelt zukünftig noch für technische Möglichkeiten eröffnen wird. In ihrem Essay *Fortbewegung von Tieren: Schritte hin zu bioinspiriertem Prothesen- und Roboterdesign* stellen die beiden Autorinnen die fundamentalen Eigenschaften solcher Systeme heraus. Demnach seien Effizienz und Nachhaltigkeit der Kern tierischer Bewegung und Produkte, die unter der Schirmherrschaft dieser Philosophie geschaffen würden, basierten folglich auf den erfolgreichsten Eigenschaften und Prozessen der natürlichen Welt.[41]

Klar ist, dass moderne Lauf- und Rennprothesen eine enorme Bereicherung für Betroffene darstellen können, denn das Laufen gehört zu unseren innersten Bedürfnissen. Mit der Bedeutung des Laufens für den Menschen wollen wir uns im Kapitel *Übers Ziel hinaus* eingehender beschäftigen. Evolutionär betrachtet ist diese Fortbewegungsform jedenfalls ein Erfolgsmodell. Eine Vielzahl an Amphibien, Reptilien, Säugetieren und sogar manche Vögel setzen auf sie. Nicht immer sieht das Laufen dabei so elegant aus wie der Sprint des Gepards. Der Lauf von wüstenlebenden Eidechsen erinnert beispielsweise stark an Monty Pythons berühmten Sketch *The Ministry of Silly Walks*, da die Tiere zum Schutz vor dem heißen Sand abwechselnd blitzartig ihre Beine nach oben ziehen müssen.

Die meisten Säugetiere haben ebenso wie Reptilien und Amphibien vier Beine, Insekten sechs und Spinnentiere acht. Doch es gibt durchaus Modelle, die bei der Ausstattung mit Beinen etwas großzügiger sind. Betrachten wir nur einen Tausendfüßer, der über ein krautiges Blatt spaziert. Jede Sekunde heben und senken sich Dutzende Beinchen. Tausendfüßer (die den schönen Namen *Myriapoda* tragen) sind Aufschneider, denn sie haben natürlich keine tausend Füße beziehungsweise Beine. Von 16 bis immerhin etwa 650 Beinen findet man allerlei Varianten. Bei den meisten Vielfüßer-Arten sind es aber weniger als 100. Manche Tiere schlüpfen bereits mit der fertigen Anzahl an Beinen aus dem Ei, bei anderen nimmt sie im Laufe des Lebens zu.[42]

Echte Tausendfüßer gibt es also nicht. Das dachte man zumindest bis vor Kurzem. Bis man *Eumillipes persephone* fand. »Der erste echte Tausendfüßer«, titelte entsprechend ein Fachartikel in den *Scientific Reports*, als man *Eumillipes persephone* 2020 entdeckte. Das Tier war in unterirdischen Tiefen von 50 bis 60 Metern in Westaustralien unterwegs – auf 1306 Beinen.[43]

Das durch Übertreibung entstandene Benennungsproblem wurde also von der Natur aufgelöst. Innerhalb der Tausendfüßer gibt es auch Hundertfüßer und Wenigfüßer – wobei der Begriff *wenig* im Kontext der Anzahl von Beinen aus menschlicher Perspektive wohl anders verstanden würde.

Zwei, vier, sechs, acht oder 1306 – eine gerade Anzahl von Beinen ist bei einem achsensymmetrischen Körper ein naheliegender Vorteil. Doch wie viele Beine sind eigentlich ideal? Das Optimum an Beinen dürfte sich je nach Lebensraum und Lebensweise eines Tieres unterscheiden. Studien von Kölner Wissenschaftlern konnten jedoch zeigen: Je mehr Beine ein Lebewesen hat, desto weniger effizient bewegt es sich fort.[44] Viele Beine sind demnach offenbar energetisch ungünstig und naheliegenderweise schwieriger zu koordinieren. Kleine Veränderungen im Koordinationsmuster wirken sich stärker auf die Bewegung aus und die Möglichkeit, kinetische Energie zu speichern, wird reduziert. Außerdem verhindern viele Beine den Einsatz effektiver Gangarten wie Traben oder Galopp (stellen Sie sich mal einen Tausendfüßer beim Versuch zu galoppieren vor).

KREATIVE FORTBEWEGUNG AN LAND

Das Springen unterscheidet sich von laufenden Gangarten, bei denen der Körper ebenfalls vorübergehend in der Luft ist, durch eine relativ lange Dauer der Luftphase und einen hohen Absprungwinkel des anfänglichen Absprungs. Wir Menschen und viele weitere Tiere können springen. Es ist ein gutes Mittel, um sich kurzfristig einer Situation zu entziehen oder Hindernisse zu überwinden. Nur wenige Tierarten haben das Springen dagegen zu ihrer hauptsächlichen Fortbewegungsform gemacht. Neben Kängurus sind verschiedene Hasenartige, Springmäuse oder Kängururatten darunter. Frösche sind im Verhältnis zu ihrer Größe womöglich die besten Springer unter den Wirbeltieren. Der Raketen-Laubfrosch *Litoria nasuta* (was für ein fantastischer Name) kann mehr als das 50-Fache seiner Körperlänge weit springen.[45] Überlegen Sie mal, was das bei Ihrer eigenen Körpergröße für eine Distanz wäre!

Nannosquilla decemspinosa, ein etwa zwei Zentimeter großer Vertreter der Fangschreckenkrebse, hat eine besonders artistische Fortbewegungsweise entwickelt – den Rückwärts-Flickflack. Die Krebse leben eigentlich im Wasser und verbringen ihre Zeit vorwiegend in ihren Unterwasserbauten. Dort warten sie auf Beute und entfernen sich kaum mehr als eine Körperlänge von ihrem Bau.[46] Außerhalb des Wassers können die erwachsenen Tiere aufgrund ihres lang gestreckten Körpers und ihrer kurzen, seitlich abstehenden Beine nicht laufen. Ihr langer Körper liegt auf dem Untergrund auf, die Reibung ist zu groß und ihre Beine sind nicht stark genug. Trotzdem werden sie häufig von Wellen an den Strand gespült und müssen sich der misslichen Lage an Land dann irgendwie entziehen. In Rückwärtssaltos rollen sie dann bis zu zwei Meter weit zurück ins Wasser und vollführen dabei bis zu 40 Umdrehungen.[47]

Springen erfordert gewisse Anpassungen gegenüber dem normalen Laufen. Denn die Springer müssen mit einer einzigen Kontraktion ihre gesamte Masse anheben. Dafür bedarf es einer anderen Beingeometrie und verstärkter Muskeln. Längere Beine ermöglichen bei gleichem Rotationswinkel einen größeren Bogen. Kleine Arten haben es dabei schwerer als große, denn für sie ist die Viskosität der Luft höher. Für einen Floh dürfte sich die Luft anfühlen, als würden wir unter Wasser springen. Trotzdem ist gerade der Floh ein Meister des Sprungs und erreicht Höhen, die seine Körperhöhe um das Hundertfache übersteigen. (Mit denselben Fähigkeiten könnte ein Mensch mühelos aus dem Stand auf die Spitze des Kölner Doms springen.) Weil die Tiere so klein sind, funktioniert die klassische Muskel-Skelett-Methode nicht, um die nötige Geschwindigkeit für den Absprung zu erreichen. Stattdessen verwenden sie eine Art Feder, die ein Muskel spannt und ein anderer wieder löst. Diese kehrt schneller in die entspannte Position zurück, als ein Muskel kontrahieren und einen Absprung anstoßen könnte.[48]

Die bisher betrachteten Fortbewegungsformen der Landbewohner sind vor allem darauf ausgelegt, Bewegung in der Ebene zu ermöglichen. Viele Tiere bewegen sich aber auch über große vertikale Distanzen. Darunter all die baumbewohnenden Arten, zu denen auch unser Faultier gehört. Sie bewegen sich hauptsächlich kletternd und hangelnd fort, manche besuchen die Bäume nur gelegentlich, andere verbringen dort ihr gesamtes Leben. Über 15 Fossilfunde von *Suminia getmanovi* zeigen, dass es vor 260 Millionen Jahren, fast 100 Millionen Jahre nach dem Landgang, spezialisierte Baumbewohner gab. Die pelzigen, etwa einen halben Meter langen Tiere verfügten über greiffähige Gliedmaßen und einen langen Schwanz – Merkmale, deren Vorteile sich die Affen bis heute zunutze machen.[49]

Daneben gibt es Arten, die sich in Gebirgen entlang von nahezu senkrechten Felswänden bewegen. Ausgerechnet Vertreter der Ziegen (wie Steinböcke oder Felsenziegen) haben dabei erstaunliche Fähigkeiten entwickelt, schwindelerregende Pfade zu erklimmen. Weiche Gummipolster zwischen den Hufen, scharfkantige Hufränder und ausgeprägte Afterkrallen helfen ihnen, nicht in den Tod zu stürzen. Ihre Jäger, wie der Schneeleopard, müssen über außergewöhnliche Gleichgewichts- und Sprungfähigkeiten verfügen. Kleine, leichte Tiere, darunter Geckos, können dagegen einfach an vertikalen Flächen entlangspazieren. Möglich machen das Millionen feiner Hafthärchen, Van-der-Waals-Kräfte und Säure-Base-Wechselwirkungen zwischen den Fetten an den Härchen und dem jeweiligen Untergrund.[50]

Es gibt noch weitere Fortbewegungsformen der Landtiere, die hier zumindest kurz Erwähnung finden sollen. Manche Tiere bewegen sich nicht auf, sondern durch den Boden. Wie man sich durch Feststoffe bewegen kann, variiert dabei auch mit der Art des Stoffs. Während sich Maulwürfe aktiv durch das Erdreich graben müssen, können Tiere wie Goldmulle durch lockeres Substrat quasi hindurchschwimmen. Tiere in kalten Regionen machen sich ebenfalls die physikalischen Eigenschaften ihrer Umwelt zunutze. Aufgrund seines geringen Reibungskoeffizienten bietet Eis beispielsweise Raum für zusätzliche Fortbewegungsweisen: Pinguine watscheln nicht nur auf ihren Füßen, sondern gleiten, wenn möglich, auf ihrem Bauch über Schnee und Eis. Das spart Energie und ist gleichzeitig schneller als das Watscheln.

DAS WOHLFÜHL-TEMPO

Energie, das ist die Währung, in der Tiere für ihre Fortbewegung zahlen. An Land benötigen sie davon besonders viel, denn anders als im Wasser verschafft ihnen ihre Körperdichte keinen Auftrieb, weil das umgebende Fluid, die Luft, viel weniger dicht ist. Stattdessen müssen sie sich gegen die Schwerkraft behaupten. Amphibien und Reptilien liegen mit ihren Körpern überwiegend am Boden, das senkt die energetischen Kosten, sich gegen die Schwerkraft stemmen zu müssen. Vögel und Säugetiere, ebenso wie die ausgestorbenen Dinosaurier, nutzen dagegen ihre Extremitäten, um sich vom Boden wegzudrücken. Um dies zu bewerkstelligen, bedurfte es der Entwicklung größerer Muskeln und stabilerer Knochen. Wie wir am Beispiel eines Menschenschrittes gesehen haben, braucht man eine Menge Muskelaktivität, um die aufrechte Haltung eines Körpers zu stabilisieren. Es bedarf zusätzlicher Energie, den Schwerpunkt des Körpers auf und ab zu bewegen. Vögel und Fische nutzen dafür den Auftrieb von Wasser und Luft. Säugetiere können dies nicht. Entsprechend ist das Laufen die energetisch teuerste der drei Hauptfortbewegungsformen. Ein Beispiel: Um einen Kilometer zurückzulegen, braucht ein ein Kilogramm schwerer Fisch in etwa 100 Kalorien, ein Vogel mit dem gleichen Gewicht etwa 300 Kalorien und ein ein Kilogramm schwerer Säuger etwa 1000.[51]

Kleine Tiere haben es dabei häufig besonders schwer, da ihnen ihre größere Oberfläche im Verhältnis zur Masse wenig Impuls und viel Reibungsverlust verschafft. Letztlich ist der Energieaufwand für Bewegung multifaktoriell und hängt von Muskelfasertypen und Muskelrekrutierung ebenso ab wie von der Skelettanatomie und den Umgebungsbedingungen. Gibt es trotzdem so etwas wie eine optimale Geschwindigkeit für ein Tier? Wir alle kennen das Phänomen der Wohlfühl-Geschwindigkeit, zum Beispiel davon, wenn wir mit unterschiedlichen Menschen spazieren gehen. Jede Person scheint ihr eigenes Tempo zu haben, dem sie unbewusst immer wieder folgt.

Tatsächlich sind unterschiedliche Geschwindigkeiten energetisch betrachtet unterschiedlich teuer und auch nicht menschliche Tiere haben eine bevorzugte Geschwindigkeit. Und zwar jene, bei der die Transportkosten für den Körper am geringsten ausfallen, also mit möglichst wenig Energieaufwand möglichst viel Strecke zurückgelegt wird. Der amerikanische Biologe Charles Richard Taylor untersuchte dieses Phänomen am Beispiel von Ponys.[52] Er fand heraus, dass es für jede Gangart, Schritt, Trab und Galopp, eine optimale Geschwindigkeit gab. Diese wurde von den Tieren nicht nur bevorzugt gewählt, sondern verursachte auch den geringsten Energieverbrauch. Wurden die Tiere schneller – oder langsamer –, stieg der Verbrauch. Wie ist das möglich?

In ihrem Optimalbereich verbrauchten die Tiere für dieselbe Strecke die gleiche Menge Energie, unabhängig davon, ob sie gingen oder galoppierten. Galopp ist zwar anstrengender als Schritt, er ist aber auch schneller – so verbraucht ein galoppierendes Pony auf einen Kilometer gesehen die gleiche Energie wie ein gehendes, da sich bei gestiegenem Verbrauch die Zeit der Muskelaktivität reduziert. Interessanterweise ist die Beziehung zwischen Geschwindigkeit und Energieverbrauch bei vielen Landtieren linear, während bei Fischen bei hohen Geschwindigkeiten der Verbrauch überproportional zunimmt und sie bei Vögeln eine komplizierte, häufig u-förmige Verteilung zeigt.

Jede Form der Fortbewegung und die dazugehörige muskuläre Ausstattung kostet Energie. So viel, dass es sich nur lohnt, sie aufrechtzuerhalten, wenn sie auch entscheidend zum Einsatz kommt. Das hat dazu geführt, dass wir unter den Läufern auch einige Vögel finden. Da sie das Fliegen aufgrund verschiedener Faktoren, wie fehlender Fressfeinde, nicht mehr benötigten, haben sie es im Laufe der Evolution wieder an den Nagel gehängt. Ihre Federn erfüllen nun andere Aufgaben, sie wärmen den Kiwi, stabilisieren den Strauß während des Rennens und halten den Pinguin beim Schwimmen im Gleichgewicht.[53] Doch bevor

Vögel das Fliegen wieder aufgeben konnten, mussten sie es zunächst einmal erfinden.

IN DER LUFT: DIE LETZTE BASTION

Der echte Flug hat sich im Lauf der Erdgeschichte vermutlich vier Mal entwickelt. Vor etwa 350 Millionen Jahren erfanden mit den Insekten die ersten Tiere das Fliegen. 60 Millionen Jahre später hatte sich die Gruppe bereits in 15 Ordnungen aufgespalten und ist heute mit großem Abstand die artenreichste Tiergruppe der Erde. Das zweite Mal waren es die Dinosaurier, die die Lüfte eroberten.[54] Als erste Wirbeltiere erreichten sie in der Trias (ca. 252 bis 201 Millionen Jahren vor heute) die Flugfähigkeit. Pterosauria, die Flugsaurier, glitten, von großen Flughäuten getragen, durch die Lüfte. Sie brachten eine Vielzahl an Formen hervor, von kleinen wendigen Fliegern bis hin zu den größten fliegenden Tieren, die die Erde je sah. Der bisher größte Knochenfund eines Flugsauriers hat über 15 Meter Flügelspannweite.[55] Große Flugsaurier konnten vermutlich eher gleiten, ähnlich wie es Albatrosse und andere große Vögel tun, während kleine Arten gezielter fliegen konnten.

Die Vögel waren die Dritten, die das Fliegen erfanden. Sie entwickelten sich aus den Theropoda, einer Gruppe der Dinosaurier. Damit sind die Theropoden die einzigen Dinosaurier, die das Massensterben am Ende der Kreidezeit überlebten, und sie stellen heute mit den Vögeln etwa ein Drittel aller Landwirbeltiere.[56]

Im frühen Eozän entwickelte sich der aktive Flug dann zum vierten Mal, diesmal bei den Säugetieren. Im Gegensatz zur Evolution der Vögel ist die Entwicklung der Fledermäuse weniger gut bekannt und durch Fossilien nachvollziehbar. Der älteste Fossilfund einer Fledermaus ist 52,5 Millionen Jahre alt und sieht den heutigen Vertretern schon außerordentlich ähnlich.[57] Auch wenn die Fledermäuse die Letzten waren, die den Flug entwickelten, waren sie dabei nicht weniger erfolgreich. Bis heute diversifizierten sie sich in etwa 1411 Arten und bilden damit circa 20 Prozent aller Säugetiere.[58]

Insekten, Dinosaurier, Vögel und Säugetiere – vier höchst unterschiedliche Klassen von Lebewesen eroberten also im Lauf der Evolution zu unterschiedlichen Zeiten den letzten zu besiedelnden Lebensraum. Interessanterweise war laut Klimadaten in all diesen Perioden die atmosphärische Sauerstoffkonzentration besonders hoch. Das hatte möglicherweise zwei Vorteile für die Entwicklung des Flugs: Eine bessere Verfügbarkeit von Sauerstoff führt zu einer höheren und schnelleren Sauerstoffversorgung (und Energieproduktion) der Muskeln. Außerdem erhöht ein hoher O_2-Anteil die Dichte der Luft, mit denselben Flügelflächen erhält man so mehr Auftrieb.[59]

Diskutiert wird darüber, ob der Flug als Abwärtsbewegung entstand (zum Beispiel von Bäumen herab) oder vom Boden aufsteigend. Ersteres Prinzip finden wir heute noch bei den gleitenden Arten. Letzteres machen sich manche Vögel zunutze, zum Beispiel Wachteln, die durch Rennen und Flattern Baumstämme hinauflaufen können, da die erzeugten Kräfte sie gegen den Baum drücken. Möglicherweise spielte beides bei der Entwicklung eine Rolle.

Vergleicht man die vier fliegenden Tiergruppen, wird deutlich: Der aktive Flug ist nur mit Flügeln denkbar. Doch erste Vorläufer der Flügel sahen ganz anders aus. Bei Insekten entstanden vermutlich zunächst Strukturen für einen besseren Gasaustausch, aus denen sich später die indirekte Flugmuskulatur entwickelte (siehe unten). Federn gab es, auch lange bevor sie zum Fliegen genutzt wurden. Der Urvogel Archaeopteryx ist ein wunderschön in Stein gegossenes Zeugnis dieser Evolutionsgeschichte (es gibt mehrere gut erhaltene Archaeopteryx-Fossilien, die in verschiedenen Steinbrüchen in Deutschland, insbesondere im Altmühltal, gefunden wurden und die, unter anderem, im Berliner Naturkundemuseum und im Natural History Museum in London betrachtet werden können). Der Urvogel wurde so konserviert, dass man eindeutig die Abdrücke von Federn sieht, gleichzeitig war er vermutlich noch nicht wirklich flugfähig. Federn hatten beispielsweise vermutlich verschiedene Funktionen und entwickelten sich bei mehreren Reptilienlinien. Sie dienten der Wärmeisolation oder konnten beim schnellen Laufen den Körper stabilisieren (ähnlich wie bei den heutigen Laufvögeln). Stück für Stück entwickelten sich aus solchen Vorläuferstrukturen die Flugapparate der Tiere.

Die Wirbeltierflügel sind Abwandlungen der Vordergliedmaßen, bei Insekten ist die Veränderung weniger direkt. Insekten und Krebstiere haben einen gemeinsamen Vorfahren, der Strukturen besaß, die sich bei den beiden Gruppen unterschiedlich weiterentwickelten. Bei den Krebstieren zu sogenannten Epipoditen, für einen verbesserten Gasaustausch, bei Insekten zu Flügeln. Die gleichen Gene, die vor 350 Millionen Jahren den Insektenflug ermöglichten, kontrollieren heute den Gasaustausch der Krebstiere und die Flügel bei Insekten.[60]

Bei Insekten gibt es eine große Vielfalt an Flügelformen und Einsätzen, zum Beispiel zum Navigieren auf dem Wasser.[61] Manche Insekten haben zwei Flügel (wie die Fliegen), andere vier (wie die Schmetterlinge und Bienen), manche sind hauchzart, wie die Flügel der Ohrwürmer, andere zu schützenden Panzerklappen verstärkt, wie bei den Käfern. Ja, Ohrwürmer haben Flügel. Sie mögen auf den ersten Blick für manche langweilig aussehen, doch wenn sie ihre Flügel öffnen, entfalten sich plötzlich schimmernde Strukturen, die sich ohne den Einsatz von Muskeln um das Zehnfache ausdehnen.[62] Selbst innerhalb der Arten gibt es häufig flügellose und geflügelte Formen, beispielsweise bei Ameisen. Die Flügelentwicklung wird dabei von der Kaste beeinflusst, von der Umwelt oder der Nahrung.

DIE MECHANIK DES FLIEGENS

Egal ob Eintagsfliege oder Amsel, Flieger müssen Schwerkräften, dem Luftwiderstand und der Viskosität widerstehen. Tragflächen geben ihnen dabei Auftrieb. Im Wasser verdrängen Flossen sichtbar das sie umgebende Fluid, in der Luft passiert Ähnliches, wir sehen es nur nicht. Der Flügel erzeugt durch Kraftausübung Fluidbewegungen. Wenn Luft auf die Anströmkante des Flügels trifft, erhöht sich der Luftdruck und die Luft wird nach oben abgelenkt und über die Tragfläche komprimiert. Der Luftstrom fließt weiter nach hinten, die Oberfläche der Tragfläche krümmt sich nach unten, weg vom Luftstrom, und es entsteht Unterdruck. Auf der Unterseite gleitet die Luft glatt über die Oberfläche. Die Luft fließt mit unterschiedlichen Geschwindigkeiten ober- und unterhalb des Flügels, führt zu Unterschieden im Luftdruck und es entsteht Auftrieb. Vögel erzeugen also mithilfe ihrer Flügel Kraft, kontrollieren Fluggeschwindigkeit und Flughöhe und nutzen Federn, um die Luftströmungen an der Flügeloberfläche zu kontrollieren. Darüber hinaus ermöglichen die Flügel energiesparenden Segelflug.

Die Flugmuskulatur der Vögel ist komplex. Mehr als 45 Muskeln arbeiten zusammen, um den Flug zu ermöglichen, vom Erzeugen von Auftrieb bis hin zur einzelnen Federausrichtung. Der *Musculus pectoralis*, der Flügelsenker, sorgt für den Abwärtsschlag des Flügels und damit für den Auftrieb. Entsprechend kräftig ist er ausgebildet. Er macht bis zu 35 Prozent der Körpermasse bei Vögeln aus und verläuft vom Brustbeinkamm zum Oberarmknochen. Sein Gegenspieler ist der *Musculus supracoracoideus*, der Flügelheber. Er setzt unterhalb des Flügelsenkers am Brustbein an und verläuft ebenfalls zum Oberarm, allerdings über eine Art Umlenkrolle, da sonst kein Gegenspiel möglich ist. Bei Vogelarten, die viel schwirren, wie der Kolibri, ist der Muskel besonders stark ausgeprägt, da sie ihre Flügel schnell wieder in Position bringen müssen. Ohnehin sind Kolibris beeindruckende Flugkünstler. Um ihren Körper bei Dutzenden Flügelschlägen pro Sekunde an Blüten stabil zu halten, brauchen sie eine außerordentliche Kontrolle ihrer Flügel. Forscher fanden heraus, dass schon kleinste Luftstöße an den Spitzen der Flügelfedern zu einer Reaktion in der betreffenden Region im Großhirn führen und es den Tieren ermöglichen, ihre Bewegung anzupassen. Dabei hilft ihnen eine Art 3-D-Körperkarte, um sich im Raum zu orientieren.[63]

Für viele Tiere ist Bewegung essenzieller Bestandteil des Überlebens und gab damit den selektiven Kräften der Evolution Macht über die Gestaltung tierischer Körper. Nicht migrierende Vogelarten verfügen beispielsweise vermehrt über energetisch teure, aber dafür reaktionsschnelle Flugmechaniken. Sie müssen sich kurzfristig und schnell bewegen, zum Beispiel, um Räubern auszuweichen. Migrierende Vogelarten haben dagegen typischerweise energetisch sparsamere Flugmechaniken. Sie ermöglichen es ihnen, weite Distanzen zu überbrücken, sind dafür aber weniger reaktionsfähig. Die Geometrie von Flügeln ist bei allen Vögeln ähnlich, doch die Form der Flügel macht einen

Unterschied, zum Beispiel wird der Auftrieb von Spannweite und Fläche beeinflusst. Größere Vögel brauchen natürlich größere Flügel, aber werden diese länger oder breiter? Große Vögel haben lange, schmale Flügel (zum Gleiten), kleine Vögel haben relativ gesehen die breitesten Flügel (zum Flattern). Stellen Sie sich die Silhouette einer Blaumeise vor und strecken Sie sie auf die Größe eines Albatros, dann hätte dieser deutlich breitere Flügel, als ein Albatros sie tatsächlich hat.

Unter allen Fliegern können nur die Vögel segeln. Sie nutzen Luftströmungen, um den Energieverbrauch beim Fliegen zu senken, und schaffen es so, Strecken zurückzulegen, die sie sonst physiologisch nicht bewältigen könnten. An Land können das Luftströmungen sein, die an Hügelkämmen nach oben geleitet werden, oder die Thermik temperaturbedingter Aufwinde. Seevögel nutzen Winde über dem Wasser. Albatrosse sind Meister des Segelflugs, sie können bis zu 24 Stunden lang in der Luft bleiben, ohne einen einzigen Flügelschlag. Bei Polumrundungen legen sie gerne einmal 25 000 Kilometer zurück und fliegen dabei fast 1000 Kilometer am Tag.[64] Spezielle Sehnen ermöglichen es ihnen, die Flügel weit geöffnet zu halten. Dank verriegelter Sehnen brauchen sie dafür keine Muskelkraft. Ihre anatomischen Anpassungen an das Segeln machen sie auf dem Boden jedoch ungelenk und ihre Landemanöver erscheinen teils halsbrecherisch.

Obwohl das Innere von Fluginsekten völlig anders aussieht als jenes der Vögel, besitzen auch sie Flügelmuskulatur. Statt eines Innenskeletts wie die Wirbeltiere besitzen sie mit der Cuticula ein Außenskelett aus Chitin und Proteinen wie Sclerotin, Wasser und Phenolen. Darunter befindet sich quasi die Haut (also andersrum als bei uns), die Hypodermis. Sie produziert die Bestandteile des Exoskeletts, an dem Muskeln und Sehnen ansetzen. Das Fliegen bedarf eines komplexen Zusammenspiels aus Cuticula und Flügeln. Es gibt direkte Flugmuskeln und indirekte, die den Flügel als solches gar nicht bewegen. Stattdessen verformen sie den Thorax, um die Flügel zu bewegen, in etwa so, als würde man den menschlichen Brustkorb zusammendrücken, um damit mit den Armen zu wedeln. Stammesgeschichtlich ältere Insektenordnungen wie Heuschrecken, Käfer und Libellen haben direkte Flugmuskulatur, später entwickelte wie die Fliegen und Hautflügler (Bienen, Wespen) verwenden indirekte Muskulatur als Antrieb und direkte zur Feinjustierung. Die vielfältigen Flügelformen der Insekten beeinflussen die Fluidbewegung, also das Verhalten der Luft, und wirken sich unterschiedlich auf den Flug aus.

Auch wenn Insektenflügel und Vogelflügel sehr unterschiedlich sind, weisen sie eine Gemeinsamkeit auf. Die Vorderkante (Anströmkante des Luftzugs) ist versteift, der Rest des Flügels weicher. Fledermausflügel sind hingegen formbarer als Vogelflügel, die elastische Flughaut kann sich bis zu 20 Prozent verformen und verschafft ihnen eine bessere Manövrierfähigkeit.

Von den Insekten über die Flugsaurier und Vögel bis zu den Säugetieren mussten die Tiere große physiologische Anpassungen vollziehen, um sich den Lebensraum Luft zu erobern. Nicht alle Tiere, die durch die Lüfte segeln, sind jedoch zu diesem echten aktiven Flug fähig. Sie beherrschen dagegen eine flugähnliche Technik, das Gleiten. Im Gegensatz zum echten Flug sinkt ein Tier beim Gleitflug unweigerlich. Trotzdem ermöglicht er es, große Distanzen zu überwinden, und ist weit verbreitet, da er weniger Anpassungen bedarf. Bei den Säugetieren gleiten zum Beispiel Vertreter der Hörnchen und Primaten, bei den Reptilien Eidechsen und Schlangen. Außerdem gibt es fliegende Fische und fliegende Kalmare sowie Flugfrösche. Letztere haben beispielsweise zwischen den Zehen vergrößerte Schwimmhäute, mit denen sie von Baum zu Baum gleiten. Mit dieser Technik können sie immerhin Strecken von bis zu 15 Metern zurücklegen.

Daneben gibt es noch weitere Fortbewegungsformen von Tieren, die weniger verbreitet sind. Zum Beispiel das sogenannte Ballooning, bei dem Spinnen ihre Netze wie Gleitschirme nutzen, um zu fliegen.[65] Manche Tiere nutzen sogar andere Tiere, um sich fortzubewegen (die sogenannte Phorese). Wir Menschen tun das, wenn wir auf Pferden sitzen. Die Larven der Afrikanischen Kriebelmücke verbreiten sich mithilfe von Krabben, einige Käfer haften sich an Bienen, Fadenwürmer an Fliegen und Schnecken oder Muschelkrebse an Eidechsen und Frösche. Es gibt etwa 35 phoretische Arten und das Verhalten wurde schon bei 320 Millionen Jahre alten Insekten nachgewiesen.[66]

Ob im Wasser, an Land oder in der Luft, ob kriechend, schwimmend, rudernd, robbend, rollend, gleitend, hüpfend oder grabend – Tiere eroberten sich die Welt im Laufe der Erdgeschichte auf verschiedenste Weise. Nicht alle Tiere, die sich fortbewegen, können diese Entscheidung aktiv treffen, manche sind für ihre Fortbewegung auf verschiedene Umwelteinflüsse wie Strömungen angewiesen. Die aktive Fortbewegung von einem Ort zum anderen ist jedoch ein so wesentliches Merkmal der Tierwelt, dass sie untrennbar mit dem Tier-Sein verwoben ist.

3

FREIHEIT

Eine Wolke, die bislang die Sonne verdeckt hatte, schiebt sich träge weiter und es wird unmittelbar hell. Schimmernd fällt das Sonnenlicht durch die Wasseroberfläche und malt leuchtende Flecken auf das Riff. Im Licht offenbaren sich satte Farben und unzählige Formen unterschiedlichster Natur. Wie kleine Bäume ragen rosafarbene Gebilde gen Himmel – oder vielmehr der Wasseroberfläche entgegen. Dort zeichnet sich die Sonne als wabernder Lichtpunkt ab, dessen Umrisse immer wieder verschwimmen und zu zerlaufen scheinen.

Mit ihren dickbauchigen Stämmen und der verhältnismäßig kleinen Krone erinnern sie an die Affenbrotbäume Madagaskars und des südlichen Afrikas. Daneben finden sich strauchartige Formen. In pastelligen Gelbtönen gefärbt, bilden ihre Äste ein dichtes Geflecht. Überall gibt es kräftige Farben und auffällige Muster.

Die meisten Exemplare sehen wie kleine Sträucher oder krautige Pflanzen aus, manche sind rundlicher, andere schmal und filigran. Wieder andere muten wie skurrile Pilze an.

Eine pinkfarbene Variante scheint aus Dutzenden, dicklichen Fingern zu bestehen. Daneben wächst etwas, das an einen Salatkopf erinnert, der aus sich überlappenden, hautfarbenen Schichten geformt und von feinen Haaren besetzt ist. Andere, knubbelige Exemplare erinnern an Blumenkohl oder – gallertartig und gefurcht – an die verschlungenen Windungen eines

Gehirns. Es gibt federartige Gebilde, Knollen, Röhren und an Kelche erinnernde Strukturen und weitere mannigfaltige Formen, die so einzigartig sind, dass es für sie keinen Vergleich zu geben scheint. Abstrakt entziehen sie sich jeder Beschreibung, die auf den Begrifflichkeiten unserer gewohnten Umwelt basiert. Als hätte der verrückte Hutmacher einen Wald entworfen.

Im »Unterholz« dieses Korallenwaldes sind kleinere Exemplare zu finden. Auf pilzartigen Stielen sitzen runde Köpfe mit Tentakeln und am Boden trifft man auf allerlei Kreaturen, wie stachelige Seeigel, die am Fels zu kleben scheinen. Manche Korallen scheinen starr, andere bewegen sich sanft mit der Strömung auf und ab. Zwischen Korallen, Schwämmen und Anemonen sind unzählige Meeresbewohner unterwegs, das Riff wimmelt geradezu von Fischen. Die Fische sind ebenso bunt wie der Korallenwald, den sie bevölkern, und warten mit beeindruckenden Mustern und kunstvoll geformten Flossen auf.

Weltweit gibt es verschiedene Regionen mit besonders hoher Artenvielfalt, darunter der Amazonas-Regenwald. Kein anderer Ort zeigt die Vielfalt des Lebens auf der Erde jedoch so eindrücklich und plakativ wie die bunte Welt eines Korallenriffs. Die üppige Farben- und Formenpracht wirkt wie die Reminiszenz an die schöpferische Macht der Evolution selbst. Unbeeindruckt von all der Pracht, tummeln sich die Fische im warmen Wasser des Riffs, unweit der Küste Neuguineas. Zwischen Doktorfischen und Riffbarschen ist auch ein kleiner Fisch mit rundlichen Flossen unterwegs. Sein Körper ist in kräftigem Orange gehalten, das von drei schwarz umrandeten, schneeweißen Streifen durchzogen ist. Seine schwarzen Augen tasten ständig die Umgebung ab, während er auf der Suche nach Nahrung durchs Wasser gleitet. Der Clownfisch ist nahe am Meeresboden unterwegs und sammelt im Wasser schwebendes Plankton, winzige

Krebstierchen und Algen ein. Immer wieder wendet er jedoch abrupt und schwimmt wieder in die Richtung zurück, aus der er gekommen ist. Sein Aktionsradius scheint festen Grenzen zu unterliegen. Als würde ein unsichtbares Band ihn an genau dieser Stelle des Riffs festhalten, kehrt er immer wieder dorthin zurück.

Plötzlich taucht ein Zackenbarsch auf. Der Raubfisch hat den kleinen Clownfisch anvisiert und hält geradewegs auf ihn zu. So schnell er kann, flüchtet der Clownfisch zwischen den Korallen hindurch in Richtung des Zentrums seines Aktionsraums. Das Tier ist ein schlechter Schwimmer und so kommt es nur langsam voran. Vor ihm taucht nun eine große Koralle mit dichten, fingerigen Tentakeln auf. Er hält geradewegs darauf zu – und verschwindet zwischen ihren Tentakeln. Der Zackenbarsch, direkt hinter ihm, dreht schlagartig ab und gibt die Verfolgung auf. Für den Clownfisch ist es gerade noch einmal gut ausgegangen, fast wäre er getötet worden, der Zackenbarsch allerdings ebenfalls.

Denn die Tentakel dieser Kreatur haben es in sich. Sie gehört zu den Seeanemonen – und sie ist ein Fleischfresser. Über winzige Nesselhärchen auf der Oberfläche ihrer Tentakel kann sie starke Gifte abgeben. Wäre der Raubfisch in die Seeanemone hineingeschwommen, hätte diese ihn gelähmt oder sogar getötet. Auch wenn er nicht zu den eigentlichen Zielen der Anemone gehört, hätte der Kontakt mit dem Gift womöglich sein Ende bedeutet. Der Clownfisch hingegen findet im Schutz der Seeanemone Sicherheit vor seinen Feinden, denn ihm scheint das Gift offenbar nichts anhaben zu können.

Das war nicht immer so. Als junger Fisch war das Tier nicht so ortstreu wie heute, sondern meist unterwegs und dabei ständig auf der Hut vor den zahlreichen Raubfischen, die ihm gefährlich werden können. Erst als er älter wurde, suchte er sich ein festes Revier. Der Mittelpunkt dieses Reviers ist sie – die

Seeanemone. Vorsichtig musste er sich ihr annähern. Immer wieder berührte er sanft ihre Tentakel und zog sich dann wieder zurück. Im Verlauf dieser Annäherung umhüllte die Anemone seinen Körper nach und nach mit einer Schleimschicht. Einer Schicht, die ihn vor den erbarmungslosen Nesselhärchen schützt, die manch anderen Tieren den Tod brachten. Erst nach einigen Tagen konnte der Clownfisch schließlich in seine Anemone einziehen. Seitdem verteidigt er sie heftig gegen ihre Fressfeinde und gegen Konkurrenten und entfernt sich niemals weit von ihr. In ihr findet er Unterkunft und Sicherheit. Sie ist nun der Mittelpunkt seines Lebens.

Möglicherweise verdankt die Anemone dem kleinen Fisch ab und an die organischen Reste eines Zufallsfangs, wenn dieser, wie soeben geschehen, einen Raubfisch im Schlepptau hat, der die Gefahr zu spät bemerkt. Eigentlich verspeist die Anemone aber viel kleineres Getier, sie filtert Zooplankton aus dem Wasser und verdaut gelegentlich den ein oder anderen kleinen Krebs, der den Fehler begeht, sich in ihre Reichweite zu wagen. Sammeln sich nach dem Fressen ihrer Beutetiere zu viele Partikel auf den Tentakeln an, putzt der Fisch diese gründlich[1] und des Nachts fächelt er ihr frisches Wasser zu. Tagsüber nutzen Seegräser und Algen das Sonnenlicht, das durch das Wasser zu ihnen durchdringt, um Fotosynthese zu betreiben. Dabei erzeugen sie Sauerstoff. Nachts ist das kostbare Gas rar und so verbringt der Clownfisch seine Nächte unter anderem damit, sauerstoffreiches Wasser zu seiner Anemone zu fächeln.[2]

Kurz nachdem sich der Zackenbarsch getrollt hat, taucht das possierliche Gesicht des Clownfischs wieder zwischen zwei Tentakeln auf. Vorsichtig sieht er sich um und verlässt die Anemone. Mit bedächtigen Ruderbewegungen seiner Flossen macht er sich auf den Weg. Doch er wird schon wenig später zurückkehren – für den Rest seines Lebens wird er diese Verbindung aufrechterhalten.

Die symbiotische Beziehung zwischen den ungleichen Organismen am Riff ermöglicht es beiden, dort besser zu gedeihen, sie verschafft ihnen zusätzliche Nahrung und vor allem wertvollen Schutz. Sosehr der kleine Fisch jedoch mit der Seeanemone verbunden ist, wird sie möglicherweise eines Tages sein Ende sein. Wenn er krank oder alt wird, wird ihm die Kraft fehlen, sich vor ihrem Gift zu schützen, und was einst sein Zufluchtsort war, wird zu seinem Grab. Auch wenn die Seeanemone so ihrem eigenen Symbionten zum Verhängnis wird, stellt dessen Tod auch für sie einen Verlust dar. Ohne seine vehemente Verteidigung gegen Feilenfische, Falterfische und andere ihrer Fressfeinde wird sie schlimmstenfalls selbst von diesen aufgefressen.

EIN UNGEWÖHNLICHER FISCH

Clownfische sind faszinierende Tiere. Neben ihrer symbiotischen Lebensweise, die an eine ganz bestimmte Anemonenart und ein ganz bestimmtes Individuum gekoppelt ist, ist auch ihr Fortpflanzungsverhalten speziell. Alle Individuen unserer Clownfisch-Art (*Amphiprion percula*, auch Trauerband-Anemonenfisch genannt) beginnen ihr Dasein nämlich als Männchen. Wenn die Tiere älter werden, wechseln sie das Geschlecht und werden zu Weibchen.[3] Es ist eine Form des sequenziellen Hermaphroditismus, das heißt eine Variante der Zweigeschlechtlichkeit, bei der diese nicht gleichzeitig auftritt (wie bei anderen Zwittern, die über die Geschlechtsorgane von Männchen und Weibchen verfügen), sondern nacheinander. Diese Form der zeitlich verschobenen Geschlechtsreife unterschiedlicher Geschlechter wird Proterandrie genannt und führt

bei Clownfischen, aus menschlicher Perspektive betrachtet, zu höchst skurrilen Situationen. Die Tiere leben teilweise in Gruppen zusammen, in denen es jeweils nur ein Weibchen gibt. Stirbt das Weibchen, wechselt anschließend ein Männchen das Geschlecht und nimmt die Rolle des verstorbenen Weibchens ein.[4] Der Geschlechterwechsel ist in der Natur bei verschiedenen Tiergruppen zu finden und beispielsweise auch von über sechzig weiteren Fischarten bekannt.[5]

Die Gruppen von Clownfischen bewohnen im Übrigen häufig gemeinsam dieselbe Anemone. Spätestens seit dem Animationsfilm *Findet Nemo* ist die Beziehung zwischen Anemone und Clownfisch vielen Menschen bekannt. Nicht alle Anemonen gehen aber Symbiosen mit Fischen (oder anderen Tieren) ein, tatsächlich ist es eher die Ausnahme. Es gibt mehr als 1200 Anemonenarten, doch nur zehn davon können auf diese Weise mit anderen Arten koexistieren.[6]

Bleiben wir noch für einen kurzen Moment auf unserem Riff und machen ein kleines Gedankenexperiment: Wenn Sie sich solch ein Unterwasserriff mit verschiedenen Korallen, mit Schwämmen, Anemonen und Fischen vorstellen, wie empfinden Sie dann diese Szenerie? Welche Bedeutung geben Sie ihren Komponenten? Die meisten von uns nehmen vermutlich die Fische als Akteure des Geschehens vor einer Kulisse aus Wasser und Korallenriff wahr.

Ähnliches geschieht bei einem vergleichbaren Bild an Land; zum Beispiel mit einer grünen Wiese, auf der eine Herde Pferde grast und ein Vogel auf einem Ast singt. Vogel und Pferde empfänden wir dann wohl als aktive Individuen, als die Protagonisten der Szenerie – die Pflanzen wie das Gras zu den Hufen der Pferde oder der Baum, auf dessen Ast der Vogel sitzt, als Hintergrund oder Dekoration. Wir ordnen die Pflanzen, die Bäume und Sträucher der Umgebung zu, ähnlich wie einen Felsbrocken, den Verlauf einer Hügelkette oder das Ufer eines Teichs. Mit derselben Perspektive nehmen wir wohl intuitiv auch die Welt des Korallenriffs wahr, wobei die Korallen die Pflanzen verkörpern und die Fische die Tiere. Diese Zuschreibung ist jedoch falsch. Denn alle in der Szenerie beschriebenen Organismen – auch die Schwämme und die Korallen – sind Tiere.

DIE ERSTEN TIERE

Die Wirbeltiere stehen bis dato am Ende der evolutionären Reise der Tiere, auf der sich aus einfachen Protobionten über Jahrmillionen hinweg das komplexe, vielzellige tierische Leben entwickelte. Bei den Pflanzen stellen die Bedecktsamer (zu denen fast alle für den Menschen relevanten Kultur- und Blühpflanzen zählen) das Äquivalent zu den Wirbeltieren dar. Sie sind die letzte evolutionäre Stufe des Pflanzenreichs und auch sie haben einen langen Weg zurückgelegt – von ersten, einzelligen Grünalgen über die Moose und Farne zu den Samenpflanzen –, bis sie prächtige Lebewesen wie die Eiche oder die Rose hervorbrachten. Pflanzen und Tiere bilden zwei getrennte Reiche in der Natur, zwei Gruppen also, deren Wege sich bereits sehr früh trennten und die sich anschließend in höchst unterschiedliche Richtungen entwickelten. Beide Reiche haben viele Entwicklungsstufen durchlaufen und außerordentlichen Artenreichtum, eine enorme Formenvielfalt und Komplexität erreicht. Es gibt jedoch einen fundamentalen Unterschied zwischen den beiden Reichen: Der überwältigende Großteil der Tiere kann sich aktiv fortbewegen, Pflanzen hingegen nicht.

Der Philosoph Emanuele Coccia schrieb, kein anderes Lebewesen sei mit seiner Umwelt mehr verhaftet als die Pflanze.[7] Zwar führen Pflanzen diverse Bewegungen aus, sei es das Hindrehen zum Licht oder das aktive Ausschleudern von Samen. Nach all der Zeit, die seit der Entstehung der ersten Pflanzen vergangen ist, stehen sie jedoch noch immer an Ort und Stelle – oder werden passiv von Strömungen durchs Wasser oder vom Wind übers Land getragen. Mithilfe ihrer Samen können sich die Landpflanzen zwar über Generationen hinweg fortbewegen und ihren Nachkommen so das Leben an einem anderen Ort ermöglichen. Innerhalb einer Generation, in der eigenen Lebensspanne eines Individuums, sind sie jedoch auf Gedeih und Verderb an ihren Standort gebunden.

Man mag es bei all den fantastischen Fortbewegungsformen der Tiere im Wasser, zu Land und sogar durch die Luft kaum glauben, doch auch für die Tiere begann das Leben fest verhaftet mit dem Grund. Die ersten vielzelligen Tiere der Erdgeschichte waren wohl die Schwämme. Wann genau sie entstanden, ist unklar und wird heiß debattiert. Denn der älteste fossile Nachweis eines Schwamms datiert ja nicht nur den ersten Auftritt der Schwämme auf der evolutionären Bühne des Lebens, sondern auch den Startpunkt der vielzelligen Tiere selbst und damit die Frage: Wann war das erste Tier?

Dass die Frage nicht leicht zu beantworten ist, liegt nicht nur daran, dass der Beginn tierischen Lebens verdammt lange her ist. Sie ist auch der Tatsache geschuldet, dass Schwämme nicht in gleicher Weise Spuren ihrer Existenz hinterlassen, wie es beispielsweise die Wirbeltiere tun, deren Skelette in Erdreich und Gestein eingeschlossen Jahrmillionen überdauern können. Auf der naturgeschichtlichen Spurensuche urzeitlicher Schwämme folgt man daher unterschiedlichen, teils indirekten Ansätzen. Die Entdeckung bestimmter Fettmoleküle, die mutmaßlich aus

Meeresschwämmen stammen, datieren den Beginn tierischen Lebens beispielsweise weit zurück, und den Fund verzweigter fossiler Strukturen im Gestein im Nordwesten Kanadas interpretieren manche als Überreste von Hornschwämmen. Die Strukturen sind etwa 890 Millionen Jahre alt und damit viele Millionen Jahre älter als alles bekannte tierische Leben.[8] Die Funde werden in der Wissenschaftsgemeinschaft allerdings kritisch gesehen[9], denn solche Spuren oder Biomarker-Moleküle sind nicht eindeutig und lassen viel Interpretationsspielraum offen.[10] So könnten die chemischen Spuren, die den Schwämmen zugeschrieben werden, auch von Algen verursacht worden sein.[11] Es gibt jedoch auch eindeutige Belege für fossile Schwämme, zum Beispiel durch die Versteinerung ganzer Individuen. Demnach sind die ältesten sicheren Nachweise der Schwämme mindestens 535 Millionen Jahre alt.[12] Fossile Spuren zeigen, dass es schon im Ediacarium (635–541 Millionen Jahre vor heute, und damit einige Millionen Jahre früher) verschiedene Ur-Tiere gegeben haben könnte. Die sogenannte Ediacara-Fauna[13], die durch Abdrücke in Schelfsedimenten konserviert wurde, liefert Hinweise auf verschiedene mehrzellige Tiere. Einiges deutet darauf hin, dass das tierische Leben früher begann.[14] Noch ist die Ediacara-Fauna jedoch Gegenstand wissenschaftlicher Debatten und unterschiedlicher Interpretation. Der britische Paläobiologe Thomas Halliday beschreibt die Gesteinsüberlieferung treffend als eine Enzyklopädie des Möglichen.[15] Den genauen Startpunkt tierischen Lebens kennen wir also nicht und das werden wir vielleicht nie. Die Schwämme machen es uns aufgrund ihrer Anatomie und Physiologie außerdem nicht leicht, ihre Spuren so weit zurückzuverfolgen. Dennoch ist auf Basis des zusammengetragenen Wissens davon auszugehen, dass sie am Anfang des tierischen Lebens standen.

AN ORT UND STELLE

Wie die Pflanzen sind Schwämme sessil. Sie sind ortsgebunden und bilden Kolonien von vielen Individuen aus, die den Untergrund, auf dem sie leben, ähnlich wie wir es von Moosen und anderen Bodendeckern kennen, wie ein Überzug bewachsen. Durch mineralische Einlagerungen von Kalk und Silikaten versteift sich ihr Körper und wird so umso mehr ein Teil des Fels, auf dem sie stehen. Auf den ersten Blick haben Schwämme vieles mit Pflanzen gemein, kein Wunder also, dass die Menschen sie bis ins 19. Jahrhundert hinein für solche hielten. Ohne das Wissen, dass Schwämme Tiere sind, konnten wir den Weg des tierischen Lebens nur eingeschränkt nachvollziehen – und eine Serie wie *Spongebob* wäre wohl ebenfalls nicht denkbar gewesen.

Was aber macht die Schwämme zu Tieren? Anders als Pflanzen können Schwämme nicht mithilfe von Sonnenlicht und CO_2 Energie aus anorganischer Materie erzeugen. Sie betreiben keine Fotosynthese, die fundamentale Stoffwechselform und Überlebensgrundlage der Pflanzen. Stattdessen verwerten sie, genau wie wir, organische Substanzen, um Energie für ihren Stoffwechsel zu generieren. Tiere verdanken ihr Leben den Pflanzen, sie leben vom Leben anderer. Als Filtrierer entziehen die Schwämme dem Wasser kleine Partikel wie Plankton oder Bakterien und verdauen sie anschließend in ihren Zellen. Sie atmen Sauerstoff und obwohl sie noch keine spezialisierten Nervenzellen oder Muskelzellen besitzen, können ihre Zellen schon vielfältige Funktionen ausführen, die denen der späteren Tiere gleichen. Ihre über 9000 gegenwärtigen Arten trifft man in allen Meerestiefen an. Sie sind höchst vielfältig in Formen und Farben und von wenigen Millimetern bis zu mehreren Metern groß.[16] Es gibt sogar Raubschwämme, die nicht davon leben,

Meerwasser zu filtrieren, sondern Beute mithilfe von Tentakeln fangen.[17]

Ob Schwämme tatsächlich die ältesten Tiere der Welt sind, war zwischenzeitlich Gegenstand wissenschaftlicher Debatten. Molekulare Untersuchungen deuteten nämlich darauf hin, dass Rippenquallen das ältere Taxon (eine Gruppe von Arten, wie eine Gattung, Familie oder Ordnung) sein könnten[18], nachdem zuvor alle bekannten Belege den Schwämmen den ersten Platz auf der evolutionären Reise der Tiere zugeschrieben hatten. Neuere Untersuchungen sprechen jedoch für die zuvor angenommene Zeitlinie, mit den Schwämmen als den ersten vielzelligen Tieren.[19] Dafür spricht auch, dass Rippenquallen deutlich komplexer sind als Schwämme. Im Gegensatz zu diesen verfügen Rippenquallen beispielsweise über ein Nervensystem, Verdauungsorgane und Muskeln – Hinweise darauf, dass sie sich auf einer anderen Entwicklungsstufe befinden.

Höchstwahrscheinlich sind die Nesseltiere, zu denen die Rippenquallen gehören, eine evolutionär weitentwickelte Form der Tiere – und auch sie sind überwiegend sessil. Die Seeanemone, die unserem Clownfisch sein Zuhause gibt, gehört beispielsweise zu den sogenannten Blumentieren. Mit an die 7500 Arten bilden die Blumentiere die größte Klasse der Nesseltiere, und auch sie verbringen ihr Leben fest verankert an Ort und Stelle.[20] Am Beginn des vielzelligen tierischen Lebens wurde also zunächst einmal nur herumgestanden.

Tatsächlich können sich auch Schwämme[21] und Blumentiere (und auch unsere Seeanemone) technisch gesehen bereits aktiv fortbewegen.[22] Statt durch Wurzeln, wie die der Pflanzen, sind sie mit einer Art Fußscheibe im Boden verankert. Diese können sie lösen und sich so kriechend über den Meeresboden bewegen. Wie wir im vorangegangenen Kapitel gesehen haben, sind vier

Gliedmaßen zwar der heutige Stand der Technik bei den höheren Tieren, der erste tierische Lauf begann womöglich jedoch auf nur einem Fuß.

Die Fortbewegung der Blumentiere lässt sich nur durch Zeitrafferaufnahmen wahrnehmen – sie ist so unsäglich langsam, dass sie dem menschlichen Auge verborgen bleibt.[23] Über Wochen und Monate hinweg findet zudem keinerlei Fortbewegung statt und die zurückgelegten Distanzen sind marginal. Das Grundprinzip ihrer Fortbewegungsweise ähnelt jedoch bereits dem von späteren Weichtieren, zu denen auch die Schnecken gehören. Auch wenn diese zugegebenermaßen nicht gerade für ihre hohen Geschwindigkeiten berühmt sind – im Vergleich zu einer Anemone sind sie der Flash. Die grundlegende Fähigkeit, sich zu bewegen, war also schon den ersten Tieren in die Wiege gelegt, doch es bedurfte einiger Weiterentwicklung, um sich von der stationären Lebensweise zu lösen.

Trotz ihrer mehrheitlich sessilen Vertreter schafften die Nesseltiere den evolutionären Sprung von überwiegend sesshaften Tieren zu solchen, die sich frei durch die Meere bewegen konnten. So wie Sie Schwämme sicherlich durch ihre Verwendung als Badezimmerartikel kennen, dürften Ihnen auch die Nesseltiere schon begegnet sein – und zwar als Quallen. Ähnlich der Entwicklung der Raupe zum Schmetterling durchlaufen auch viele Nesseltiere eine Metamorphose. Sie beginnen ihr Leben als sessiler »Polyp«, eine röhrenartige, am Meeresgrund verwachsene Form. Aus dieser entwickelt sich dann die schirmartige »Medusa« oder Qualle, die zum aktiven Schwimmen fähig ist. So konnten die Nesseltiere den Fels hinter sich lassen und die Meere durchschwimmen – ein Akt radikaler Distanzierung vom Leben, fest verwachsen am Grund.

Quallen nutzen zur Fortbewegung das Rückstoßprinzip.

Durch Zusammenziehen ihres Schirms ziehen sie Wasser ein und stoßen es wieder aus und werden so vorangeschoben. Sie können sich gezielt fortbewegen, sind jedoch nicht stark genug, um gegen Strömungen anzuschwimmen, und damit den Bewegungen von Wind und Wellen ausgeliefert. Als Teil des Planktons folgen sie den Strömungen der Meere.[24] So haben sie ihre Ortsgebundenheit überwunden und doch nicht die Freiheit erlangt, ihre Wege selbst zu bestimmen.

Nicht alle Nesseltiere sind im Übrigen zu dieser Metamorphose fähig. Die Blumentiere haben keine Medusenform, man geht davon aus, dass sie diese nie entwickelt haben. Die ersten Tiere konnten sich also noch nicht nennenswert fortbewegen und sie mussten sich der Kontrolle der Bewegung noch ermächtigen, doch die Entwicklung hatte ihren Anfang genommen. Als die Tiere die Bühne des Lebens betraten, erhielten sie das große Potenzial der aktiven Fortbewegung. Welch unglaubliche Veränderung für das komplexe Leben, sich plötzlich von einem Ort zum anderen bewegen zu können. Eine Fähigkeit, die das Leben auf der Erde radikal veränderte.

BEWEGUNGSFREIHEIT UND GRENZEN

Betrachten wir die Evolutionsgeschichte der Tiere, fällt zweierlei auf: Obwohl sie ihr Leben, ähnlich wie die Pflanzen, als ortsgebundene Kreaturen begannen, wagten die Tiere früh den ersten Schritt in ein bewegtes Leben. Und: Diejenigen Arten, die sesshaft waren und blieben, sind am wenigsten komplex. Obwohl sie erst seit weniger als einem Fünftel der Erdgeschichte existieren, sind Tiere die am weitesten entwickelten Lebensformen auf unserem Planeten. Selbstredend sind Pflanzen beeindruckende Kreaturen und weit mehr als bloße Dekoration. Doch es ist wohl unbestreitbar, dass sich die Tiere zu größerer Komplexität entwickelten (und das so eindrücklich, dass eine ihrer Arten sich über diesen Umstand Gedanken machen und sie zu Papier bringen konnte). Ohne Fortbewegung gäbe es dieses komplexe Leben auf der Erde womöglich nicht: Nehmen Sie nur einmal die unglaubliche Vielfalt der Tiere, die heute besteht. Von der Biene, die um eine Blüte schwirrt, über den Lachs, der den Strom hinaufschwimmt, bis zur Giraffe, die durch die Savanne schreitet – sie alle bewegen sich. Und damit nicht genug, wir können ihnen unmittelbar ansehen, für welche Fortbewegungsform ihre Körper gedacht sind. Tiere sind verkörperte Bewegung. Ihre Fortbewegungsweisen haben ihre Evolution und Vielfalt, ihr Aussehen, ihre Formen, die Lebensräume, die sie besiedeln, und sogar ihr Verhalten maßgeblich mitbestimmt. Die Bewegungen der Tiere sind allen Verhaltensprozessen inhärent,[25] sie sind ein Spiegelbild ihrer Lebensweise, ihrer individuellen und evolutionären Geschichte.

Der französische Schriftsteller Georges Perec schrieb: »Leben heißt, von einem Ort zu einem anderen zu gelangen.«[26] Intuitiv schreiben wir Menschen das Belebt-Sein dem bewegten Leben zu: Zeigt man einem Kind eine Pflanze, einen Schmetterling und einen Stein, begreift es bereits den fundamentalen Unterschied, der diesen innewohnt. Ganz selbstverständlich ordnen wir die Pflanze wie den Stein der Umgebung zu, den Schmetterling aber der Welt der belebten Kreaturen. Absurderweise neigen wir sogar dazu, Objekte zu personifizieren, wenn sie sich autark bewegen. Ein klassisches Beispiel ist ein Saugroboter. Unzählige Menschen haben sich schon dazu hinreißen lassen, ihren Saugrobotern Namen zu geben, und wenn man den kleinen Kerlen beim Verrichten ihrer Arbeit zusieht, schreibt man ihnen schnell Empfindungen oder Persönlichkeiten zu. (»Sieh nur, wie fleißig er sich bemüht, über die dicke Teppichkante zu gelangen.«)

Natürlich sind Pflanzen keine unbelebten Objekte, wie der Stein. Sie können Umweltreize wahrnehmen und darauf reagieren, sie kommunizieren miteinander und vieles mehr. Letztlich ist ihre Empfindungs- und Entscheidungsfähigkeit gegenüber derjenigen der Tiere jedoch stark begrenzt.

»Jeglicher Körper, der bloß von außen bewegt wird, ist seelenlos, und nur was sich von innen heraus selber bewegt, hat Seele.«[27] Mit diesen Gedanken war Platon vor über 2400 Jahren näher an dem, was wir heute wissen, als er ahnen konnte. Wenn wir die Seele als Metapher dafür betrachten, dass ein Individuum mehr als wahrnehmen und reagieren, sondern auch Zuneigung, Freude oder Leid empfinden kann oder Ängste und Träume erleben, dann haben die höheren Tiere eine Seele. Sie sind, nach allem, was wir über sie wissen, fühlende und denkende Individuen, die Entscheidungen treffen können. Darunter die Entscheidung, fortzugehen. Tiere besitzen eindeutig die größere Freiheit, mit ihrer Umwelt in Wechselwirkung zu treten. Schließlich liegt in der Bewegung die allgegenwärtigste Manifestation von Handlungsfähigkeit.[28]

Die Tiere haben also die höchstentwickelten Lebewesen der Erdgeschichte hervorgebracht und möglicherweise verdanken wir all das der Fortbewegung. Denn Tiere sind, was sie sind, weil sie sich bewegen. Um sich neue Lebensräume, Nahrungsquellen und Daseinsformen zu erschließen, mussten sie sich fortbewegen. Dafür benötigten sie immer facettenreichere Strukturen, immer vielfältigere Systeme von Knochen und Muskeln, Nervenzellen und neuronaler Kontrolle. Es ist beachtlich, was ein Körper alles braucht, wenn er sich vom Land losreißt. Die Befähigung, die eigene Verortung im Raum zu bestimmen, steht am Beginn einer Eroberungsgeschichte des Lebens, die in der heutigen Vielfalt des Lebens auf der Erde resultiert.

Es stellt sich folglich die Frage, ob man die Sesshaftigkeit (im Sinne einer sessilen Lebensweise) als Bremse der evolutionären Entfaltungsmöglichkeiten bezeichnen könnte. Möglicherweise hat die Verwurzelung mit dem Grund nicht nur enge räumliche, sondern auch entwicklungsbiologische Grenzen gesetzt.

Klar ist, auch Pflanzen eroberten erfolgreich das Land. Die aktive Fortbewegung hingegen eroberten sie nicht. Das Pflanzenreich ist dabei nicht nur überwiegend sessil (wie das Tierreich überwiegend mobil ist). Vielmehr hat, unseres Wissens nach, keine Pflanze je diese Entwicklungsebene aktiver Fortbewegung erreicht. Schon in den urzeitlichen Ozeanen, am gemeinsamen Ausgangspunkt der tierischen und pflanzlichen Reise, waren Pflanzen vergleichsweise passive Wesen und blieben dieser Lebensweise auch über die Jahrmillionen treu. Manche Tiere, wie die Seepocken, haben die Freiheit der Fortbewegung im Laufe der Zeit an den evolutionsbiologischen Nagel gehängt, doch die überwältigende Mehrheit der Tiere ist den Weg weitergegangen und hat sich die Welt erschlossen. Sesshaftigkeit war offenbar keine allzu Erfolg versprechende Strategie für das Tierreich. Mit Ausnahme der Röhrenaale sind alle bekannten sessil lebenden Tiere Wirbellose und ausschließlich in den ursprünglichen, aquatischen Lebensräumen beheimatet. Davon abgesehen sind sämtliche Wirbeltiere – dazu gehören die meisten Fische, alle Amphibien, Reptilien, Vögel und Säugetiere – mobil.

LEBEN NACH DEM LEGO-PRINZIP

Ist es also besser für ein Lebewesen, sich fortbewegen zu können? In Anbetracht der Artenvielfalt der heutigen Biosphäre scheint Fortbewegung ein absolutes Erfolgsmodell zu sein. Nicht nur bewegen sich die komplexesten unter den Lebewesen fort, Arten mit dieser Lebensweise stellen auch den Großteil des bekannten Lebens auf der Erde dar. Dennoch gibt es auch eine enorme Vielfalt an sessilen Organismen und auch die Pflanzen haben eindeutig eine große Vielfalt erreicht und sich erfolgreich in aquatischen und terrestrischen Lebensräumen verbreitet. Hinter den »Lebensentwürfen« der Tiere und Pflanzen stehen zwei fundamental verschiedene Konzepte, die ihre ureigenen Vorzüge und Nachteile aufweisen.

Wie wir wissen, kostet es Energie, sich fortzubewegen, denn Bewegung erfolgt immer gegen einen Widerstand. Fortbewegung verlangt den Tieren entsprechend vieles ab. Doch der Preis für die Bewegungsfreiheit bemisst sich in mehr als Energie, Wille oder Kraft. Sinnbildlich gesprochen bezahlten die Tiere die Freiheit, sich fortzubewegen, letztlich mit ihrem Leben. In seiner Betrachtung der Bewegung schrieb Platon, die Frage nach dem Ursprung des Übels sei mit derjenigen nach dem Ursprung der Bewegung gekoppelt.[29] Seine Worte erscheinen angesichts folgender Betrachtung passend: Die meisten Tiere sind für ihre Motilität auf Körper angewiesen, die höchst verwundbar sind, verwundbarer als die sessiler Organismen.

Die sessilen Pflanzen sind modulare Lebewesen. Das heißt, sie sind aus mehreren gleichartigen Einheiten, aus Modulen aufgebaut. Ihre Gestalt ist variabel. Sie ist stark von Umwelteinflüssen abhängig und von Individuum zu Individuum höchst unterschiedlich. Stellen Sie sich einmal einen Haselstrauch oder einen anderen Busch vor, Sie werden keinen zweiten finden, der mit diesem identisch aufgebaut ist. Keinen, der dieselbe Anzahl von Ästen und Zweigen aufweist und bei dem die Äste an den gleichen Stellen entspringen und sich verzweigen.

Modulare Organismen sind oft vielfach verzweigt und können durch das Aneinanderreihen ihrer Module enorme Größen erreichen. Dadurch gibt es innerhalb derselben Art Individuen unterschiedlichsten Ausmaßes. Zum Beispiel kann aus einem Samen nach vielen Jahren Wachstum ein niedriges Bäumchen werden, wenn es an einem nährstoffarmen oder windigen Standort wächst, aus einem anderen oder gar demselben Samen an einem anderen Standort jedoch ein mächtiger Baum.

Der modulare Aufbau ist ein typisches Merkmal der Pflanzen. Demgegenüber steht der unitare Aufbau der meisten Tiere (vom lateinischen *unitas*, für Einheit). Anders als bei modularen Organismen, sind ihre Körper nicht aus sich wiederholenden, gleichartigen Einheiten zusammengesetzt. Sie bilden eine abgeschlossene Einheit. Bei unitaren Lebewesen ist die Erscheinungsform vorhersagbar, denn der Bauplan für ihre Körperform ist weitgehend festgelegt. Ihre Gestalt ist weniger von der Umwelt abhängig, sondern zum größten Teil genetisch vorbestimmt.

Unitare Organismen durchlaufen eine im Grundsatz vorhersagbare Entwicklung und erreichen so (mit geringem Spielraum) auch über verschiedene Individuen hinweg ähnliche Größen.[30] Wir Menschen sind unitare Lebewesen, und auch wenn wir uns natürlich voneinander unterscheiden, haben wir alle den gleichen Aufbau. Anders als bei einer Eiche oder einem Lavendel, die wenige bis Hunderte Zweige haben können, verfügen wir zum Beispiel in der Regel alle über zwei Arme, zwei Beine und einen Kopf.

Neunzehn Stämme des Tierreichs verwenden den gleichen modularen Organisationstyp wie die Pflanzen, darunter Seescheiden, die zu den Manteltieren gehören, verschiedene Vertreter der Hohltiere, die Schwämme und Korallen. Auch deswegen wurden Letztere womöglich lange für Pflanzen gehalten.

Diese Tiere haben ebenso wie die Pflanzen eine sessile Lebensweise. Die überwältigende Mehrheit aller Tiere und all ihre am höchsten entwickelten Vertreter sind jedoch unitar. Sie sind abgeschlossene Entitäten, die sich durch die Welt bewegen. Die unitare Organisationsform scheint eine wichtige Voraussetzung für die Möglichkeit zu sein, sich fortzubewegen.

DER PREIS DER FREIHEIT

Bei unitaren Organismen ist es in der Regel offensichtlich, wo der Organismus beginnt oder endet. Denken wir an einen Vogel, eine Eidechse oder einen Hund – sie lassen sich eindeutig als Individuen identifizieren. Diese werden geboren, leben und sterben irgendwann. Selbst unitare Lebewesen, verbinden wir Menschen den Individualismusbegriff häufig mit der unitaren Daseinsform, wir verstehen das Individuum als etwas Unteilbares. Mehrere Individuen bilden dann gemeinsam eine Population.

Bei modularen Organismen ist die Angelegenheit allerdings etwas komplizierter. Bäume, Sträucher und krautige Pflanzen, Korallen und Schwämme wachsen durch fortwährende Produktion ihrer Module wie Blätter, Korallenpolypen und so weiter. Modulare Organismen sind quasi Populationen aus Modulen und wir müssen zwischen dem Modul und dem genetischen Individuum unterscheiden. Letzteres beginnt sein Leben als eine Zelle, die sich anschließend vervielfältigt, und kann erst als tot betrachtet werden, wenn alle Module, aus denen es besteht, abgestorben sind.[31]

In seinem Roman *In einem anderen Land* schrieb Ernest Hemingway: »Die Welt bricht jeden und danach sind viele an den gebrochenen Stellen stark.«[32] Auch wenn er mit seinen Worten auf etwas anderes hinauswollte, erinnern sie an die Selbstheilungskräfte der Pflanzen. Brechen ihnen Teile ab oder werden verletzt, wachsen sie nach und sind anschließend manchmal umso stärker. Pflanzen können große Teile ihres Organismus verlieren, ohne daran zu sterben. Wie jeder Gärtner weiß, der einen kräftigen Rückschnitt ansetzt, können Pflanzen dadurch sogar umso kräftiger nachwachsen. Solange ein modulares Lebewesen noch über intakte Module verfügt, ist es am Leben. Es kann immer wieder zahlreiche Module verlieren und verfügt gleichzeitig über die Möglichkeit, neue Module zu erschaffen. Dadurch sind modulare Lebewesen potenziell unsterblich.

Unweit der Stadt Oldenburg steht eine der ältesten Eichen Deutschlands in einem Eichen- und Hainbuchenwald. Sie ist um die 600 bis 700 Jahre alt.[33] Auf einem mächtigen Stamm von gewaltigem Durchmesser sitzt eine verhältnismäßig kleine Krone, die von deutlich jüngeren Bäumen in den Schatten gestellt wird. Einst war sie größer, doch die Zeit hat ihre Spuren hinterlassen. Vernarbte Bruchstellen am Stamm des Baumes sind die Spuren großer, ausladender Äste, die sein Laub durch die Jahrhunderte trugen und irgendwann brachen.

Neben Eichen sind in Deutschland besonders viele alte Linden zu finden. Als markantes Aushängeschild verschiedener Dörfer und Gemeinden werden sie häufig als tausendjährige Bäume bezeichnet. Tatsächlich haben sie oft ein beeindruckendes Alter von 300 bis 600 Jahren, tausendjährig sind sie jedoch nicht. Im Amazonas-Regenwald hingegen gibt es tatsächlich jahrtausendealte Bäume.[34] Manche Nadelbäume wie einige Exemplare von Kiefern sind zudem über 4000 Jahre alt.[35] Bei *Pinus longaeva* steckt die Langlebigkeit bereits im Namen und es sind mehrere Individuen von über 4700 Jahren bekannt.

Aus menschlicher Perspektive ist diese Lebensspanne kaum begreiflich.

Überlegen Sie mal: Vor 4700 Jahren, als dieser Baum ein kleiner Sprössling war, befanden wir uns im Nordischen Mittelneolithikum und die Weltbevölkerung war geringer als die heutige Einwohnerzahl von Shanghai.[36] Er wuchs seine ersten Meter, während die Menschheit der Jungsteinzeit sich von Jägern und Sammlern zu Hirten und Bauernkulturen entwickelte. Seine Äste und Zweige ragten durch die menschliche Frühgeschichte, die Antike, das Mittelalter und die Neuzeit. Als stummer Zeuge unserer Kulturgeschichte erlebte er den Baubeginn an der Großen Sphinx von Gizeh und wie die Sumerer die Keilschrift entwickelten.[37] Die Menschheit erlernte die Metallverarbeitung, Hochkulturen entstanden – und vergingen wieder. In China begann die Seidenherstellung, Stonhenge wurde erbaut, Cheops bestieg den Thron und andere Pharaonen folgten ihm nach. Konfuzius, Sokrates und Aristoteles bereicherten die Welt mit ihren Gedanken und im antiken Griechenland erblühten Kunst, Philosophie und Wissenschaft. Der Baum wuchs weiter gen Himmel, als Gaius Julius Cäsar verraten wurde und als das Römische Reich zerbrach, als die Pest die mittelalterliche Menschheit überrollte und als Christoph Columbus die Küste Nordamerikas erreichte. Da Vinci malte die Mona Lisa, die Französische Revolution entbrannte und Napoleon Bonaparte krönte sich selbst zum Kaiser. Die industrielle Revolution, zwei Weltkriege, die Mondlandung und die Erfindung des Internets später, steht der Baum weiter an Ort und Stelle. Sie könnten ihn besuchen – es ist das gleiche Individuum, das in der Jungsteinzeit keimte.

Gegen das Leben dieses Baumes erscheint ein Menschenleben wie ein kurzes Aufblitzen in der Dunkelheit der Nicht-Existenz. Dabei gehören wir Menschen schon zu den Tieren mit eher längeren Lebensspannen. Unter den langlebigsten Vertretern der Wirbeltiere sind manche Wale[38] und Galapagos-Schildkröten[39], sie werden um die 200 Jahre beziehungsweise an die 180 Jahre alt. Grönlandhaie können womöglich sogar um die 400 Jahre alt werden.[40] Die wenigsten Tiere erreichen jedoch so ein hohes Alter.

Die Altersspanne von Lebewesen unterscheidet sich von Art zu Art. Sie werden wohl kein tausendjähriges Gänseblümchen finden, auf dessen Geschichte ein Dorf stolz zurückblickt. Doch auf die Gesamtheit der Organismen betrachtet, leben unbewegliche Pflanzen und unbewegliche modulare Tiere deutlich länger als unitare Tiere.[41]

Das älteste Tier der Welt ist möglicherweise der Riesenschwamm *Anoxycalyx joubini*, der am Grund des Antarktischen Ozeans vorkommt. Er wird nur (im Vergleich zu einem Baum) etwa zwei Meter hoch und wächst extrem langsam, manchmal über Jahrzehnte überhaupt nicht. Sein langsamer Stoffwechsel könnte ein Grund für seine Langlebigkeit sein. Basierend auf seiner Stoffwechselrate wird sein Alter auf einige Tausend Jahre geschätzt.[42] Die Genauigkeit solcher Schätzungen ist umstritten, klar ist jedoch, dass Schwämme Lebensalter weit jenseits der unitaren Tiere erreichen können.

Modulare Lebewesen zeigen teilweise keinen klassischen systematischen Alterungsprozess. Manchmal ist keinerlei Alterung messbar und das Ausmaß der Lebensspanne schwer zu erfassen.[43] Das liegt auch daran, dass sich viele dieser Spezies durch Klonen fortpflanzen können. Eine Pflanze kann einen Ableger erzeugen, ein Schwamm einen Polypen abschnüren. Das so entstandene Etwas ist technisch gesehen noch immer dasselbe Individuum, ein weiteres Modul und kein neuer Organismus.

Im Fishlake National Forest in Utah steht ein Wald von 47 000 Bäumen, verteilt über eine Fläche von mehr als 43 Hektar. Weit und breit steht der Wald voller Amerikanischer Zitterpappeln. Das scheint zunächst nicht allzu bemerkenswert, denn Monokulturen sind uns Menschen ja nicht fremd. Man betrachte nur einen eintönigen Kiefernforst. So weit, so geläufig – nur dass dieser vermeintliche Wald in Wahrheit ein einziges, riesiges Lebewesen ist.[44] Über ein gemeinsames Wurzelsystem sind all die Triebe, mit bis zu 130 Jahre alten Stämmen, miteinander verbunden und Forscher gehen davon aus, dass all diese aus einem einzigen Samen hervorgegangen sind. Pando (lateinisch »Ich breite mich aus«) hat man den gigantischen Organismus getauft, dessen Altersschätzung zwischen 16 000 und 80 000 Jahren liegt.[45]

Egal wo innerhalb dieser Spanne sein tatsächliches Alter liegt, Pando ist uralt – und er zeigt einen weiteren Aspekt der Langlebigkeit modularer Organismen auf, die klonale Vermehrung. Modulares und klonales Wachstum führt erwiesenermaßen zu einem erhöhten Gesamtüberleben.[46] Pflanzen wie Nesseltiere können sich auch geschlechtlich fortpflanzen, sie wachsen und verbreiten sich aber auch durch Keimung. Wo fängt dabei ein Lebewesen an und endet ein anderes? Die Frage ist nicht leicht zu beantworten. Wenn wir Organismen wie Pando oder ein klonales Korallenriff jedoch so, wie wir es bei uns Wirbeltieren tun, als über ihr Erbgut definiertes Individuum betrachten, dann sind diese Lebewesen tatsächlich potenziell unsterblich.

Es gibt auch tierische Organismen, die sich ungeschlechtlich vermehren, also klonen können, und nicht jede Pflanze wächst ewig weiter. Doch offensichtlich haben Pflanzen und andere sessile Organismen mit modularer Bauweise gänzliche andere Möglichkeiten, zu überdauern, als unitare Lebensformen wie wir.

Modulare Organismen können massive Verletzungen verkraften und sich anschließend erneuern. Problemlos überstehen sie Verletzungen, die für tierisches Leben unheilbar oder augenblicklich tödlich wären. Der Tod eines unitaren Tieres ist unmittelbar. Eine massive Verletzung des Körpers bedeutet das Ende der eigenen Existenz. Kein Spielraum zur Reparatur, zum Nachwachsenlassen oder dafür, einfach mit einem Ableger neu zu starten, wie ein alter Baumstumpf, aus dem wieder junges Grün austreibt. Das Leben des Individuums endet und mit ihm alles, was es in seiner bewegten Einzigartigkeit auszeichnete.

Tiere bezahlten die Freiheit, sich fortbewegen zu können, also mit großer Verletzlichkeit. Stammesgeschichtlich betrachtet tauschten sie auf ihrer evolutionären Reise Unsterblichkeit gegen Autonomie. Ist es das wert?

Das Leben eines Baumes mag lang sein, die Zeitspanne, die er bezeugt, für uns unvorstellbar. Seine gesamte Existenz verdichtet sich jedoch in einem einzigen Flecken Boden. Wenn er am falschen Ort wächst, kann er nichts daran ändern. Er ist auf Gedeih und Verderb darauf angewiesen, am Ort seiner Keimung all jene Bedingungen vorzufinden, die er zum Leben benötigt. Es heißt, Tiere verändern Orte, Pflanzen verändern sich selbst, letztlich sind dieser Veränderung jedoch durch die Umwelt teils enge Grenzen gesetzt.

Trotzdem ist ihre Lebensweise erfolgreich. Die höheren Pflanzen stellen in der Natur etwa 90 Prozent der eukaryotischen Biomasse, des lebendigen Gewebes auf der Erde.[47] Ein Großteil der Biomasse an Land und in den Meeren besteht aus modularen Organismen: Wälder, Grasländer, Korallenriffe, Algenteppiche und Torfmoose.[48] Der amerikanische Botaniker

Karl J. Niklas schrieb einmal treffend: »This is a blue planet, but it's a green world«, die Erde mag der Blaue Planet sein, doch es ist eine grüne Welt.[49]

In turbulenten Zeiten kann die Stabilität eines Baumes ebenso verlockend erscheinen wie seine Widerstandskraft. Sosehr wir die Möglichkeiten der Freiheit schätzen, so beängstigend kann die Verletzlichkeit sein, die mit ihr einhergeht. Vielleicht sehnen wir uns angesichts dieser Unsicherheit so oft nach Wurzeln. »Man muss weggehen können und doch sein wie ein Baum: als bliebe die Wurzel im Boden, als zöge die Landschaft und wir ständen fest. Man muss den Atem anhalten, bis der Wind nachlässt und die fremde Luft um uns zu kreisen beginnt, bis das Spiel von Licht und Schatten, von Grün und Blau, die alten Muster zeigt und wir zuhause sind, wo es auch sei, und niedersitzen können und uns anlehnen, als sei es an das Grab unserer Mutter.«[50] In ihrem Gedicht *Ziehende Landschaft* hält Hilde Domin den Wunsch fest, etwas aus beiden Welten zu wollen, aus der der sesshaften Lebewesen und aus der der bewegten.

Wie wir wissen, gibt es Arten, die beide Zustände erleben. Könnten wir mit Quallen sprechen, könnten wir sie fragen, welche Lebensweise ihnen die liebere ist. Was wiegt schwerer, ein ortsgebundenes, langes Leben mit großer Sicherheit oder die Möglichkeit, ein kurzes und riskantes Leben in Freiheit zu führen? Es sind zwei fundamental verschiedene Ansätze zu leben, die in ihrer Einzigartigkeit schwer zu vergleichen sind.

Eines scheint jedoch naheliegend: Ohne den Schritt in die Motilität, ohne die Eroberung der Fortbewegung durch die vielzelligen Tiere, gäbe es den Großteil des Lebens auf der Erde, wie wir es heute kennen, nicht. Und was wäre diese wunderschöne Welt ohne fliegende Mauersegler, die den Sommer mitbringen, und Menschen, die ihr Ankommen sehnsüchtig erwarten?

4

REISEN

Vielstimmige Rufe schallen über die Wasser des Manyeke. Im feuchten Sand des Seeufers laufen die Spuren zahlloser Abdrücke durcheinander. Zwischen üppigen Vegetationsinseln sind vielfältige Vögel im Flachwasser unterwegs. Eine Gruppe Rosa Pelikane treibt gemeinsam auf der ruhigen Oberfläche, vereinzelt staksen Silberreiher umher. Ein Schreiseeadler fliegt aus einem Strauch am Ufersaum auf.

Im Nordosten des Manyeke-Sees verschmelzen dessen Wasser mit denen des Kafue-Flusses. Ein Teil des dahinströmenden Flusswassers verweilt und wird Teil des Sees, während der übrige Fluss seinen Weg fortsetzt. Vom Norden Sambias kommend bringt der Kafue sein kostbares Gut mit sich und zeichnet ein grünes Band in das weite Land. Auf seinem Weg gen Süden speist er gemeinsam mit dem Lukanga die Lukangasümpfe. Je nach Jahreszeit erstreckt sich deren Wasseroberfläche über 3000 bis 8000 Quadratkilometer. Ein riesiges Sumpfgebiet, bis zu 80 Kilometer lang und 65 Kilometer breit.

Hier, wo er den Manyeke streift, hat der Fluss seine Richtung bereits verändert. Er fließt nun gen Osten weiter, wo er im Grenzgebiet zu Simbabwe in den Sambesi mündet, den großen afrikanischen Strom. Auf seinem Weg dorthin erschafft der Kafue ein gigantisches Feuchtgebiet, das einer unermesslichen Zahl an Arten Lebensraum bietet. Entlang seiner mäandernden Gestalt entstehen weite Räume, in denen das Land kaum vom

Wasser zu trennen ist. Abertausende kleine Tümpel und Seen vermischen sich mit Inseln aus Röhricht. *Vossia cuspidata*, ein dickstämmiges, haariges Wassergras, bildet frei schwimmende Matten im Fluss. Aus der Luft betrachtet mögen die Kafue-Auen den Eindruck einer geordneten Welt erwecken, doch bei näherem Hinsehen lösen sich räumliche und zeitliche Strukturen der Landschaft in einem Strudel aus Grün und Blau auf. Wo Land zu sein schien, verbergen Teppiche aus Vegetation das darunterliegende Flachwasser, wo sich heute eine Lagune oder ein Altarm des Flusses erstreckt, ist das Gebiet wenig später verlandet und das Wasser längst weitergezogen.

Entlang ihrer großen Ausdehnung beherbergen die Kafue-Auen eine unglaubliche Vielfalt an Vögeln. Alleine 17 verschiedene Reiherarten findet man hier. Schneeweiße Seidenreiher und bunt gemusterte Purpurreiher, kurzbeinige Rallenreiher, Graureiher, Schwarzkopfreiher, Nachtreiher und schwarze Glockenreiher mit Federschmuck am Schopf ebenso wie Goliathreiher, die größte Reiherart der Erde. Witwenpfeifgänse und Nilgänse tummeln sich im Wasser, daneben Rosa Flamingos, Dutzende Entenarten, Ibisse und Löffler. Scherenschnäbel laufen im Sand umher, die Flügel der Hagedaschs glänzen metallisch grün im Licht und Glanzklaffschnäbel, schwarze Störche mit kräftigen Schnäbeln, suchen am Grund nach Wasserschnecken. Sieben Storchenarten gibt es hier, darunter den noch kräftigeren Marabu, der sich von Aas ernährt.

Die heiße und schwüle Regenzeit in Sambia neigt sich dem Ende entgegen. Für den Marabu bedeutet dies, dass eine kühlere Trockenzeit folgen wird. Für einen anderen Storch, der gerade seine schwarz-weißen Flügel ausbreitet und sich zum Abflug bereit macht, läutet dies den Beginn einer langen und gefährlichen Reise ein. Zeit, aufzubrechen.

Am ersten Tag folgt der Storch zunächst der vertrauten Flussaue ein Stück gen Osten und wendet sich dann nach Norden. Nach etwa 150 Kilometern erreicht er die Lukangasümpfe. Dort kann er Kraft schöpfen und sich noch einmal satt fressen. Anschließend geht es weiter nordwärts. Unter ihm zieht das Land vorbei, tropisches Grün, so weit das Auge reicht. Afrika ist der Kontinent der Weite, allein der Tanganjikasee zwischen Kongo und Tansania, dem der Storch nun folgt, erstreckt sich auf einer Länge von etwa 670 Kilometern. Burundi, dann Ruanda, dann Uganda – hier oben gibt es keine Grenzen und Nationalitäten, nur die Weite und die warmen Winde, die den Storch in größere Höhen tragen.

An guten Tagen schafft er bis zu 300 Kilometern Strecke. Er kommt gut voran und nach nur einer Woche Flug macht er bereits 1500 Kilometer entfernt vom Manyeke am Victoriasee Rast. Anschließend geht es nach Norden über den Südsudan weiter, langsam verändert sich das Klima. Es wird zunehmend trockener und die Vegetation spärlicher. Der Sudan breitet sich wie ein großes Meer aus Sand unter dem Storch aus. Schroffer Fels zerfurcht die Landschaft und dunkles Gestein malt schwarze Muster in den Ocker.

Flugrichtung Nordnordost. Heute sind die Winde ungünstig und der tagelange Flug zehrt an den Reserven des Storchs. Ein Seufzen scheint durch seinen Körper zu gehen, als am Horizont das schimmernde Band des Nils auftaucht.

Einen Monat nach seinem Aufbruch, bei Kilometer 5000, überquert der Storch das Rote Meer. Immer wieder trifft er unterwegs auf andere Störche, je weiter er nach Norden vordrang, desto mehr wurden es. Hier am Roten Meer haben sich viele Störche, die in unterschiedlichen Regionen von Zentralafrika bis Südafrika gestartet sind, vereint. In einem großen Trupp folgt das Tier nun dem Jordan zwischen Israel und Jordanien bis zum See Genezareth. Entlang von Bergketten führt der Weg weiter über den Libanon und Syrien bis in die Türkei. Dort bilden große Sumpfgebiete eine willkommene Rastmöglichkeit und neue Nahrungsversorgung. Nicht alle Tiere, mit denen unser Storch gemeinsam das Rote Meer überquert hat, haben es bis hierher geschafft. Einige sind vor Erschöpfung zusammengebrochen, manche sind einfach nicht mehr weitergeflogen. Viele sind bei den gefährlichen Halten am Boden in Zäunen und Leitungen hängen geblieben, die sie zu spät bemerkt haben.

Manche blieben zurück, andere kamen hinzu. Aus dem Kaukasus kommend haben sich weitere Störche der großen Luftkarawane angeschlossen, die sich nun auf den Bosporus zubewegt. Wie durch ein Nadelöhr passieren sie alle den schmalen Streifen Land zwischen Schwarzem Meer und Marmarameer. Je nachdem, wo ihre Reise begonnen hat, haben sie unterschiedlich viele Kilometer im Gepäck. Für unseren Storch, der vor nunmehr zweieinhalb Monaten seine Reise in den Kafue-Auen begann, sind es nun über 6800 Kilometer.

Die Lichter Istanbuls scheinen weit in den Himmel hinauf und Lärm dringt aus der nächtlichen Stadt. Immer wieder werden Skybeamer und andere helle Lichtquellen vorbeiziehenden Vögeln zum Verhängnis. Sie lenken sie ab, desorientieren oder blenden sie. Nachdem sie das Nadelöhr passiert haben, verabschieden sich einige der Störche gen Osten und Norden. Ihre Heimat liegt in greifbarer Nähe, im südöstlichen Europa oder weiter nördlich im Baltikum. Unser Storch orientiert sich jedoch nach Nordwesten. Unter ihm breitet sich hügeliges Land aus, tropische Waldgebiete haben längst Nadelbäumen und Buchenwäldern Platz gemacht, die noch kein Laub tragen. In

Kontinentaleuropa ist es deutlich kälter als am Ausgangspunkt seiner Reise – aber der Frühling kommt und er mit ihm.

Bulgarien, Rumänien, Ungarn, die Slowakei, zunehmend gleitet er über Felder dahin, hell leuchtet sein weißes Gefieder im Sonnenlicht. Als er auf dem Acker eines Landstrichs rastet, den die Menschen Polen nennen, hat er sein Ziel beinahe erreicht. Er hat einige Mäuse erbeutet und geschlafen, nun wird es Zeit, sich auf die letzte Etappe seiner Reise zu begeben. Er richtet den Kopf gen Himmel, es riecht nach Heimat.

An einem Märzmorgen und nach 8900 zurückgelegten Kilometern kommt er endlich in seinem kleinen Heimatdorf nahe der Nordseeküste an. Auf einem alten Backsteinschlot, der lange keinen Rauch gesehen hat, thront sein Nest. Das holzige Bauwerk wird jede Saison erweitert und geflickt. Er wird eine neue Polsterschicht aus Moos, Gras und Federn anlegen und dann wird er warten – warten, dass seine Partnerin eintrifft und er sie mit lautem Klappern begrüßen kann.

ZURÜCK ZUM NEST

Wenn Weißstörche (*Ciconia ciconia*) im Frühjahr zu uns zurückkehren, endet ihre Reise meist genau dort, wo sie im Jahr zuvor begann. Die Nester werden von den Storchenpaaren teils über Jahrzehnte hinweg genutzt. Dabei wird immer weiter gebaut, sodass manche Nester erstaunliche Größen erreichen können.[1] Auf einer zwei Meter breiten, immer runden, Grundfläche können sich ganze vier Meter Nest stapeln. Dadurch werden Nester gelegentlich so schwer (an die zwei Tonnen), dass sie im Winter teilweise abgetragen werden müssen. Für ein Storchennest sind eine Menge Zweige nötig, das verleitet die Störche gelegentlich dazu, statt mühsam sammeln zu gehen, einfach etwas

Baumaterial beim Nachbarn zu klauen. Ursprünglich brüteten Störche in hohen Bäumen, doch als Kulturfolger sind ihre Nester häufig auf Gebäuden und Masten zu finden. Für viele Menschen sind sie und ihre Nester daher fest mit dem Bild eines idyllischen Dorfs verknüpft.

In das fertige Nest legt das Weibchen zwei bis acht Eier und nach einmonatiger, gemeinsam verantworteter Bebrütung schlüpfen im Mittel drei Storchenjunge. Die Jungstörche eines Jahres müssen schon im kommenden Winter abflugbereit sein und in den Süden ziehen. Dort bleiben sie dann zunächst einige Jahre, bevor sie sich eigenständig auf den langen Heimweg machen, um selbst Eltern zu werden. Die Reise der Störche ist im letzten Jahrhundert deutlich schwieriger geworden, denn einst war das Land voller Feuchtgebiete, doch die Menschen legten sie trocken und die Störche fanden weniger Nahrung. Der Körper, den ein Storch durch die Luft bewegt, ist zwei- bis viereinhalb Kilogramm schwer und bis zu einem Meter lang, getragen wird er von gut zwei Meter spannenden Flügeln. Dafür müssen die Tiere täglich etwa ein Siebtel ihres Körpergewichts an Nahrung zu sich nehmen.[2] Auf dem Speiseplan stehen Frösche, Eidechsen, Fische, Schnecken, Regenwürmer und Insekten, aber auch Ratten, Mäuse und Maulwürfe sowie Aas. Störche sind also recht flexibel, was ihre Nahrung betrifft. Das hilft ihnen, auf der langen Reise durch unterschiedlichste Lebensräume Nahrung zu finden.

In den zwei bis vier Zugmonaten legen die Störche im Durchschnitt 150 bis 300 Kilometer pro Tag zurück. Dabei nutzen sie, wann immer möglich, warme Aufwinde. Da über dem Wasser keine Thermik entsteht, umfliegen sie das Mittelmeer auf ihrer Route. Nicht alle Störche nehmen den Weg, auf dem wir unseren Storch begleitet haben. Man kann sie in zwei Gruppen einteilen:

Ost- und West-Zieher. Die West-Zieher fliegen von Süd- und Westdeutschland, Österreich, Schweiz, Frankreich und Spanien aus über Portugal und die Straße von Gibraltar nach Westafrika. Sie überqueren die Sahara und verbringen den europäischen Winter entlang der westlichen Sahelzone. Ost-Zieher, wie unser Storch, überwintern im östlichen und südlichen Afrika, für die Überwinterer in Südafrika bedeutet das eine jährliche Flugdistanz von etwa 20 000 Kilometern. Wie immer in der Natur gibt es auch Ausnahmen, zum Beispiel Tiere, die nicht oder nur teilweise ziehen, doch dazu später mehr. Die Reiseziele der Störche sind heute gut bekannt. Dank moderner Technologien können wir ihre Wege nachvollziehen, ja sogar live mitverfolgen. Dadurch kennen wir heute nicht nur die unterschiedlichen Destinationen, sondern auch die konkreten Reiserouten vieler Vogelarten, die häufig festen Strecken folgen. Ehe dieser Wissensstand erreicht war, verging jedoch viel Zeit, begleitet von wilden Spekulationen und absurden Theorien.

DAS GEHEIMNIS DES VOGELZUGS

Tierische Migration spielt in den Kulturen und Traditionen vieler menschlicher Gesellschaften eine bedeutende Rolle. Seit Jahrtausenden beobachten Menschen die saisonalen Bewegungen wandernder Tiere, studieren und feiern sie und integrieren sie in Folklore, Kunst und Mystik.[3] Die Fortbewegung von Tieren betrifft den Menschen auf mehreren Ebenen. Sie kann das Schicksal von Individuen und Populationen prägen und sogar die Struktur von Ökosystemen beeinflussen, damit wirkt sie unmittelbar auf die menschliche Lebensumgebung und prägt diese jenseits von einfachen Jäger-Beute-Beziehungen. Darüber hinaus sind Menschen wissbegierige Geschöpfe, wen überrascht es da, dass das mysteriöse Verschwinden Tausender Vögel von Jahr zu Jahr Fragen aufwarf, die beantwortet werden wollten.

Ein Mysterium, genau das war es zunächst, denn aus europäischer Perspektive verschwanden zum Winter hin einfach Tiere, die über die Sommermonate hinweg zur gewohnten, heimischen Natur gehört hatten. Natürlich sah man den ein oder anderen Vogel aufbrechen oder die keilförmigen Formationen über den Himmel ziehen. Doch was passierte, wenn sie am Horizont verschwunden waren, blieb ein Rätsel. Viele Menschen im mittelalterlichen Europa hatten schließlich kaum je das Fleckchen Erde verlassen, auf dem sie selbst lebten, und Ortschaften, zu denen meist noch Verbindung durch den Austausch von Waren und Informationen bestand, konnten allenfalls das Verschwinden bestätigen.

Aristoteles glaubte, manche Vögel hielten Winterschlaf im Schlamm von Seen und Sümpfen oder überwinterten am Grund von Gewässern und seien deswegen nicht aufzufinden. Andere wechselten angeblich zum Winter hin ihr Federkleid. So erkläre sich das Verschwinden der Rotschwänze schlicht damit, dass diese sich zu Rotkehlchen umwandelten.

So oder so ähnlich liest man es in diversen Büchern über den Vogelzug von den 1950ern bis heute. Damit tut man Aristoteles jedoch unrecht, denn dieser wusste durchaus vom Vogelzug. Er unterschied in seinen Texten bereits Standvögel und Kurzstreckenzieher und wusste, welche Arten im Winter davonziehen und welche bleiben.[4] Dieses Naturwissen ging jedoch wieder verloren oder konnte sich zumindest nicht bis in das Alltags- und Gelehrtenwissen späterer Jahrhunderte retten. Seine Texte wurden später zwar durchaus konsultiert, allerdings wurden sie fehlerhaft übersetzt, was zu seltsamen Interpretationen führte. So kursierten lange die wildesten Behauptungen rund um das saisonale Verhalten der Vögel.

Interessanterweise waren es schon früh die Störche, um die sich die verschiedenen Theorien zum Vogelzug rankten, und es sollten auch die Störche sein, die am Ende des Rätsels Lösung buchstäblich mit sich trugen. Aber zunächst zurück ins 13. Jahrhundert. Der deutsche Bischof und Schriftsteller Albertus Magnus berichtete von vermeintlich toten Vögeln, die in winterlichen Baumhöhlen gefunden wurden und später wieder zum Leben erwachten. Im 15. Jahrhundert berichtete der Bischof Olaus Magnus (eigentlich Olof Måsson) eine große Zahl schlafender Vögel im Schilf skandinavischer Seen. Offenbar hatte er Aristoteles' Texte missverstanden und schmückte seine fehlerhafte Interpretation zusätzlich mit Aussagen nordischer Fischer aus, die angeblich häufig ineinander verkrallte Gruppen von Schwalben in ihren Netzen aus dem Wasser zögen.[5]

Im Europa der frühen Neuzeit wurde die Frage nach der Überwinterung vermehrt aufgegriffen und führte zu zahlreichen Spekulationen in den populären Druckmedien.[6] So schrieb im 16. Jahrhundert der Schweizer Arzt Konrad Gesner, Mauersegler würden den Winter nahe aneinandergeschmiegt in Bächen, Seen oder Weihern und in Felsen an der Meeresküste verbringen. Dagegen berichtete der holländische Kaufmann und Entdecker Jan Huygen van Linschoten von überwinternden Störchen auf Java und brachte damit den Zug nach Süden und ein konkretes Ziel – Südostasien – ins Spiel. Anfang des 17. Jahrhunderts erschien die *Dissertatio Physica* von Johann Georg Schwalbach, Schulrektor und Dichter. Er schilderte die Experimente eines Kartäusermönchs aus dem Elsass. Dieser habe einer Schwalbe, die auf dem Klosterdach nistete, einen Zettel an den Fuß gebunden, auf dem stand »Vbi hyemasti?« (Wo haben Sie den Winter verbracht?).[7] Im darauffolgenden Jahr sei die Schwalbe mit folgender Botschaft zurückgekehrt: »In India, in domo sutoris« – in Indien, in einem Schusterhaus. Damit griff Schwalbach den Zug nach Süden wieder auf, äußerte jedoch auch seine eigenen Zweifel daran, ob die Anekdote glaubhaft sei.[8]

Wie Johannes Müller in seinem Essay über Vogelzüge in der deutschsprachigen Publizistik des 17. Jahrhunderts eindrücklich berichtet, wurden Abenteuer- und Reiseberichte, aus denen man auch naturkundliches Wissen zog, zu dieser Zeit zur beliebten Lektüre, auch außerhalb von Fachkreisen. Die zunehmende Vernetzung der Welt, etwa durch Schiffsreisen, brachte neue Informationen aus fernen Ländern und neue Hinweise auf den Vogelzug. Allerdings veröffentlichte man alles ohne Prüfung oder Gewichtung der Informationen und das betraf die populären ebenso wie die wissenschaftlichen Texte, für die es, anders als heute, noch keinen Peer-Review-Prozess gab. Es galt das Ehrenwort.[9] Um dieses Ehrenwort war es allerdings nicht gut bestellt, schließlich ließen sich mit reißerischen Texten größere Auflagen machen. Die *Vier Bücher Wunderbarlicher biß daher unerhörter, und unglaublicher Indianischer Reysen* [...] des Dramatikers Gabriel Rollenhagen erschien beispielsweise in elf Sprachen und wurde bis ins 18. Jahrhundert hinein immer wieder aufgelegt.

Obwohl sich mittlerweile die Annahmen eines Vogelzugs in wärmere Gefilde häuften, brachte gerade die Abenteuerlichkeit mancher Reiseberichte den Glauben daran ins Wanken. Der Schriftsteller Johannes Praetorius schrieb 1676 beispielsweise in seinem Buch *Storchs und Schwalben Winter-Qvartier: Das ist, eine ungemeine Vergnügung der curiosen Gemüther durch den vollständigen physikalischen Discurs, von obengedachten Sommer*

Boten wie auch anderen unstetlebenden Vögeln und Thieren.[10] Der Titel deutete bereits an, dass die Idee eines Vogelzugs bestenfalls der Unterhaltung der Leichtgläubigen diene. Er nutzte absurde Geschichten als polemische Argumente, um gegen den Vogelzug nach Süden zu argumentieren, und behauptete unter anderem, Störche seien anatomisch nicht fähig zu weiten Reisen, da sie dafür zu schwer seien. Den Vogelzug bezeichnete er als eine lächerliche Abenteuergeschichte, dabei wisse man doch, dass kontinentaleuropäische Vögel in skandinavischen Seen und Mooren überwinterten. Er veröffentlichte sogar einen Prüfkatalog, anhand dessen man den Wahrheitsgehalt der anderen Berichte über den Vogelzug bemessen könne, und kürzte die einzelnen Schritte mit dem Akronym CICONIA ab, dem wissenschaftlichen Namen des Storchs.[11]

ÜBERWINTERUNG AUF DEM MOND?

Trotz der skeptischen Stimmen setzte sich die Erzählung des Vogelzugs weiter durch, allerdings dachte man zunächst, die Vögel flögen nach Asien. Berichte von Edelsteinen und Gewürzen, die in Nestern gefunden worden waren, kursierten. Angeblich hinterließen Störche Geschenke, wie Ingwerknollen, als Dank für dörfliche Nistplätze. Einer Wirtin, die einen kranken Storch gesund pflegte, soll dieser seinen Dank sogar durch einen Edelstein vergolten haben.[12]

Solange keine eindeutigen Belege für den Vogelzug erbracht werden konnten, hielten die Spekulationen über seine Ziele an. Noch zu Beginn des 18. Jahrhunderts erschien eine Abhandlung des britischen Wissenschaftlers James Morton, in der er argumentierte, dass niemand jemals einen Zugvogel während der Wintermonate gesehen hätte und es folglich wahrscheinlich sei, dass die Vögel in dieser Zeit gänzlich von der Erde verschwänden. Seine These: Die Vögel überwinterten auf dem Mond. Zwar erschien der Text erst nach seinem Tod, entsprang wohl jedoch seiner Feder und wurde mit seiner Erlaubnis publiziert.[13] Zur selben Zeit band der amerikanische Ornithologe John James Audubon Singvögeln Fäden an die Beine, um zu beweisen, dass dieselben Individuen, die im Winter von dannen gezogen waren, im Frühling zu seiner Farm zurückkehrten.

Kurz darauf sollte sich die Frage nach dem Vogelzug und seinem Zielort durch einen ungewöhnlichen Fund klären: Am 21. Mai 1822 kehrte ein Weißstorch in seine norddeutsche Heimat zurück – mit einem Pfeil im Leib.[14] Es war ein Pfeil afrikanischer Jäger und der erste Beleg für die Langstreckenwanderung. So lieferte der sogenannte Pfeilstorch den eindrücklichen Beweis, dass ein Storch keineswegs zu schwer für das Fliegen über weite Distanzen ist und dass er diese Strecke sogar mit einer Verletzung und erheblichen Einschränkungen hatte bewältigen können.

Viele Menschen haben sich über die Jahrtausende mit der saisonalen Reise der Vögel beschäftigt und sich an ihrer Erforschung beteiligt. Ein einfacher Aluminiumring mit fortlaufender Nummerierung sollte jedoch das Verständnis des Vogelzugs schlagartig verändern. Der dänische Lehrer Hans Christian Cornelius Mortensen kam Ende des 19. Jahrhunderts auf die Idee, Vögel durch Fußringe zu markieren, um so Berichte über Sichtungen und Funde der Individuen zu erhalten und diese eindeutig zuordnen zu können.[15] Diese Methode lieferte erstmals detaillierte Informationen darüber, wohin verschiedene Vogelarten zogen und welche Routen sie wählten. Innerhalb kürzester Zeit verbreitete sich die Methode in Europa und wird bis heute weltweit eingesetzt.

Inzwischen haben wir aber auch ganz andere Möglichkeiten, die Wege der Tiere nachzuvollziehen. »Biologging« beschreibt das Ausstatten von Tieren mit Daten-Loggern verschiedenster Art, die mit den Tieren mitlaufen, -schwimmen oder -fliegen können. Im August 1994 wurde am Max-Planck-Institut für Ornithologie in Seewiesen der erste Storch mit einem solchen Gerät besendert. Die Störchin bekam den Namen Prinzesschen. Über die Namenswahl lässt sich streiten, doch Prinzesschen lieferte uns nie da gewesene Einblicke in die 125 000 Kilometer lange Reise ihres weiteren Lebens, bis zu dem Tag, an dem sie im Dezember 2006 auf einer Farm in Südafrika eines natürlichen Todes starb. Ein Grabstein erinnert an die Störchin und den historischen Meilenstein in der Forschungsgeschichte, für den sie steht. Seine Inschrift lautet: »Eine wundervolle Reise geht hier zu Ende.«[16]

DIE REISEN DER TIERE

Heute lernt jedes Kind, dass viele Vögel im Winter nach Süden ziehen. Die Erforschung tierischer Wege ist jedoch nach wie vor in vollem Gange. Wissenschaftler und Wissenschaftlerinnen aus verschiedenen Disziplinen, von der Physik bis zur Verhaltensbiologie, gehen den Reisen der Tiere auf den Grund.

Jüngste technologische Innovationen haben neue Möglichkeiten für die Studie tierischer Wege eröffnet, indem sie es erlauben, einzelne wandernde Tiere über große Entfernungen und lange Zeiträume hinweg zu verfolgen und darüber hinaus physiologische Daten aufzuzeichnen.[17] Es geht um sehr viel mehr als um die bloße Nachverfolgung beschrittener Pfade – Demografie, Ökologie, Physiologie und Verhalten der Tiere spielen ebenfalls eine wichtige Rolle. Durch das Biologging können wir Tiere quasi auf ihren Reisen begleiten, ohne selbst Teil der Reise zu sein. Aus der Ferne beobachten wir, wie sich Geier in kreisenden Bewegungen in der Thermik nach oben schrauben, und folgen Albatrossen bei der Umrundung des Südpols.

Bei der tiergestützten Fernerkundung können mehrere Variablen mehrmals pro Sekunde überwacht und so Millionen von Datenpunkten über Zeiträume von Stunden bis Jahren aufgezeichnet werden. Die Biologging-Wissenschaft steht an der Schnittstelle mehrerer biologischer Disziplinen und untersucht eine breite Palette von Arten zu Land, im Wasser und in der Luft – inklusive der physischen Eigenschaften der Umgebung und der Reaktionen der Tiere darauf.[18] Neben klassischen GPS-Systemen zur Positionsbestimmung messen Geolokatoren das Tageslicht und bestimmen darüber den Breitengrad, an dem sich ihr Träger befindet. Beschleunigungssensoren können messen, ob Tiere gleiten oder mit den Flügeln schlagen, andere Sensoren dokumentieren Herzschlag und Stoffwechsel, Hirnaktivität, Flughöhe, Geschwindigkeit oder Umgebungstemperatur.

Tierbewegungen werden auch jenseits der Naturwissenschaften erforscht: Henry Buller, Professor für (mehr als) Humangeografie an der Universität Exeter, stellte die These auf, dass Bewegung der Schlüssel zu einem besseren Verständnis der Beziehung zwischen Menschen und nicht menschlichen Tieren ist. In seiner Arbeit »One slash of light, then gone – Animals as movement« diskutiert er »die Idee des Studiums, Beobachtens, Praktizierens und Teilens verkörperter Bewegung als Mittel zum Experimentieren mit einer neuen Form der Verbundenheit und des ›Daseins‹ mit nicht menschlichen Tieren«.[19] Denn Bewegung bietet einen physischen Mechanismus, um die theoretische Kluft zu überbrücken, die Menschliches von Nicht-Menschlichem trennt.[20]

Die Naturwissenschaften träumen unterdessen von einem Modell globaler Tierbewegungen. Ein solches Informationsnetzwerk würde nicht nur zahlreiche neue Erkenntnisse über die Tiere selbst erbringen, sondern könnte auch die Fernerkundung von unzugänglichen Orten unterstützen, die Kartierung des Meeresbodens voranbringen, meteorologische Daten für die Klimaforschung sammeln, bei Erdbeben- und anderen Katastrophenwarnungen helfen, Ausbreitungswege für Pandemien aufzeigen und vieles mehr. 2020 startete das ICARUS-Projekt und Tausende Tiere weltweit wurden mit Sendern versehen, die ihre Daten an die Raumstation ISS schickten. Das ausgerechnet Icarus, der zu nah an die Sonne flog und abstürzte, namensstiftend für das Vorhaben war, zeigt im Hinblick auf die anschließenden Entwicklungen eine gewisse Tragik. Denn durch den Angriffskrieg Russlands auf die Ukraine kam die gemeinsame Erforschung per ISS zum Erliegen. Die gute Nachricht an dieser Stelle ist jedoch, dass es seit Anfang 2025 eine neue Zusammenarbeit für ein Projekt ICARUS 2.0 gibt, bei dem die Forschung mit eigenen Satelliten fortgesetzt wird.

Die Fortschritte in den Methoden des Biologgings sind vielversprechend. Schon heute gibt es beispielsweise die Movebank, eine Internetdatenbank und Karte, in der Trackingdaten von Forschenden aus der ganzen Welt gesammelt werden. (Auch die Daten von 16 kleinen Rotfüchsen, die ihre Wege durch Berlin zogen.) Es geht also weiter, und was haben wir bislang nicht alles mithilfe der technischen Möglichkeiten über Tiere gelernt? Wir wissen heute beispielsweise, dass Pfuhlschnepfen die gesamte Strecke von Alaska nach Neuseeland fliegen können, fast 12 000 Kilometer, ohne einen einzigen Zwischenstopp einzulegen.[21] Das ist der Rekord für den längsten jemals erfassten Nonstop-Flug. Wir kennen inzwischen auch die vermutlich weiteste Migration aller Tiere: Die nur 110 Gramm schwere Küstenseeschwalbe fliegt von ihren Brutgebieten in der Arktis zu ihren Überwinterungsgebieten in der Antarktis und wieder zurück. Dabei legt sie jedes Jahr eine Entfernung von etwa 80 000 Kilometern zurück.[22] Die Forschenden erfassten einen Vogel, der mit seinem Alter von 31 Jahren bereits 2,4 Millionen Kilometer zurückgelegt haben musste – damit hätte es der Vogel zumindest entfernungstechnisch tatsächlich bis zum Mond und zurück geschafft (und das gleich dreimal).

Warum die Vögel diese ausgesprochene Reiselust zeigen, kommentierte Luca Börger, Professor für Ökologie an der Universität Swansea in Wales mit der Aussage, vielleicht seien Küstenseeschwalben einfach echte Sonnenanbeter. Es sei das Tier, das von allen Tieren in der Welt am meisten Sonne sieht. Denn sie lebten im Sommer in der Arktis, wenn die Sonne immer scheint. Und bevor der Winter kommt, flögen sie zur Antarktis, wo dann Sommer herrscht und ebenfalls immer die Sonne scheint. Dadurch sähen sie fast nie die Nacht und fast immer die Sonne.[23]

Neben Beobachtungen von sonnenbadenden Seeschwalben gibt es auch erstaunliche Erkenntnisse zu badenden Schwertwalen: Satellitendaten zeigten, dass Orkas aus arktischen Gebieten in Gewässer vor Brasilien schwammen und kurz danach bereits wieder zurückkehrten. Die Vermutung der Wissenschaftlerinnen: Sie wanderten in die wärmeren Gewässer, um mit weniger Wärmeverlust den Algenbelag auf ihrer Haut abzustoßen und ihre Haut zu erneuern. 9392 Kilometer in vier Tagen, ein ganz schöner Ritt für ein warmes Bad.[24]

Über Tigerhaie ließ sich dank Biologging lernen, dass sie weit weniger gefährlich sind als angenommen. Ohnehin wird das Risiko, das von Haien statistisch gesehen für den Menschen ausgeht, massiv überschätzt. Im Falle der Tigerhaie um Hawaii lieferten die Daten nun jedoch den Beweis, dass sich regelmäßig deutlich mehr der nomadischen Tiere in Strand- und Menschennähe aufhielten, als man angenommen hatte, ohne dass es jedoch zu Angriffen kam. Eine wichtige Erkenntnis, die vergangene Entscheidungen, Haie zu töten, in kritischem Licht erscheinen lässt.[25] Auch über die Reisen anderer Haie erfuhr man Erstaunliches: Am 7. November 2003 wurde in den Gewässern Südafrikas das Weiße-Hai-Weibchen *Nicole* mit einem PAT-Sender genannten Biologger versehen, um Wanderbewegungen entlang der Küstenlinie zu erforschen. Diese haften für eine Weile an den Tieren und zeichnen dabei diverse Informationen auf. Nach einer gewissen Zeit lösen sie sich ab und treiben an die Wasseroberfläche, von wo aus sie die Daten zum Argos-Satelliten-System übertragen können. Als sich der Sender am 28. Februar 2004 löste, zur Oberfläche aufstieg und seine Positionsdaten sendete, kam die große Überraschung. Nicole befand sich nicht mehr vor dem afrikanischen Kontinent, sondern kurz vor Exmouth im Nordwesten Australiens.[26] Am 20. August 2004, knapp neun Monate nach ihrem Aufbruch, wurde sie wieder in südafrikanischen Gewässern gesichtet. Diese erstaunliche transozeanische Rückreise von mehr als 20 000 Kilometern war damit die schnellste jemals aufgezeichnete Reise eines Meerestieres und lieferte neue Erkenntnisse über das Verhalten der Haie. Man hatte zwar gewusst, dass diese zu ihren Fischgründen wandern oder unterschiedliche Wassertemperaturen aufsuchen, nicht jedoch, dass sie so weite Strecken zurücklegen. Dies sind nur einige wenige Beispiele unter Tausenden Studien, die Forscher weltweit mithilfe von Biologging durchgeführt haben.

Neben den klassischen satellitengestützten Datenloggern gibt es weitere Methoden, um die Reisen von Tieren zu studieren. Radar, Mobilfunknetzwerke, Drohnen und Wildkameras liefern ebenso Hinweise auf ihre Wege wie stabile Isotopenanalysen und feinste genetische Spuren in Form von eDNA. Das e steht für environmental, also Umwelt-DNA, und bedeutet, dass man die Umwelt auf Rückstände von Erbgut verschiedener Urheber untersucht. So können Hautzellen in einer Wasserprobe einen Hinweis auf einen Fischotter sein, der ein Gewässer durchquert hat, und der Vergleich von DNA aus konfisziertem Elfenbein mit Elefantendung kann nachweisen, wo Wilderer besonders aktiv sind. Eine große Studie konnte zeigen, dass seit 2006 das meiste gewilderte Elfenbein aus zwei Gegenden stammte.[27] Mit diesem Wissen können die Regionen gezielt ins Zentrum der Aufmerksamkeit gestellt werden, zum Beispiel, indem lokale Programme ehemaligen Wilderern als Wildhütern neue Perspektiven geben.

Auch akustische Informationen können uns tierische Wege aufzeigen, zum Beispiel lassen sich mithilfe von Unterwassermikrofonen in Flüssen vorbeischwimmende Arten identifizieren. Tierische Fortbewegung unter der Erdoberfläche ist bislang noch besonders schwer zu erfassen. Satellitengestützte Technologien wie GPS, die überirdisch fantastische Ergebnisse liefern und weit verbreitet sind, versagen unterirdisch. Mithilfe von VHF (Ultrakurzwellen) kann man zwar grobe Informationen unterirdischer Bewegungen sammeln, doch das Problem, dass das Erdreich die Signalübertragung behindert, besteht auch hier. Inzwischen gibt es aber erste technische Lösungen: Wissenschaftler entwickelten einen Magnetfeld-basierten Ansatz, mit dem sie Dachsbewegungen unter der Erde erforschten. Mithilfe ihrer relativ einfachen und kostengünstigen Methode konnten sie detaillierte und genaue Ortungen im Untergrund erfassen und lieferten so erstmals Erkenntnisse über die unterirdischen Bewegungen von Dachsen und die Bedeutung verschiedener Orte in ihren Höhlensystemen.[28]

WELLENREITER

Wir verfolgen die Wege unzähliger Tiere rund um den Globus und doch haben wir gerade erst begonnen, das komplexe Netzwerk aus Pfaden zu verstehen, das die Erde umspannt. Es bleiben viele offene Fragen und spannende Forschungsthemen. Manchmal lassen uns Erkenntnisse auch mit neuen Fragen zurück. So besenderte die Biologin Claire Garrigue Buckelwale und fand heraus, dass diese immer wieder einen bestimmten Tiefseeberg aufsuchten. Ein Wal hielt sich ganze drei Wochen dort auf.[29] Nun wusste man zwar, wo sich die Buckelwale befanden, das warf jedoch die neue Frage auf, was an einem Tiefseeberg wohl so interessant für sie war. Was taten die Wale dort? War es ein Rastplatz, ein sozialer Treffpunkt? Wir wissen es nicht.

Außerdem konzentriert sich die Erforschung tierischer Wanderung von jeher maßgeblich auf den Vogelzug. Das ist naheliegend. Wenn wir an saisonale Wanderungen denken, denken die meisten von uns vermutlich zunächst an den Vogelzug. Er ist es, den wir durch den Jahresverlauf erleben und der am engsten mit unserer eigenen Lebenswirklichkeit verflochten ist. Es finden jedoch auch andere Wanderbewegungen statt: Besonders viele tierische Wanderungen gibt es im Meer. Zahlreiche Meerestiere, darunter verschiedene Arten von Walen, Robben und Fischen, unternehmen weite Wanderungen zwischen Brutgebieten und Nahrungsgründen. Manche Arten, wie etwa der Buckelwal, legen jedes Jahr Tausende von Kilometern zurück. Dabei folgen die Tiere häufig saisonalen Mustern, genau wie es die Vögel an Land tun. Diese Muster sind nur schwieriger zu entdecken. Eine besondere Rolle spielen dabei die Temperaturen der verschiedenen Gewässer und das Vorkommen von Kleinstlebewesen, dem sogenannten Zooplankton. Der heute so bedrohten Arktis kommt dabei eine ganz besondere Bedeutung zu. Mit diesen Reisen werden wir uns im Kapitel *Kreisläufe* beschäftigen.

Warum ziehen gerade im Wasser so viele Arten um die Welt? Der Lebensraum unter Wasser ist uns so fremd, dass es schwer ist, sich in ihn hineinzudenken. Doch es gibt einen fundamentalen Unterschied zwischen Wasser und Land, der einem bei näherer Betrachtung ins Auge springt: An Land ist vieles in Reviere eingeteilt. Feste Landmarken dienen der Orientierung, physische Strukturen wie Flüsse oder Felsen zeichnen Grenzen von einem zum nächsten Aktionsraum eines Tieres. Sorgfältige Markierungen stellen sicher, dass ein jeder weiß, wo diese Grenzen verlaufen. Im Meer sind solche Markierungen sinnlos. Nichts bleibt an Ort und Stelle. Alles löst sich auf und wird Teil des gigantischen Systems aus Meeren und Ozeanen, das die Welt umspannt. Möglicherweise begünstigt diese Flüchtigkeit des Lebensraums das nomadische Leben seiner Bewohner.

Wenn Tiere an Land über feste Territorien verfügen, aber zwischen Sommer- und Winterdestinationen wechseln, haben sie demnach gleich zwei Reviere oder Anlaufstellen und manchmal sind diese an weit entfernten Orten, gelegentlich gar am anderen Ende der Welt (wie im Falle der Küstenseeschwalbe). Neben dem Vogelzug gibt es unter den Landbewohnern auch solche Tierwanderungen, um die nur wenige Menschen wissen. Diese finden sowohl durch die Luft als auch am Boden statt.

Mit den neuen, leichten Biologgern eröffnete sich auch die Möglichkeit, die Wege jener Tiergruppe zu verfolgen, die das

Fliegen als Letzte in der Evolutionsgeschichte gemeistert hatte. Sie erinnern sich? Von nur einer handvoll Fledermausarten ist bekannt, dass sie bei ihren Wanderungen über Nordamerika, Europa und Afrika ebenfalls Tausende von Kilometern zurücklegen können. Langstreckenflüge von Fledermäusen sind noch immer wenig erforscht. Im Alltagswissen der Menschen ist die Tatsache, dass Fledermäuse überhaupt ziehen, vermutlich kaum verankert.

Wissenschaftler des Max-Planck-Instituts für Verhaltensbiologie konnten etwa 70 Große Abendsegler auf ihrer Frühjahrswanderung über den europäischen Kontinent hinweg verfolgen. Etwa 1600 Kilometer legten die Tiere zurück, in einer einzigen Nacht konnten es fast 400 Kilometer sein. Wie war es den Fledermäusen überhaupt möglich, solch weite Distanzen zurückzulegen? Anders als Vögel können sie schließlich nicht segeln und müssen permanent mit den Flügeln schlagen. Eine energetisch teure Flugweise, wie wir gesehen haben, die bei Vögeln eher auf kurzen Distanzen und bei nicht ziehenden Arten dominiert. Die spannende und irgendwie auch ein bisschen coole Antwort lautet: Fledermäuse lösen das Problem, indem sie auf Sturmfronten surfen![30] Die Tiere ritten laut den Wissenschaftlern quasi auf den Warmfronten von Stürmen. So konnten sie Unterstützung durch warme Rückenwinde nutzen, um mit weniger Energieverbrauch weiterzufliegen. Ihre Routen waren dabei viel variabler als die der Vögel, es gab keine festen Zugkorridore. Die Erkenntnisse darüber, dass bestimmte Wetterbedingungen die Wanderung der Tiere auslösen, könnten in Zukunft dabei helfen, die Tiere besser zu schützen, zum Beispiel indem man punktuell die Aktivität von Windkraftanlagen an ihren Zug anpasst.

Wenn man sich vorstellt, wie herausfordernd weite Reisen für Fledermäuse sein müssen – die sie ja ohne Segelflug bewältigen –, erscheinen die Wanderungen einer weiteren Tiergruppe umso eindrucksvoller: Insekten. Das gilt insbesondere vor dem Hintergrund, dass Insekten nicht nur ohne Segelflug auskommen und durchgehend aktiv mit den Flügeln schlagen müssen, sondern zudem noch gegen erheblich größere Widerstände anfliegen. Durch ihre geringe Masse ist die umgebende Luft für sie deutlich zäher. Trotzdem gibt es verschiedene Insektenarten, die lange Strecken ziehen, darunter Schmetterlinge, Schwebfliegen und Libellen. Wir sprechen hier nicht von wenigen Ausnahmen, unzählige Insekten wandern jedes Jahr innerhalb von Kontinenten und über diese hinweg.[31] Diese tierischen Reisen standen bisher deutlich weniger im Fokus der wissenschaftlichen Forschung, sei es aufgrund der technischen Möglichkeiten (es ist leichter, einen Sender zu bauen, den man an einen Elefanten hängen kann, als einen, den man einer Libelle aufkleben kann) oder des mangelnden Interesses an den uns so fremden Tieren. Sie werden uns im Kapitel *Gemeinsame Wege* wieder begegnen. Für die Vögel, die einen migrierenden Lebensstil pflegen, haben wir ein eigenes Wort geschaffen; Zugvögel. Höchste Zeit also, dass wir auch von Zuginsekten oder Zugfledermäusen sprechen. Wobei Letztere der Logik folgend eher Zugsäugetiere heißen müssten und damit auch eine letzte wandernde Gruppe einschließen würden, die noch kurz Erwähnung finden soll, die migrierenden Landsäugetiere.

Die größten Wanderungen von Landsäugetieren finden auf dem afrikanischen Kontinent statt. Das hat auch damit zu tun, dass dort überhaupt noch große Landsäugetiere existieren. Der Mensch hat diese nämlich über Jahrtausende in weiten Teilen der Welt ausgerottet. Auf dem nordamerikanischen Kontinent gab es beispielsweise einst gigantische Wanderbewegungen von Bisonherden, die zum Erliegen kamen, als man die Tiere durch massive Bejagung an den Rand der Ausrottung brachte. Doch dazu später mehr. Die ebenfalls dort beheimateten Karibus, die nordamerikanische Variante des Rens, unternehmen Wanderungen von über 1000 Kilometern zwischen ihren Winter- und Sommerquartieren.[32] Auf dem australischen Kontinent wandern Emus[33], die großen Laufvögel, und auch manche Känguruarten könnten saisonale Migrationsmuster zeigen.[34]

Durch uns Menschen gibt es inzwischen sogar unbelebte Vagabunden. Damit sind an dieser Stelle nicht die mitreisenden Datenlogger oder unsere Transportmittel gemeint, sondern Roboter. Genau genommen ein bestimmter Roboter beziehungsweise ein Roboter-Modell namens Hitchbot. Kommunikationswissenschaftler schufen ihn, um zu trampen und diese »Erfahrung« zu dokumentieren. Hitchbot konnte Unterhaltungen führen. Über ein Display und Sprachfunktion konnte er mit seiner Umwelt kommunizieren und auf das Internet zugreifen. Er konnte sich jedoch nicht selbstständig fortbewegen.[35] Er war darauf angewiesen, von Menschen in deren Autos mitgenommen zu werden, und darin lag ein Ziel des sozialen Experiments: herauszufinden, ob ein Roboter auf derartige Kooperation fremder Menschen vertrauen kann. Spoiler-Alarm – er konnte es nicht. Zumindest nicht überall. Der erste Hitchbot reiste mithilfe von 18 Mitfahrgelegenheiten 6000 Kilometer quer durch Kanada und kehrte erfolgreich »nach Hause« zurück. Danach reisten Folgemodelle auch in andere Teile der Welt und trampten unbeschadet durch Deutschland und die Niederlande. Auf einer vierten Reise, diesmal durch die USA, wurde Hitchbot jedoch von Unbekannten massiv beschädigt und konnte nicht wieder repariert werden.[36] Auch wenn seine Geschichte traurig endete, brachten die Reisen des vagabundierenden Roboters Erkenntnisse über den Umgang von Menschen mit Roboter-Technologien und Hitchbot erlangte Fans auf der ganzen Welt. Diese Fans trauerten auch um ihn.

Obwohl Hitchbot letztlich ein technisches Sammelsurium an Materialien ohne Empfindungsfähigkeit war, schrieben die Menschen ihm aufgrund seiner bewegten Existenz automatisch Persönlichkeit zu, als wäre er ein echter Reisender. Hitchbot hatte jedoch nie »entschieden«, *wohin* oder *ob* er überhaupt reisen wollte. Tiere treffen solche Entscheidungen hingegen ständig. Entscheidungen sind ein inhärenter Bestandteil aktiver Fortbewegung und bringen gewaltige Veränderungen mit sich. Das gilt für ein paar rettende Schritte in den Schutz der nächsten Hecke ebenso wie für die Entscheidung, ein Nest an der Nordseeküste zu verlassen, um sich auf eine fast 9000 Kilometer weite Reise an die Ufer des Manyeke zu begeben.

VOM GEHEN UND VOM BLEIBEN

Milliarden von Tieren sind ständig unterwegs. Sie befinden sich auf dem Weg zu besseren Futterquellen oder zu ihren angestammten Laichplätzen, weichen dem sich verändernden Wetter aus – oder wollen einfach nur ein warmes Bad nehmen. Das Reisen liegt den Tieren im Blut oder vielmehr in den Genen, seit sie ihre ersten evolutionären Schritte taten. Auch wir Menschen waren einst Nomaden. Unser Leben war eine einzige Reise. In gewisser Hinsicht ist es das wohl noch heute, auch wenn Reisen nunmehr vor allem im Geiste des Abenteuers oder der Erholung stattfinden. Zumindest aus der privilegierten Perspektive derjenigen, die aus Vergnügen reisen. In ihrem Buch *Ihr glücklichen Augen – kurze Geschichten von weiten Reisen* teilt Elke Heidenreich ihre Gedanken darüber, warum sie reist.[37] Sie erzählt, sie wolle nichts erleben, sich nicht erholen und um Himmels willen nichts besichtigen, nur woanders sein. Woanders sein, damit sie dort gewesen ist und als eine andere wiederkommen kann.

Jede Reise verändert etwas. Sie verändert den Ort, die Umgebung, in der sich ein Individuum befindet, und damit auch seine Beziehung zu dieser und die Wechselwirkung mit ihr. Auch die Störche verändern sich durch ihre Reisen: Da sind die körperlichen Strapazen der alljährlichen Tour, doch auch der Erfahrungsschatz, der aus begangenen oder überflogenen Wegen erwächst. Ältere Störche sind erfahrene Reisende, die effiziente Routen wählen, Landmarken lesen und Winde nutzen können und wissen, wo ein müder Storch einen sicheren Rastplatz findet.

Der Vogelzug ist nicht nur strapaziös, sondern auch gefährlich. Viele Tiere treten im Herbst oder Frühjahr Reisen an, von denen sie nie zurückkehren. Nicht alle Vogelarten setzen sich diesen Strapazen aus und auch innerhalb ein und derselben Art machen sich manche Individuen auf den Weg, während andere beschließen zu bleiben. Wonach entscheidet sich, ob ein Tier geht oder bleibt? Dieser Frage wollen wir uns am Beispiel der Vögel widmen, obwohl sie natürlich auch alle anderen Tiere betrifft. Vögel sind in dieser Hinsicht jedoch am besten erforscht.

Wenn ich sage, der Vogelzug sei die am besten erforschte Migration, stimmt das, allerdings erfolgte diese Erforschung aus nordeuropäischer Perspektive. In der naturwissenschaftlichen Forschung gibt es massive regionale Ungleichgewichte. Die historischen, kolonialen und rassistischen Ursachen dahinter sind nicht Thema dieses Buches. Ihre Existenz ist jedoch, jenseits der offenkundigen ethischen und politischen Implikationen, ein Aspekt, dessen wir uns stets bewusst sein sollten. Denn er beeinflusst unser naturhistorisches Wissen und unsere Wahrnehmung der natürlichen Welt. Ein Beispiel: Über Tierarten, ihre Ökologie und ihr Verhalten, die außerhalb dieses Fokus liegen, wissen wir entsprechend nur sehr wenig. So kommt es beispielsweise noch immer vor, dass in anderen Erdteilen Säugetierarten »entdeckt werden«. Den lokalen Communitys vor Ort sind die Arten natürlich bekannt, der europäischen Wissenschaft hingegen nicht. Erst 2024 wurde in den Nebelwäldern der Anden eine neue Hirschart »entdeckt«. *Pudella carlae* gehört zu den kleinsten Hirschen der Welt, die Tiere sind keine 40 Zentimeter hoch.[38]

Wenn wir globale Wanderbewegungen von Tieren untersuchen, müssen wir uns dieses Ungleichgewichts bewusst sein. Auch die Betrachtung des Vogelzugs erfolgte aus unserer Perspektive und ist in diesem Buch aus derselbigen erzählt. Hier ist die Heimat, dort ist das Überwinterungsquartier. Als Europäer sehen wir die Welt aus einer bestimmten Perspektive und zu einem gewissen Grad sind solche Filter normaler Teil des menschlichen Erlebens. Sie können uns aber auch Dinge übersehen lassen und es ist interessant, wenn wir sie bemerken. So zum Beispiel, wenn uns in Dokumentationen oder auf Fernreisen in afrikanische Länder zwischen fremden Arten »europäische Vögel« begegnen. Natürlich wissen wir, dass die Tiere dort ebenfalls vorkommen, trotzdem verortet man beispielsweise einen Storch ganz automatisch auf dem Schornstein eines netten norddeutschen Reetdaches und nicht in der afrikanischen Savanne.

Der Vogelzug ist also vor allem anhand von Vögeln nördlicher Breiten untersucht worden. Dabei ziehen Vögel überall auf der Welt. Der Zoologe Hugh Dingle schreibt, man gehe zwar im Allgemeinen davon aus, dass die zugrunde liegenden Mechanismen der Migration bei Vögeln auf der Südhalbkugel ähnlich seien, habe dies allerdings nicht untersucht. Wenn man sich das Verhalten von Brutvögeln auf der Südhalbkugel ansieht, findet man auch dort regionale und saisonale Wanderbewegungen, es gibt jedoch auch einige Unterschiede. Im Gegensatz zu den Vögeln, die auf der Nordhalbkugel brüten, ziehen dort keine Land- oder Süßwasservögel zwischen Kontinenten hin und her und nur sehr wenige überqueren den Äquator. Australische Vogelzüge sind kürzer als die meisten Routen in der nördlichen Hemisphäre und sie variieren stärker. Von Watvögeln abgesehen erreichen auch nur wenige nördliche, interkontinentale Zugvögel die Südhalbkugel. In Australien kommen beispielsweise nur zehn der Arten aus der nördlichen Hemisphäre vor und diese sind überdies selten. Zum Vergleich, in Afrika sind es 42 Arten, in Südamerika immerhin noch 28.[39] Woran liegt das?

Vögel, die auf der Nordhalbkugel starten, passieren auf dem Weg gen Süden irgendwann geeignete Lebensräume, ein Weiterflug darüber hinaus wäre daher wenig attraktiv, wenn man die Kosten und das Risiko bedenkt. Diese Vögel fliegen offenkundig aus klimatischen Gründen über die kalte Jahreszeit in wärmere Gefilde. Bei den Ursachen stehen also die Temperaturen und die damit einhergehende saisonale Verfügbarkeit von Nahrung beziehungsweise deren Mangel im Vordergrund. Vögel, die auf der Südhalbkugel starten, finden andere Bedingungen vor. Das Klima in der südlichen Hemisphäre ist im Allgemeinen milder, was interkontinentale Winterfluchten unnötig macht. Es ist aber auch trockener und dadurch hat Niederschlag einen größeren Einfluss auf die Migration als im Norden. Vögel fliehen dort also nicht vor dem allgemeinen Kälteeinbruch, sondern beispielsweise vor regionalen Dürreperioden, entsprechend sind die gezogenen Strecken kürzer und müssen flexibler dem Wetter angepasst werden.

Interessanterweise findet man bei australischen Zugvögeln kaum Unterschiede in der Futtergilde (also darin, welche Art von Nahrung die Arten zu sich nehmen). In unseren Breiten ist das anders und das bringt uns zurück zu den Entscheidungen der Vögel, evolutionsbiologisch ebenso wie auf individueller Ebene. Je nachdem, wovon sich eine Vogelart ernährt, wird es im Winter nämlich nicht nur kalt, es gibt auch keine Nahrung mehr. Zwar wird auch pflanzliche Nahrung im Winter knapper, für Insektenfresser stehen die Überlebenschancen dann jedoch besonders schlecht. Evolutionsbiologisch betrachtet ist der Vogelzug also eine Strategie, die es beispielsweise Vögeln in kühleren Regionen ermöglicht, sich auf andere Nahrungsquellen zu spezialisieren als die Konkurrenz. Gleichzeitig bieten die Sommermonate ein reiches Nahrungsangebot und längere Tageslichtdauer, während zugleich die Konkurrenz in südlichen Gebieten umgangen werden kann. Das Thema ist unglaublich komplex und verschiedene Theorien zur Entstehung des Zugverhaltens gehen von unterschiedlichen Entwicklungsrichtungen aus: Wo nahm die Entwicklung ihren Anfang? Haben sich die Vögel im Laufe der Evolution von Süden nach Norden vorgewagt, um neue Brutgebiete zu erschließen, oder von Norden nach Süden, um neue Nahrungsräume aufzutun?[40] Kann man das überhaupt einheitlich beantworten oder hat möglicherweise beides stattgefunden? Die Evolution des Vogelzugs lässt sich anhand von Fossilien nur eingeschränkt nachvollziehen, schließlich sieht man einem Skelett nicht an, wie weit es in seinem Leben bewegt wurde, und erst recht nicht, in welche Richtung.

Der Vogelzug ist mit erheblichem energetischen Aufwand verbunden und hat sich trotzdem bei vielen Arten durchgesetzt. Die Strategie muss sich insgesamt also ausgezahlt haben. Vermutlich begann die stammesgeschichtliche Reise, die Langstreckenzieher wie den Storch hervorgebracht hat, mit kleinen Schritten. Mit zaghaften Erkundungen in entferntere Gegenden, begleitet von vorteilhaften Anpassungen, wie der verbesserten Möglichkeit, Fettreserven anzulegen.[41] Die Entwicklung der Zugvögel war eine Abzweigung, eine direktionale Entscheidung im Baum des Lebens. Die einzelnen Vögel können diese Entscheidung jedoch oft nicht mehr treffen. Ihnen ist das Ziehen in die Gene geschrieben. Das genetische Erbe, Tageslichtlängen und Hormone bestimmen ihre Wahl. Diesen Aspekt werden wir im Kapitel *Selbstbestimmtheit* näher betrachten.

Wie wir wissen, verschwinden im Winter nicht alle Vögel. Es gibt auch Arten, die kein Zugverhalten zeigen. Und es gibt jene Vogelarten, die sowohl Zug- als auch sogenannte Standvögel sein können. Dann wird es wieder zur individuellen Entscheidung des einzelnen Tieres, ob es geht oder bleibt, die es im Rahmen seiner individuellen Umstände treffen muss – von Lebensraumqualität über das Wetter bis hin zum Verhalten der Artgenossen.

Der Schriftsteller Nobert Scheuer schreibt: »Fortgehen fängt damit an, dass ich mich zurücksehne.«[42] Ob Vögel, die frei zwischen dem Gehen und Bleiben wählen können, infolge schlechter Entwicklungen ebenfalls mit Entscheidungen hadern? Zumindest scheinen sie aus Fehlentscheidungen lernen zu können.

Auch diejenigen Tiere, deren Leben sich zwangsläufig zwischen dem hier und dem dort abspielt, müssen jedes Jahr aufs

Neue entscheiden, wann sie sich auf den Weg machen. Für manche Arten scheinen dieser Entscheidung enge Grenzen gesetzt zu sein, andere sind flexibler. Der jeweilige Startzeitpunkt hat weitreichende Konsequenzen. Kehrt man beispielsweise im Frühjahr zu zeitig zurück, gibt es noch nicht genügend Nahrung, wartet man zu lange, sind möglicherweise alle guten Nistplätze belegt und potenzielle Partner vergeben. Zu verhungern, ist offensichtlich die schlechtere Alternative, doch auch die anderen Folgen sind schwerwiegend. Ein frühzeitig bezogenes Nest mag uns wie das Handtuch auf der Strandliege erscheinen, doch möglicherweise findet in Ermangelung eines geeigneten Nistplatzes oder Partners am Ende gar keine Fortpflanzung statt und die eigene Linie endet. Außerdem ist es beim Aufbruch natürlich schwierig einzuschätzen, wie die Bedingungen am anderen Ende der Welt sein werden, wenn man dort eintrifft.

In seinem Gedicht *Der unbegangene Weg* schrieb der US-amerikanische Dichter Robert Frost: »In einem gelben Wald, da lief die Straße auseinander, und ich betrübt, daß ich, ein Wandrer bleibend, nicht die beiden Wege gehen konnte, stand und sah dem einen nach so weit es ging: bis dorthin, wo er sich im Unterholz verlor.«[43] Sich fortbewegen heißt immer, entscheiden zu müssen. Die Wahl für das eine ist auch die Entscheidung gegen das andere. So dichtet Frost weiter: »Oh, für ein andermal hob ich mir jenen ersten auf! Doch wissend, wie's mit Wegen ist, wie Weg zu Weg führt, erschien mir zweifelhaft, daß ich je wiederkommen würde.« Die Wahl eines Weges ist ein Teil des Schicksals aller sich fortbewegender Arten. Letztlich ist die heutige Vielfalt tierischer Reisen das Ergebnis zahlloser kleiner Entscheidungen, unzähliger Pfade, die beschritten, und Spuren, die hinterlassen wurden, um sich über die Jahrmillionen in das Leben einzuprägen.

5

HEIMAT

Schwarz ist die Welt um das kleine Wesen, dessen Leben gerade begonnen hat. Es ist aus einem befruchteten Ei geschlüpft, 2000 Meter unter dem Meeresspiegel. In diesen Tiefen ist kaum Licht zu finden und kein Ankerpunkt, den das Wesen ein Heim nennen könnte. Es hat nicht vor, hierzubleiben.

Kaum in der Welt begibt sich das Tier schon auf die unglaublich lange Reise, die sein Leben bestimmen wird. In ihrem Verlauf wird sich alles verändern: sein Ziel, sein Lebensraum und selbst seine Gestalt – in einem Ausmaß, dass niemand es je wiedererkennen würde. Noch ist es zart und klein. Sein wenige Millimeter langer Körper ist durchscheinend und offenbart die feinen Wirbel im Inneren. Sie erinnern an die Äderungen eines Blattes und geben ihm so den Anschein eines schmalen Weidenblatts. Die filigrane Schwanzflosse schlägt durch das unendliche Schwarz und das Tier bewegt sich fort. Es geht gen Osten, hinein ins große Nichts. Vom Golfstrom unterstützt durchquert es den Atlantik, und Wochen, Monate und Jahre ziehen an ihm vorbei.

Fast drei Jahre nachdem die Weidenblattlarve ihren Weg in den Tiefen der Sargassosee in der Nähe der Bahamas begann, kommt sie vor der Küste Europas an. Auf den letzten Meilen hat ihr Körper begonnen, sich zu verändern. Er ist länger geworden, fast sieben Zentimeter, und ist nun von schlanker, wurmförmiger Gestalt. Die Weidenblattlarve ist nun ein Glasaal. In den Küstengewässern wartet der kleine, noch immer durchscheinende Fisch auf das Frühjahr, zusammen mit Tausenden anderen seiner Art.

Mit Beginn des Frühlings machen sie sich gemeinsam auf den Weg. Der Küstenlinie folgend suchen sie den Punkt, an dem sich der große Fluss ins Meer ergießt. Im Delta seiner Mündung vermischt sich das salzige Wasser, das den Fisch seit dem ersten Tag seiner Existenz umgeben hat, mit dem Süßwasser, das der Fluss aus dem Landesinneren bringt. Dorthin zieht es den Aal, er muss sein vertrautes Medium verlassen und von nun an gegen den Strom schwimmen. Hormonelle Veränderungen in seinem Inneren passen seine Kiemen der neuen Herausforderung an. Auch sein Körper ist inzwischen länger und kräftiger geworden. Auf seinem Rücken hat sich eine lange Flosse gebildet, die bis zu seinem Körperende verläuft und sich auf der Bauchseite bis zur Körpermitte zurückzieht, in einem einzigen durchgehenden Flossensaum. Außerdem verfügt er nun über zwei Brustflossen. Aus dem einst durscheinenden Weidenblatt ist ein kräftiger Fisch mit dicker, beschuppter Haut geworden, der keinerlei Ähnlichkeiten mehr mit seiner ursprünglichen Gestalt aufweist. Sein Inneres ist der Welt nun verborgen. Schwarzgrün erscheint sein dunkler Rücken und sein nun gelblicher Bauch färbt sich mit zunehmendem Alter weiß.

Den neuen, kräftigen Körper braucht er, um sich als Steigaal auf den Weg stromaufwärts zu machen. Unterwegs ernährt er sich von Würmern und Krebstieren, Insektenlarven und kleinen Fischen, die er nahe der Oberfläche jagt. Er ist ein gefürchteter Jäger, doch auf seinem Weg lauern auch für ihn viele Gefahren, verschiedene Fressfeinde, aber auch gefährliche Schiffsschrauben. Meist ist er nachts unterwegs. Tagsüber versteckt er sich zwischen Schlamm und Vegetation am Ufersaum oder am Grund. Immer wieder trifft er auf Artgenossen, die wie er getrieben scheinen, einen ganz bestimmten Ort zu finden – obwohl auch sie nie zuvor dort gewesen sind.

Eine ganze Weile folgt er dem Flusslauf, bis eine Barriere mitten im Wasser seinem Fortkommen ein jähes Ende setzt. Irritiert hält er vor der steinern erscheinenden Wand inne. Nach mehreren Stunden determinierter Suche findet er endlich eine Stelle, an der das Wasser fließt. Ein dünner Strom führt treppenartig über Steine nach oben. Hier trifft er auf weitere Aale, die das Nadelöhr entdeckt haben und sich nun hindurchbewegen. Der Fisch hat Glück, auf eines jener Wehre gestoßen zu sein, die mit einer Umgehung für Fische ausgestattet sind, sonst wäre seine Reise vorzeitig zu Ende gewesen.

Am anderen Ende angekommen breitet sich der Fluss wieder weit vor ihm aus. Hier ist das Wasser ruhiger und der Widerstand geringer. Erschöpft von der unerwarteten Hürde setzt er seine Reise noch für einige Stunden fort. Dann sucht er sich ein Versteck, um sich endlich auszuruhen.

Über Wochen und Monate steten Schwimmens folgt er stoisch seinem Ziel, während der Fluss langsam schmaler wird. An einem regnerischen Sommerabend verlässt er den Strom, um in einen kleineren Arm abzuzweigen. Intuitiv wusste er, dass nun der Zeitpunkt gekommen war, den Fluss zu verlassen, dessen Wasser ihn nun schon so lange begleiteten. Er wusste, dass dies der Weg sein würde, der ihn an sein unbekanntes Ziel führt.

Die Landschaft verändert sich und die Wasser beginnen sich stärker zu verzweigen. Unbeirrt wählt er seine Richtung. An einer feuchten Uferzone geht es schließlich nicht weiter. Nachdem er schon einmal getan hat, was kaum ein anderer Fisch überleben würde, als er vom Salzwasser ins Süßwasser wechselte, wagt er sich nun an den wohl lebensfeindlichsten Ort für einen Fisch; an Land. Mit der Energie einiger schneller

Schwimmstöße wuchtet er seinen langen Körper ans Ufer. Plötzlich ist er von Luft umgeben, die Welt ist fremdartig und seine Kiemen sind hier nutzlos. Seine Haut muss nun den lebensnotwendigen Sauerstoff aufnehmen. Im feuchten Schlamm schiebt er sich voran. Mit denselben schlängelnden Bewegungen, die ihn in seinem eigentlichen Medium noch so zügig vorantrieben, trotzt er dem Land nun jeden Meter ab. Ein weiterer Schlag und der weiche Körper gleitet über Erdreich und groben Stein. Dann ist wieder Wasser in Sicht. Als der Aal durch den feuchten Uferschlamm ins trübe Wasser des Altarms gleitet, weiß er, dass er endlich angekommen ist.

Auf diesem Fleckchen Erde wird er nun lange verweilen. Nach fast vier Jahren Reisezeit ist er zu Hause. Für die nächsten zwölf Jahre wird er ein ruhiges Leben in diesem Gewässer führen. Er wird fressen und wachsen, über einen Meter lang werden und die bewegten Jahre am Beginn seines Lebens werden verblassen.

Niemand, der den Aal in diesem Altarm tief im Landesinneren findet, könnte erahnen, was hinter ihm liegt. Könnte sich vorstellen, dass ihn eine unglaubliche Reise und Metamorphose von all den anderen Fischen hier unterscheidet. Eines Tages jedoch wird die Unruhe zurückkehren. Die Getriebenheit und das intuitive Wissen, dass es Zeit ist, sich wieder auf Reisen zu begeben.

Nach zwölf Jahren wird er sich an einem Septembertag erneut über die schlammige Landbrücke zwischen dem Altarm des Flusses und dem Fließgewässer begeben und diesem folgen. Diesmal stromabwärts mit dem Fluss. Innerhalb nur eines Jahres wird er 5000 Kilometer zurücklegen. Noch einmal wird er seinen Körper verändern, um ihn dem Zweck seiner letzten Reise anzupassen. Wenn er als Blankaal das Meer erreicht, hat sein Bauch bereits seine Farbe verloren. Silbrig liegt sie im offenen Wasser da und erinnert vage an die Anfänge seines Lebens auf der anderen Seite des Atlantiks. Dorthin zieht es ihn zurück. Anders als damals kennt er diesmal den Ort seines Ziels. Genau wie damals ist er zielstrebig unterwegs. Die Reise bestimmt dann wieder sein Dasein, selbst das Fressen wird er nach und nach einschränken und schließlich ganz einstellen. Irgendwann wird sich sein ganzer Verdauungsapparat zurückbilden – er wird ihn nicht mehr benötigen. An seiner Stelle wachsen dann Geschlechtsorgane, die später die gesamte Leibeshöhle einnehmen. Die Energie für diesen letzten Kraftakt wird aus all den Fettreserven kommen, die er sich im Altarm angefressen hat.

Irgendwann wird er den Atlantik überquert und die Sargassosee erreicht haben und sich hinabbegeben in die dunklen Tiefen, denen er einst entstieg. Dort wird er seine Eier ablegen und sein Leben endet.

DIE AAL-FRAGE

Die Wanderung des Europäischen Aals (*Anguilla anguilla*) ist bemerkenswert. Allein der Wechsel von Salzwasser zu Süßwasser und wieder zurück ist erstaunlich, seine Metamorphosen sind regelrecht surreal und sein Ziel erscheint aus der Sicht einer kleinen Weidenblattlarve wie ein irrsinniges Unterfangen.

Dass wir überhaupt von dieser Reise wissen, grenzt an ein Wunder, denn durch die drastischen körperlichen Veränderungen des Aals in ihrem Verlauf wurde diese zunächst gar nicht als solche erkannt. Zwar kannten die Menschen Glasaale, Steigaale und Blankaale in ihrer jeweiligen Erscheinungsform, man hielt die verschiedenen Entwicklungsstadien jedoch teils für unterschiedliche Arten. Entsprechend war keine juvenile Form des

Aals bekannt, oder anders gesagt, man kannte in den Gewässern im Inland zwar erwachsene Aale, niemand hatte dort jedoch je den Jungfisch eines Aals gesehen. Es wirkte, als ob es keine Jungtiere gäbe, keine Kinder, aus denen die erwachsene Form hervorgegangen sein könnte. Diese schien einfach irgendwann aus dem Nichts aufzutauchen.

Darüber hinaus konnte man im Inneren der erwachsenen Fische auch keine Fortpflanzungsorgane finden, denn diese bilden sich erst auf dem Heimweg am Ende des Lebenszyklus aus. Wie also hätten die Fische überhaupt Nachwuchs produzieren können?

Die einzige Erklärung schien die Jungfernzeugung zu sein. Vielleicht erinnern Sie sich an die Abiogenese, die Entstehung von Lebendem aus Unbelebtem, und daran, dass man sie als Entstehungstheorie für Insekten und andere wenig gut verstandene Tiere heranzog. Der Aal, dessen Herkunft so abenteuerlich und undurchdringlich ist, wurde folglich ebenfalls zu diesen Tieren gezählt. Aristoteles vermutete, dass die Fische aus Schlamm oder Staub entstünden.

Der Aal hat es der Wissenschaft wirklich nicht leicht gemacht, seine Wege nachzuvollziehen und damit auch seinen ganzen Lebenszyklus. Das große Mysterium seines Ursprungs und dessen Erforschung ging als die sogenannte »Aal-Frage« in die Wissenschaftsgeschichte ein und beschäftigte die Menschheit jahrhundertelang. Der Naturforscher und Arzt John Ray war einer der Ersten, die im 17. Jahrhundert systematische Beobachtungen über Aale anstellten. Er fand heraus, dass Aale zwar in Süßwasser leben, jedoch zur Fortpflanzung ins Meer wandern. Erst Ende des 19. Jahrhunderts erkannte der italienische Zoologe und Parasitologe Giovanni Battista Grassi die weidenblattähnlichen Fischchen, die bis dahin als eigene Tierart betrachtet worden waren, als Larvenform der Aale. Da man Jungaale in der Straße von Messina gefangen hatte, vermutete man den Laichgrund der Aale zunächst im Mittelmeer. Kurz darauf sammelte der dänische Zoologe Johannes Schmidt Proben mit Weidenblattlarven in der Nähe der Färöer-Inseln und veröffentlichte seine Ergebnisse, die mit großer Skepsis aufgenommen wurden. Erst 1922 entdeckte er kleinere Exemplare der Larven in den Gewässern nördlich von Bermuda, sie waren kleiner als zehn Millimeter. Er konnte dadurch nicht nur ihren Weg zurückverfolgen, sondern fand auch die Geburtsstätte der Aale – die Sargassosee.[1]

Ab den 1970er-Jahren begann man, Aale mit Transpondern auszustatten, was weitere Hinweise auf die Sargassosee lieferte, und in den letzten zehn Jahren konnten verschiedene Wegpunkte der Reisen, wie die Azoren, identifiziert werden. Alle Europäischen Aale (egal ob sie in Norwegen, Deutschland, Frankreich oder Nordafrika leben) kehren, so die Theorie heute, zum selben Ausgangspunkt des Aal-Zyklus in die Sargassosee zurück, um zu laichen.[2] Es hat über 2000 Jahre gedauert, das herauszufinden, und noch heute hat kein Mensch jemals diesen Akt gesehen. Womöglich laichen die Tiere dort in großen Tiefen, wissen tun wir das nicht.

Man könnte diesen Blick auf die Aal-Frage nun poetisch mit der Feststellung beenden, vielleicht sei dem Aal dieses letzte Geheimnis gegönnt. Ein Hauch von Mysterium, nachdem er sich über all die Jahrhunderte so sehr bemüht hatte, sein wahres Wesen zu verbergen. Bestimmt hat das schon mal irgendjemand geschrieben, weil es schön klingt, aber es überschätzt unser Wissen maßlos. Der Aal hütet weit mehr als nur dieses eine Geheimnis. Noch immer verstehen wir seine Reise nur rudimentär. Wie schaffen Aale die weite Distanz zurück zur Sargassosee, wo doch viele besenderte Tiere viel geringere Schwimmgeschwindigkeiten zeigten, als benötigt würden, um rechtzeitig zur gemeinsamen Eiablage dort einzutreffen? Westlich von Afrika beginnen nach Süden und Westen fließende Strömungen, die sich als Teil des subtropischen Wirbelsystems bis in die Karibik fortsetzen. Können Aale ihre Geschwindigkeit erhöhen, indem sie darin eintauchen? Möglicherweise.[3] Warum schwimmen die Tiere mal in großen Tiefen, mal nahe der Wasseroberfläche? Könnte es sein, dass warme Wassertemperaturen die Muskelaktivität verbessern, während kältere Temperaturen die Entwicklung der Eier verlangsamen, um den richtigen Zeitpunkt abzupassen? Vielleicht. Wie ist es möglich, dass Europäische Aale sich nicht mit dem Amerikanischen Aal vermischen, obwohl dieser sein Leben ebenso in der Sargassosee beginnt? Wir wissen es nicht. Warum die Aale ausgerechnet in die Sargassosee wandern, ist ebenfalls unbekannt. Mysteriös ist auch die Frage nach dem Wie: Wie ist es möglich, dass diese winzige Weidenblattlarve weiß, wohin sie schwimmen muss? Ja, dass sie überhaupt den Atlantik überqueren soll, um am anderen Ende ins Landesinnere vorzudringen und dort ein Leben als Süßwasserfisch zu führen? Wie finden Aale den Weg dorthin und wie schaffen sie es, am Ende ihres Lebens zurückzukehren zur Sargassosee, heimzufinden zu diesem einen Punkt im Meer, an dem ihr Leben begann?

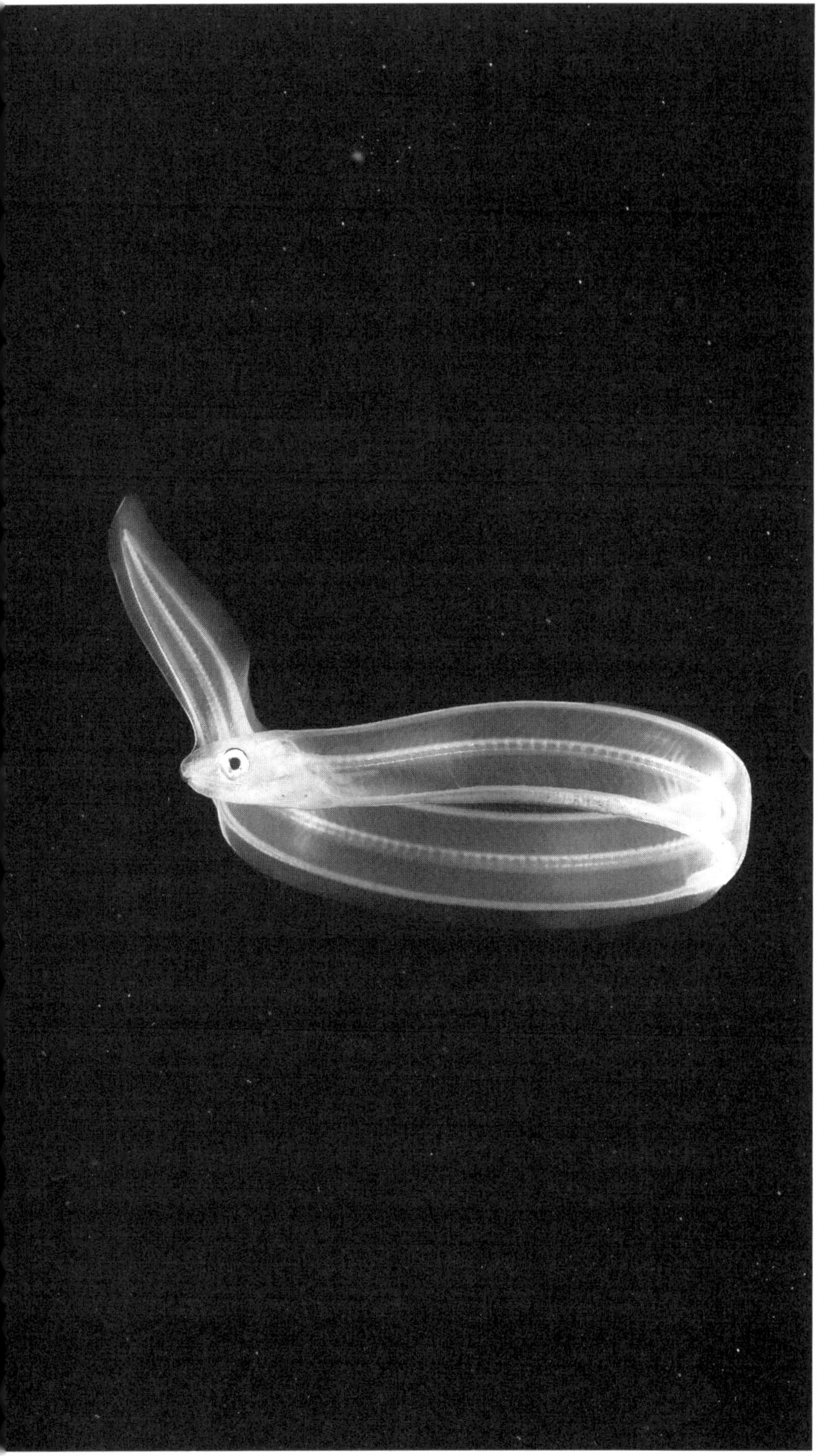

HOMING

Haben Aale ein Gefühl für Heimat? Heimat, was ist das eigentlich? Die Frage ist auch für uns Menschen schwer zu beantworten. Sie ist Teil der Erfahrung sich fortbewegender Lebewesen – einem Baum stellt sich die Frage nach Heimat nicht. In ihrem Gedicht *Die frühen Jahre* schreibt Mascha Kaléko: »Zur Heimat erkor ich mir die Liebe.« Wir verbinden mit dem Begriff unsere Lieben, Landschaften, markante Gebäude, die Natur, mit der wir aufwuchsen, einen Duft oder Klang. Der Heimatbegriff hängt eng mit dem eigenen Ursprungsort zusammen, und mit all dem, was diesen auszeichnet. Im Hinblick auf den Aal stellt sich die Frage nach dem Ursprung in Form der noch fundamentaleren Suche nach dem Anfang eines Kreises. Gleicht der Lebenswandel des Fisches doch vielmehr einem Kreislauf als einer Abfolge von Ereignissen, die von einem Ausgangspunkt startend auf ein Ziel hin verläuft. Oder anders gesagt: Wo ist bei diesem Wechsel zwischen Süßwasser und Salzwasser, zwischen See und Ozean die Heimat? Ist sie dort, wo das Leben des Aals beginnt und endet? Diesen Ort Heimat zu nennen erscheint stimmig. Doch was ist mit jenem Ort, an den es den Aal zieht? Jenen Ort, den er nicht einmal kennt und der doch ab dem Tag seiner Entstehung das Ziel seiner Reise ist? Von dem seine Eltern stammen und an dem er letztlich den Großteil seines Lebens verbringt. Der Großvater des Theaterintendanten und Schriftstellers Hans Neuenfels soll einmal zu ihm gesagt haben: »Du musst immer ein Ziel vor Augen haben, aber du musst nicht dagewesen sein.«[4] Vermutlich soll das für den Menschen bedeuten, dass es nicht schlimm ist, ein Ziel nicht zu erreichen, solange wir eines haben. Für den Aal stimmt es in umgekehrter Reihenfolge: Obwohl er nie da gewesen ist, hat er ein Ziel vor Augen.

Ist das Leben des Aals also eine große Heimatsuche, die sich gleich zwei Mal vollzieht? In Abgrenzung zu uns Menschen nennen wir die Geburtsstätten und Zufluchten der Tiere Reviere, Aktionsradien, Behausungen oder Quartiere, doch niemals Heimat. Der deutsch-amerikanische Biologe und Schriftsteller Bernd Heinrich schrieb dazu, dass für andere Tiere, ebenso wie für uns Menschen, das Zuhause ein »Nest« sei, in dem wir leben und unseren Nachwuchs aufziehen, ebenso wie das umgebende Territorium, das uns ernährt.[5] Was anderes ist ein Heim? Passend dazu bezeichnet man in der Wissenschaft die Fähigkeit, nach Hause zu finden, als *Homing*.

Welche Verbindung der Aal zu seinen angestrebten Süßwasserhabitaten hat, ist unklar. Einiges deutet darauf hin, dass Aale in diejenigen Flüsse schwimmen, in denen ihre Elterntiere einst lebten. Im Zuge der Besenderung von Aalen gab es einige Markierungs- und Umsetzungsexperimente, um der Frage nach der Orientierung der Tiere nachzugehen. In den 1960er-Jahren wurden vor Helgoland und Föhr, nordwestlich der Elbmündung bei Cuxhaven und im Hamburger Hafen insgesamt 1538 erwachsene Aale gefangen, besendert und dann an unterschiedlichen Orten ausgesetzt. So wollten die Forscher herausfinden, ob die Tiere den Weg zurück zum Fang-Ort, also zurück in ihre Heimatgewässer, finden konnten. 77 Aale wurden später wiedergefangen, zwei Drittel davon genau dort, wo man sie aus dem Wasser gezogen hatte. Einige kehrten aus Entfernungen von bis zu 180 Kilometer zurück. Weitere Aale, die man als Gegenkontrolle innerhalb des Gebiets ihres ursprünglichen Fangs markiert und freigelassen hatte, wurden auch nur in diesen Gebieten wieder gefangen.[6] Als man fast ein Jahrzehnt später erneut Umsetzungsexperimente durchführte, stellte man fest, dass die Tiere alle in eine bestimmte Richtung zu schwimmen schienen, nicht jedoch in die richtige Richtung, um an ihren Fang-Ort zurückzufinden. Das warf die Frage auf, ob Aale möglicherweise nur einer bestimmten Richtung folgen, was weniger komplexe Orientierungsfähigkeiten voraussetzt.[7] Allerdings wurden diesmal weit weniger Tiere untersucht und man konnte die Richtung des Rückkehrversuches zwar bestimmen, diesen jedoch nicht bis zum Ende verfolgen.

Die japanische Schwesternart des Europäischen Aals wurde erst kürzlich in derselben Frage untersucht. Markierte Aale, die flussaufwärts gefangen wurden, ließ man flussabwärts wieder frei und umgekehrt. Die Ergebnisse zeigten, dass die Tiere zu ihren ursprünglichen Heimatgefilden zurückkehrten, vermutlich vermehrt zu bestimmten Schutzorten und Futterplätzen, an denen sie viel Zeit verbracht hatten.[8] Auch am Amerikanischen Aal wurden vergleichbare Experimente durchgeführt. Etwas mehr als die Hälfte der Tiere schaffte es, an ihren exakten Heimatort zurückzukehren, einige weitere Tiere hatten diesen zwar zum Ende der Beobachtungszeit noch nicht erreicht, waren aber auf dem Kurs dorthin und hatten bereits einen bedeutenden Teil der Strecke zurückgelegt. Kein einziges Tier schlug dagegen eine andere Richtung ein und entfernte sich weiter von seinem Herkunftsort.[9]

Wahrscheinlich kehren nicht alle Aale auf ihrem Weg aus dem Meer in Richtung Kontinent genau in den Fluss zurück, aus dem sie familiengeschichtlich stammen. Einige Tiere könnten auch in andere geeignete Gewässer schwimmen, je nach Verfügbarkeit von Lebensräumen, Nahrungsressourcen und anderen Umweltbedingungen. Spätestens auf der Rückreise in die Sargassosee müssen die Aale jedoch in der Lage sein, an einen konkreten Ort zu navigieren. Es bleibt also die Frage, wie die Tiere es schaffen, den, je nach Startpunkt, bis zu 6000 Kilometer langen Weg aus den Binnengewässern Europas über den Atlantik bis hin in das Meeresgebiet östlich von Florida zu finden.

IMMER DER NASE NACH?

Ein Sinn, der im Zuge der Aalmigration erforscht wird, ist das Riechen. Die Hypothese ist folgende: Aale können chemische Signale im Wasser wahrnehmen und diese zur Richtungsfindung nutzen. Aale verfügen nachweislich über einen ausgeprägten Geruchssinn und die Fähigkeit, sich Duftprofile zu merken.[10] Sie sind zu räumlichem Riechen fähig, können also eine Geruchsspur in allen drei Dimensionen wahrnehmen und ihr folgen. Studien an Amerikanischen Aalen zeigten, dass der Geruchssinn der Blankaale bei der Orientierung zurück ins Meer tatsächlich eine entscheidende Rolle spielt.[11] Schwimmen die Fische also immer der Nase nach, so lange, bis es nach Heimat duftet? Ja und nein. Die Forscher vermuteten einerseits, dass die erwachsenen Tiere ihren Geruchssinn benötigten, um gezielt bestimmte Gezeitenströme abzupassen und diese als Unterstützung auf ihren Reisen zu nutzen. Andererseits konnten Studien an jungen Glasaalen zeigen, dass diese auf Duftspuren ihrer Artgenossen im Wasser reagierten.[12] Sie wurden von dem Wasser, durch das zuvor andere Aale geschwommen waren, angezogen; je höher die Konzentration der Partikel war, desto stärker war diese Anziehung. Aale folgen also den Spuren all jener Artgenossen, die den Weg vor ihnen angetreten haben.

Die nachgewiesenen Homing-Fähigkeiten der Aale können letztlich nicht allein auf die Geruchsempfindlichkeit zurückgeführt werden. In manchen Umsetzungsstudien waren die Heimatgebiete beispielsweise so gelegen, dass die dortige Wasserzirkulation den wandernden Aalen keine Orientierung bieten konnte, und beim Versetzen der Tiere flussauf- und flussabwärts beobachtete man keine Unterschiede in der Fähigkeit, heimzufinden, wie man sie bei einem Geruchssignal in einem fließenden Gewässer erwarten würde.[13]

Von Vögeln wissen wir inzwischen, dass sie das Magnetfeld der Erde wahrnehmen können. Können Aale dies ebenfalls? Tatsächlich schafften es ausgewachsene Aale in Experimenten, sich nach dem Magnetfeld auszurichten. Interessanterweise war diese Fähigkeit bei verschiedenen Temperaturen und zu verschiedenen Jahreszeiten unterschiedlich ausgeprägt. Im Herbst, also zu jener Zeit, in der die Tiere sich auf den Weg Richtung Meer machen, war sie besonders gut.[14] Darüber hinaus scheinen Aale sich, wenn man ihre Wege unterbricht, bei anschließendem Zurücksetzen intuitiv in die Richtung zu orientieren, in der sie zuletzt unterwegs waren.[15]

Studien an jungen Aalen bestätigten die Ausrichtung am Erdmagnetfeld, und als die Wissenschaftlerinnen ihre dokumentierten Wege extrapolierten, zeigte sich, dass diese auf den Golfstrom zuführen. Für die Studie wurden Glasaale im Ästuar des Severn, Großbritanniens längstem Fluss, zwischen Bristol und Cardiff gefangen und dann verschieden ausgerichteten Magnetfeldern ausgesetzt. Diese imitierten verschiedene Orte entlang der Reiseroute der Aale, die Sargassosee, einen Punkt im Nordwestatlantik, einen weiteren im nördlichen Mittelatlantik und die Gegend um Wales. Je nachdem, wo sich die Tiere vermeintlich befanden, passten sie ihre Schwimmrichtung der richtigen Route an.[16] Aale scheinen also mithilfe einer mentalen, geomagnetischen Karte navigieren zu können. Ihnen stehen offenbar mehrere Sinne zur Orientierung zur Verfügung und möglicherweise ist es eine Kombination aus diesen in Verbindung mit Umweltreizen, räumlichem Lernen und genetischen Anpassungen, die sie auf ihren Wegen leiten.[17] Wir haben erst wenige Teile dieses Puzzles gefunden. Und gerade wenn wir glauben, uns mit all den Sinnen und Mechanismen hinreichend beschäftigt zu haben, stoßen wir auf eine weitere offene Frage, die überdies ungemein schwerer zu beantworten ist. Es ist die Frage nach dem Warum, also nach der Entstehungsgeschichte eines solch komplexen Lebenszyklus.

Die gelebten Leben von Millionen von Tieren hinterlassen Spuren. Ihre fossilen Zeitzeugenberichte helfen uns, das Leben auf der Erde rückwärts zu betrachten und zu verstehen. Viele evolutionäre Reisen sind daher auf wundervolle Weise dokumentiert und schenken uns die Möglichkeit, sie heute nachzuvollziehen. Die aus ihnen hervorgegangenen Reisen der Individuen sind dagegen schwerer zu fassen.

Vielleicht entstand das Verhalten zu einer Zeit, in der Europa und Nordamerika aufgrund der Kontinentaldrift näher beieinanderlagen. In der Kreidezeit bestanden die Landmassen des heutigen Nordamerikas aus dem westlichen Laramidia und dem östlichen Appalachia und befanden sich deutlich näher an den Landmassen Europas, die noch nicht mit Afrika und Asien (damals Sibiria) verbunden waren. Die frühesten fossilen Aale stammen aus den oberen Schichten der Kreidezeit. Möglicherweise entwickelten sich zu dieser Zeit ihre Reisen aus dem Meer in nicht allzu entfernte Flussmündungsbereiche, in denen viel Nahrung zu finden war, und später über die Mündungen hinaus. Erst im Laufe der Jahrmillionen sind die Wege weiter geworden, also hätte jede neue Aalgeneration nur einen wenige Zentimeter längeren Weg zurücklegen müssen.

Komplexe Phänomene der Gegenwart sind häufig durch die Aneinanderreihung zahlloser simpler Schritte entstanden. Wenn wir eine mittelalterliche Kathedrale mit Türmen, Kreuzgängen und kunstvollem Deckengewölbe betrachten, erscheint sie uns als ein stimmiges Ganzes. Doch auch sie besteht letztlich nur aus vielen einzelnen Steinen, die Stück für Stück übereinandergeschichtet wurden. Die Entwicklung des Aals zum Wanderfisch, dessen Reise die Kontinentaldrift über die Jahrmillionen zu ihrem heutigen Ausmaß ausdehnte, ist plausibel. Letztlich lässt sich die Frage, warum die Tiere diese gefährliche Reise auf sich nehmen ohne Zeitmaschine und die Möglichkeit, den Aal zu fragen, jedoch nur spekulativ beantworten.

Der Aal bleibt ein Rätsel und als gäbe es nicht genug offene Fragen, ist jüngst noch eine weitere hinzugekommen. Forscher entdeckten nämlich, dass der Japanische Aal ein fluoreszierendes Protein besitzt.[18] Das heißt, unter UV-Licht leuchten die Tiere grün. Solche Proteine kannte man zuvor nur von Wirbellosen, zum Beispiel von Quallen. Die Aale sind damit die ersten Wirbeltiere, bei denen man jemals fluoreszierende Proteine gefunden hat. Neben ihrem mysteriösen Lebenswandel voller geheimnisvoller Verwandlungen, unbekannter Pfade und ungeklärter Wegfindung müssen Aale nun zu allem Überfluss also auch noch leuchten? Es scheint, als könnte der Aal noch so manche Generation von Wissenschaftlern und Wissenschaftlerinnen beschäftigen.

NAVIGATION UND ORIENTIERUNG

Im Laufe der Zeit haben Arten verschiedene Strategien entwickelt, die ihnen helfen, durch die Welt zu navigieren. Manche dieser Strategien wenden auch wir an, andere sind uns völlig unbegreiflich, weil uns schlicht die dazu nötige Wahrnehmung der Welt fehlt. Wieder andere haben wir mithilfe technischer Errungenschaften nachzuahmen gelernt, zum Beispiel den Magnetkompass. Eine simple Metallnadel weist dank der Eigenschaften des Erdmagnetfelds relativ zielsicher nach Norden, allerdings sind der magnetische Nordpol und der geografische Nordpol nicht deckungsgleich, sondern mehrere Hundert Kilometer verschoben. Tiere sind bei der Kompassnavigation viel präziser unterwegs und erhalten weit mehr als nur eine Richtungsinformation.

Nachdem es zuvor schon einige Spekulationen dahin gehend gab, konnte man in den 1960er-Jahren am Beispiel von Rotkehlchen nachweisen, dass Vögel das Magnetfeld der Erde wahrnehmen.[19] Seitdem wurde der Magnetsinn bei Vertretern aller Wirbeltierklassen (Fische, Amphibien, Vögel, Reptilien und Säugetiere), bei Weichtieren und mehreren Arthropoden-Arten wie Krebstieren und Insekten gefunden. Aale sind beispielsweise bei Weitem nicht die einzigen Fische, die diese Fähigkeit besitzen. Sie ist unter den Fischarten weit verbreitet und wird zur Ausrichtung von lokalen Bewegungen bis hin zu transozeanischen Reisen verwendet.

Längst sind wir über die vage Idee davon, wie Tiere verschiedene Eigenschaften des Erdmagnetfelds wahrnehmen und zur Navigation nutzen könnten, hinaus. Zahlreiche Untersuchungen widmeten und widmen sich seither den Mechanismen, anatomischen und physiologischen Grundlagen des Magnetsinns. Inzwischen wissen wir, dass es sogar verschiedene Magnet-Kompass-Systeme gibt. Ein lichtabhängiger magnetischer Kompass ist ebenso nachgewiesen wie ein lichtunabhängiger Mechanismus, der offenbar auf biogenen, ferromagnetischen Kristallen aus Magnetit und Maghemit zu beruhen scheint.[20]

Unser menschlicher Kompass ist ein Polaritätskompass, er zeigt uns die Richtung der magnetischen Pole an.

Das Magnetfeld der Erde gibt allerdings Informationen preis, die darüber hinausgehen. Grundsätzlich kann man sich das Erdmagnetfeld wie das eines Stabmagneten vorstellen, bei dem die Feldlinien aus der südlichen Hemisphäre austreten, sich um den Planeten krümmen und dann in der nördlichen Hemisphäre wieder eintreten. Entsprechend haben die Feldlinien auf der Erdoberfläche je nach Ort einen unterschiedlichen Neigungswinkel; der Winkel wird steiler, wenn man sich vom magnetischen Äquator in Richtung der magnetischen Pole bewegt. Darüber hinaus variiert die Feldstärke, also die Intensität des Erdmagnetfelds, das in der Nähe der magnetischen Pole am stärksten und in der Nähe des magnetischen Äquators am schwächsten ist. Daraus ergibt sich ein komplexes Muster aus Feldstärkevariation und Neigung, das jedem Ort eine charakteristische Signatur verleiht.

Das Studium des Vogelmagnetkompasses offenbarte, dass es sich dabei um einen lichtabhängigen Neigungskompass handelt, der nicht auf die Polarität des Magnetfelds reagiert, sondern auf den (axialen) Verlauf der Feldlinien und ihre Neigung. Auch viele Amphibien und Reptilien verwenden einen lichtabhängigen Neigungskompass, während der Kompass von Meeresschildkröten offenbar ohne Licht auskommt.[21] »Unseren« Kompasstyp gibt es ebenfalls: Sowohl Hai- und Rochenartige als auch

Knochenfische und Säugetiere scheinen einen Kompass zu besitzen, der auf die Polarität des Magnetfelds reagiert.[22]

Wie die Sinne physiologisch genau funktionieren, ist aber noch ungewiss. Die Spurensuche nach der zu den Kompass-Systemen passenden Sinneswahrnehmung ist dabei in vollem Gange. Der lichtabhängige Kompass benötigt kurzwelliges Licht von UV bis Grün und es liegt nahe, dass seine Rezeption im Auge der Tiere stattfindet. Sogenannte Cryptochrome, lichtempfindliche Proteine in der Netzhaut, gelten als die primären Magnetsinn-Rezeptoren, die der lichtabhängigen Magnetkompasserkennung bei Zugvögeln zugrunde liegen.[23] Sie wurden in der Netzhaut von Rotkehlchen und weiteren Vogelarten entdeckt.[24] Unter anderem bei Tauben fand man außerdem eisenhaltige Strukturen in der Haut des Oberschnabels, die als biologisches Magnetometer dienen könnten. Auf jeder Schnabelseite finden sich dreidimensionale Nervenstrukturen mit verschiedenen Eisenmineralien (Magnetit, Maghemit), die es ermöglichen, das lokale Erdmagnetfeld auf drei Achsen zu erfassen. Dadurch können die Vögel ihre Position anhand der Intensität und Richtung des lokalen Magnetfelds bestimmen, unabhängig von ihrer Körperhaltung, Bewegung oder Sicht.[25] Allerdings sind die Funde dazu nicht eindeutig. Noch verstehen wir die Wahrnehmungswege des Magnetsinns nicht im Detail. Wie sich ein solcher Sinn aus Perspektive der Tiere darstellt, können wir ohnehin nur vermuten, einiges spricht aber dafür, dass Vögel das Erdmagnetfeld spüren und sehen können.

WISSEN, WO MAN IST

Ein Magnetkompass ist ein wertvolles Instrument, um zu navigieren, um sich zu orientieren, braucht es jedoch mehr als das. Stellen Sie sich vor, sie würden in einem Ihnen unbekannten Wald aufwachen. Dann würde ein Kompass Ihnen zwar verraten, wo Norden ist – in welche Richtung Sie gehen müssten, um nach Hause zurückzufinden, verriete er Ihnen jedoch nicht. Dafür müssten Sie wissen, wo Sie sich in Relation zu ihrem Ziel befinden. Sie bräuchten eine (mentale) Karte.

Manchmal ist es nicht zwingend nötig, die eigene Position zu kennen, um erfolgreich zu navigieren. Zum Beispiel dann, wenn man nur einer vorgegebenen Richtung folgen muss, um zwangsläufig am rechten Ort herauszukommen, und diese Richtung zu einem späteren Zeitpunkt nur umkehren muss. Tiere mit dieser Fähigkeit nennen wir Kompass-Navigatoren.[26] Falls die Reisen aber komplexer sind, braucht es die Möglichkeit, sich selbst im Raum zu verorten. Echte Navigatoren kennen sowohl die Reiserichtung als auch ihre eigene geografische Lage in Bezug zu ihrem Ziel, dafür brauchen sie eine mentale Karte, auf der sie sich selbst gedanklich positionieren. Die Verwendung des Erdmagnetfelds als »Karte« zur eigenen Positionsbestimmung wurde zwar bereits im 19. Jahrhundert in Betracht gezogen, doch ließ sie sich damals noch nicht nachweisen.[27] Erste Hinweise lieferten Versuche mit Tauben, bei denen man diese in Gegenden mit starken Magnetfeld-Anomalien freiließ, also an Orten, an denen das Magnetfeld unregelmäßig ist und sich häufig verändert. Tauben, die dort freigelassen wurden, hatten größere Schwierigkeiten, wieder zum Taubenschlag zurückzufinden, als andernorts.[28] Erst durch Umsetzungsstudien und simulierte Verschiebungen des Magnetfelds konnte die Verwendung von Magnetfeldkarten jedoch nachgewiesen werden. Letztere zeigten, dass Tiere im simulierten Magnetfeld eines entfernten Standorts so reagierten, als ob sie physisch genau dorthin versetzt worden wären – und ihre vermeintliche Verpflanzung daraufhin kompensierten.[29] Zahlreiche neuere Studien haben beispielsweise gezeigt, dass Fische das Magnetfeld der Erde nicht nur als Richtungsinformationsquelle nutzen, um einen konstanten Kurs beizubehalten, sondern auch als eine Art Karte, um ihren Standort auf See zu bestimmen und, wie im Falle des Lachs oder Aals, in ihre Geburtsgebiete zurückzukehren.[30]

In weniger als einer Generation hat sich die Idee, dass Tiere das Magnetfeld der Erde nutzen, von einer umstrittenen Hypothese zu einem gut etablierten Grundsatz der Tierorientierung entwickelt.[31] Der Erdmagnetismus ist für Tiere weit mehr als ein Hinweis zur Richtungsbestimmung. Jüngste Erkenntnisse deuten sogar darauf hin, dass Meeresschildkröten, Lachse und einige Vögel sich in jungen Jahren das Magnetfeld ihrer Geburtsregion einprägen und diese Informationen nutzen, um sich als Erwachsene die Rückkehr zu erleichtern. Wie wir uns Waldsäume und Wege einprägen, erlernen manche Tiere offenbar den lokalen Verlauf von Magnetfeld-Gradienten in ihrer Heimatregion und können diese sogar über das ihnen vertraute Gebiet hinaus gedanklich vervollständigen.

Heute wissen wir, dass zahlreiche verschiedene Tierarten magnetische Positionsinformationen für eine Vielzahl von Fortbewegungszwecken nutzen. Sie helfen ihnen, auf ihren Wegen auf Kurs zu bleiben, auf langen Reisen die richtigen Orte zum Rasten zu finden, in bestimmten Gewässerregionen zu verweilen oder in Richtung bestimmter Ziele zu navigieren. Das Magnetfeld ist aber auch bei kleinräumiger Fortbewegung relevanter, als man zunächst dachte. Es hilft beispielsweise Amphibien, eine hochauflösende Karte ihrer Laichgewässer zu erstellen[32], oder Blindmäusen, sich durch ihre unterirdischen, verzweigten Gangsysteme zu bewegen.[33]

Tiere kehren in ihrem Leben häufig zu bestimmten Fixpunkten zurück, selbst wenn sie nicht zu den wandernden Arten gehören. Das kann ein beliebter Futterplatz sein, ein sozialer Treffpunkt oder ein sicheres Versteck. Auch dabei unterstützt sie der Magnetsinn als Entfernungs-, Richtungs- und Positionsmaß: zum Beispiel bei der Nahrungssuche, beim Auffinden von Futterverstecken ebenso wie bei der Jagd. Rotfüchse scheinen ihn beispielsweise bei der Jagd zu nutzen, um ihre Präzision zu erhöhen. Sie erlegen hauptsächlich Mäuse und andere Kleinsäuger, die sie durch einen hohen, gezielten Sprung überraschen. Bei Untersuchungen dieses »Mausssprungs« stellte sich heraus, dass Füchse ihre Sprünge meist in eine ungefähr nordöstliche Kompassrichtung ausrichten. Sprünge in andere Richtungen sind nicht nur seltener, sondern auch deutlich weniger erfolgreich.[34]

Sogar, wenn es Zeit ist, sich auszuruhen, spielt der Magnetsinn offenbar eine Rolle. Satellitenbilder und Feldbeobachtungen von Hausrindern und fast 3000 Rehen und Rothirschen zeigten, dass diese ihre Körperachsen beim Grasen und beim Ruhen ungefähr in Nord-Süd-Richtung ausrichten. Um zu testen, ob sie sich dabei am Magnetfeld orientieren, prüften die Wissenschaftler die Ausrichtung von Tieren in Gegenden mit hoher magnetischer Deklination, also dort, wo geografischer und magnetischer Norden am meisten voneinander abweichen. Dort richteten die Tiere sich eher nach dem magnetischen Norden aus. Warum sie das tun, ist allerdings ein Rätsel. Insgesamt ist der Magnetsinn trotz seiner weitverbreiteten Nutzung noch immer unzureichend verstanden und einige Fragen bleiben offen: Sind die Mechanismen hinter dem Magnetsinn im gesamten Tierreich gleich? Handelt es sich möglicherweise um eine

Eigenschaft, die alle Tiere besitzen, die sich aber nur sehr schwer von anderen Verhaltensweisen abgrenzen und experimentell nachweisen lässt? Hat sich die Fähigkeit einmalig sehr früh in der Erdgeschichte oder mehrere Male unabhängig voneinander entwickelt? Ist der Magnetsinn eine ausschließlich angeborene Eigenschaft oder kann man seine Nutzung trainieren? Auch wenn uns diese Fragen noch lange beschäftigen werden und wir lange nicht einmal wussten, was den Tieren den Weg weist – ihre Fortbewegung auf der ganzen Welt beruht auf diesen Navigations- und Orientierungsmechanismen.

VON KARTEN UND UHREN

Um sich zu orientieren, benötigen Tiere mentale Karten. Das bedeutet, dass es auch einer Form von Karten- oder Richtungsgedächtnis bedarf, die Fähigkeit, sich an Orte zu erinnern und die eigene Existenz in Raum und Zeit zu verorten, um sich zu diesen in Bezug setzen zu können. Dass scheinbar simple, dem Menschen vermeintlich unterlegene Organismen über solche mentalen Fähigkeiten verfügen könnten, schien lange undenkbar.

Der Zoologe Karl von Frisch führte Anfang des 20. Jahrhunderts Experimente mit Bienen durch. Er trainierte die Tiere darauf, Schälchen mit Zuckerlösung anzufliegen, und markierte sie, um ihr Futtersuchverhalten und ihre Heimkehrfähigkeiten zum Nest zu beobachten. Dabei fiel ihm auf, dass die Bienen immer wieder zu den leeren Schälchen zurückkehren, als ob sie prüften, ob wieder Futter vorhanden war. Außerdem dauerte es, wenn er Zuckerlösung nachfüllte, nur kurz, bis viele weitere Bienen an der Schale auftauchten. Zunächst vermutete von Frisch, dass die

Bienen Kundschafter aussandten, die anschließend vorausflogen, um anderen Nestmitgliedern den Weg zu zeigen. Das ließ sich durch seine Beobachtungen jedoch nicht bestätigen. Anschließend testete er in verschiedenen Experimenten die Möglichkeit, dass die Tiere einem bestimmten Geruch folgten. Geruch schien relevant zu sein, doch auch wenn er die Dufthinweise entfernte oder falsch platzierte, fanden die Tiere den richtigen Weg.

Durch einen gläsernen Bienenstock konnte von Frisch die Bienen nach ihrer Rückkehr beobachten. Er entdeckte, dass sie tänzelnde Bewegungen durchführten und anschließend andere Bienen, die dabei zugesehen hatten, zielstrebig zur Futterquelle flogen. Konnte es sein, dass die Tiere sich mitteilten, wo das Futter zu finden war? Und wie fanden sie dann dorthin? Da sich die Ausrichtung der Tänzer im Laufe des Tages änderte, vermutete von Frisch, dass sich die Bienen am Sonnenstand orientierten. Als Nächstes platzierte er Schälchen in verschiedenen Himmelsrichtungen und beobachtete anschließend die markierten Tiere, ihre Tänze und Flugrichtungen. Ihm wurde klar, dass die Bienen sich orientierten, indem sie die Richtung der Futterquelle in Beziehung zum Sonnenstand setzten. Um das zu prüfen, stellte er den Stock in eine dunkle Hütte und tatsächlich funktionierte die Orientierung nicht mehr. Konnten die Tiere einen Ausschnitt des Himmels sehen, klappte die Wegfindung jedoch wieder, und zwar auch dann, wenn man die Sonne selbst nicht sehen konnte. Dadurch erkannte er nach Gesprächen mit Physikern, dass die Bienen die Polarisation des Lichtes wahrnehmen können. Sie entsteht durch die Streuung des Sonnenlichts in der Atmosphäre, wobei sich charakteristische Muster bilden, die für uns unsichtbar sind, Tieren, die im UV-Bereich sehen können, aber zeigen, wie die Sonne steht.

Allein die Erkenntnis, dass Bienen über ihre Navigation kommunizieren können, war bahnbrechend. Die Feststellung, dass sie sich an der Sonne orientieren, bedeutete jedoch, dass sie noch über eine weitere Fähigkeit verfügen mussten – die Fähigkeit, Zeit zu messen. Während die Bienen unterwegs oder im Stock sind, wandert die Sonne schließlich weiter. Um zu funktionieren, muss ein Sonnenkompass den Sonnenstand in Abhängigkeit der Tageszeit berücksichtigen. Schon 1929 war Inge Beling, einer Studentin von Frisch, aufgefallen, dass Bienen häufig zur selben Zeit an die Futterschälchen kamen, die Relevanz dieser Beobachtung erschloss sich ihnen jedoch nicht. Erst im Zusammenhang mit den Erkenntnissen zum Sonnenkompass in den 1950er-Jahren erhielt die Beobachtung neue Bedeutung. Tatsächlich stellte sich in verschiedenen Versuchen heraus, dass die Tiere wussten, wo die Sonne gerade am Himmel steht – und damit, wie spät es ist –, auch wenn sie den Stock über längere Zeit nicht verlassen hatten. Sie besaßen also innere Uhren.

Ein halbes Jahrhundert später, ebenso fasziniert von den Orientierungsfähigkeiten der Bienen, erforschte Randolf Menzel an der Freien Universität Berlin, wie Bienen zurück zum Stock finden. In einem Experiment wurden die Bienen darauf trainiert, zwei etwas weiter von ihrem Stock entfernte Futterstellen anzufliegen. Kleine aufgeklebte Plastikmarker mit individuellen Farben und Nummernkombinationen halfen dabei, die Tiere auseinanderzuhalten. Als einige Bienen gelernt hatten, beide Quellen zu besuchen, begann der eigentliche Versuch: Eine Biene, die beide Positionen kannte, wurde beim Aufsaugen der Zuckerlösung mit einem Gläschen gefangen und bekam einen kleinen Radio-Tag angeklebt. Da Bienen es gewohnt sind, große Mengen Pollen zu transportieren, werden sie durch das zusätzliche Gewicht nicht im Flug beeinträchtigt. Das Glas wurde anschließend verdunkelt und die Biene an einem für sie unbekannten Ort wieder freigelassen. Ziel war es, mittels Radar zu verfolgen, wie sie sich nun zurück zum Stock orientierte. Würde sie sofort erkennen, wo sie war, und auf direktem Weg nach Hause fliegen? Würde sie in die ursprünglich erlernte Richtung vom Futterplatz gen Stock fliegen, die mittlerweile falsch war? Oder würde sie sofort merken, dass sie an einem unbekannten Ort war, zunächst eine der vertrauten Futterstationen suchen und von dort aus den bekannten Weg nach Hause nehmen?

Das Team verfolgte gespannt, was geschah. Zunächst flog die Biene tatsächlich in jene Richtung, die sie von der Futterquelle nach Hause geführt hätte, wäre sie nicht versetzt worden. Dann hielt sie jedoch inne und begann, Kreise in verschiedene Richtungen zu ziehen, um sich schließlich plötzlich und ohne erkennbareren Grund in Richtung ihres Stocks zu positionieren, den sie anschließend auf direktem Weg anflog. Sie schien erkannt zu haben, dass sie sich auf der falschen Route befand, sich dann umgesehen und dadurch umorientiert zu haben. Aus diesem und vielen weiteren Experimenten schlossen die Forscher, dass Bienen eine Mischung aus Informationen über zuvor erlernte Routen, Landmarken und die Hinweise ihrer Artgenossen nutzen, um sich auf ihren Flügen zu orientieren.[35] Auch wenn noch viele Fragen offen sind, wissen wir heute, dass Bienen über einen zeitkompensierten Sonnenkompass verfügen und darüber hinaus das Erdmagnetfeld nutzen.[36]

WEGWEISER

Neben dem Magnetkompass und dem Sonnenkompass gibt es noch viele weitere Methoden, mit denen Tiere ihre Fortbewegung gezielt ausrichten können. Zum Beispiel können sich einige Tierarten mithilfe des Sternenhimmels orientieren, darunter Nachtfalter, Molche, Robben und Vögel.[37] In den 1960er-Jahren entdeckten Forscher in Nordamerika, dass die Sterne beim Vogelzug eine Rolle spielen: Experimente mit Indigofinken im Planetarium von Michigan konnten zeigen, dass die Vögel sich an der Rotation der Sternbilder um den Himmelspol orientierten.[38] Bereits einige Jahre zuvor hatten zwei deutsche Biologen zeigen können, dass ein bewölkter Nachthimmel die Orientierung bei Grasmücken behinderte, und stellten nach ersten Experimenten mit einzelnen Vögeln im Planetarium die Hypothese auf, dass die Vögel dafür die Sterne benötigten.[39] Die Studie zu den Indigofinken bestätigte diese Annahme. Heute wissen wir, dass die Sternenrotation den Vögeln unter anderem dabei hilft, den Norden zu finden und ihren inneren Kompass zu justieren.[40] Dafür müssen Vögel den Verlauf der Gestirne zunächst erlernen, etwa drei Wochen nächtlicher Himmelsbeobachtung brauchten zum Beispiel junge Rotkehlchen, um das Lesen des Sternenhimmels zu erlernen.[41] Einzelne Sterne, wie der Polarstern oder der Abendstern, können ebenfalls der Navigation dienen. Mithilfe eines schwimmenden Planetariums konnten Forschende in Rostock zeigen, dass sich Seehunde bei nächtlichen Jagden orientieren, indem sie einzelne Sterne aus verschiedenen Sternenkonstellationen erkennen.[42] Sandflöhe und andere Insekten nutzen den Mond als Wegweiser.[43]

Zusätzlich zu visuellen Landmarken setzen Fledermäuse auf Schallsignale zur Echoortung. Ausgesandte Rufe im Ultraschallbereich werden dabei von der Umgebung, von Pflanzen, Felsen oder auch von anderen Lebewesen reflektiert und zeichnen so ein Bild aus Tönen. Das Prinzip ist mehrfach entstanden[44] und wird auch von mindestens 16 Vogelarten verwendet, darunter die nachtaktiven Fettschwalme. Sie halten sich tagsüber in dunklen Höhlen auf, die als Ruhe- und Nistplatz dienen, und nutzen Echoortung, um sich durch sie hindurchzubewegen.[45]

Ebenso wie Aale auf ihrem Weg in die Flüsse ihrer Eltern den Duftspuren ihrer Artgenossen folgen, nutzen weitere Arten ihren Geruchssinn, um sich in der Welt zurechtzufinden. Rotbauchmolche leben in den Küstenwäldern im Norden Kaliforniens und sind für ihre bemerkenswerten Homing-Fähigkeiten bekannt.[46] Sie unternehmen große Anstrengungen, um immer wieder an dieselbe Stelle im Bach zurückzukehren, selbst wenn es mehrere Jahre dauert. Sie legen teils große Distanzen durch unwegsames Gelände zurück. Dabei scheint ihr Geruchssinn von entscheidender Bedeutung zu sein.[47] Auch von Lachsen ist bekannt, dass ihnen der Geruchssinn hilft, ihre Heimatflüsse und -bäche wiederzufinden. Sie können früh im Leben Geruchsprofile ihrer Umgebung erlernen und abspeichern.[48]

Im Wasser können sich Tiere außerdem anhand von Strömungen und Vibrationen orientieren. Robben, Ohrenrobben und Walrosse besitzen hoch entwickelte Tasthaare (Vibrissen), die an ihren Wurzeln mit zahlreichen Nervenzellen verbunden sind. Mit ihrer Hilfe nehmen einige Arten die Vibration von Wellen wahr, die von anderen Tieren verursacht werden. Anhand individueller Wellenmuster können sie diese unterscheiden und ihnen folgen: Noch eine Minute, nachdem ein Fisch hindurchgeschwommen ist, sind sie in der Lage, die Wellenrückstände im Wasser zu spüren. Auch wenn diese für unsere Augen unsichtbar sind, sind die Ozeane also voller Spuren und Pfade.[49]

An Land verwenden Tiere, inklusive uns Menschen, häufig Landmarken, um den richtigen Pfad zu finden. Flussläufe, markante Bäume, Hügelformationen oder Waldmuster zeichnen Karten der Umgebung. In vertrauten Gegenden orientieren sich auch Vögel und andere echte Navigatoren an ihrer Umwelt. Manchmal kann die Umwelt Tieren sogar helfen, ihr Ziel nicht nur zu finden, sondern es auch schneller zu erreichen, zum Beispiel, wenn sie Meeresströmungen folgen oder sich saisonale Wetterphänomene zunutze machen.

Schließlich umfasst die Wegfindung auch das Lernen von denen, die eine Strecke schon einmal zurückgelegt haben. Viele Tiere orientieren sich auf ihren Reisen an Artgenossen – mit den vielfältigen Aspekten ihrer gemeinsamen Pfade werden wir uns später näher beschäftigen. Auch für den Heimweg spielt das Wissen anderer eine große Rolle, so müssen viele Zugvögel die Routen erst von ihren Eltern lernen.[50] Auf ihrem ersten Vogelzug folgen sie ihnen und prägen sich ein, was sie später für eine selbstständige Reise benötigen – darunter auch die Wegweiser, die sie nur aufgrund ihres Magnetsinns wahrnehmen können. Ähnlich wie wir Menschen uns an bekannten Orten sicherer bewegen, werden auch Zugvögel mit der Zeit immer vertrauter mit der Landschaft und entwickeln sich zu versierteren Navigatoren. Zunächst müssen sie es aber überhaupt schaffen, alleine zurückzufinden.

Seit sich die Tiere vom Land lösten, haben sie eine unglaubliche Vielfalt an Möglichkeiten entwickelt, sich auf ihren Wegen zu orientieren, Ziele zu erreichen und zu Fixpunkten zurückzukehren. Ein Sammelsurium an Informationen, basierend auf Wahrnehmungen, Erfahrungen und mentalen Karten, gibt den Tieren die nötigen Hinweise und Orientierungspunkte, um heimzukehren. Die Erforschung der dahinterliegenden Mechanismen lässt uns besser verstehen, wie sie dort hinfinden. Wenn sie sich Duftprofile und Wellenmuster ihrer Geburtsstätten einprägen können, ist es besser vorstellbar, wie sie den einen

Ort ausmachen können, von dem sie stammen. Wie der Aal hingegen einen Ort finden kann, an dem er nie zuvor gewesen ist, bleibt ein Rätsel.

Jenseits aller offenen Fragen des Wie und Warum steht auch die fundamentale Frage, was Heimat für mobile Lebewesen wie die Tiere bedeutet. Gibt sie ihnen das gleiche vertraute Gefühl wie uns, wenn wir nach langer Reise heimkehren? Wenn junge Störche nach dem Erwachsenwerden in Afrika in das norddeutsche Dorf zurückkehren, in dem ihre Eltern sie einst großzogen, wenn der Aal dem Duft seiner Artgenossen folgt oder es für den Rotbauchmolch nur an einem ganz bestimmten Bachabschnitt nach Heimat riecht, was unterscheidet ihre Heimat dann im Grundsatz von der unseren? In seinem Gedicht *Was mir als Erstes einfällt* schreibt Christian Futscher: »Meine Heimat ist dort, wo meine Mutter rief: ›Das Essen ist fertig!‹ Meine Heimat ist dort, wo mein kleiner Bruder von einem Pudel gebissen wurde. Meine Heimat ist dort, wo das Messer, das ein Freund geworfen hatte, im Boden stecken blieb – ganz knapp neben meinem Fuß.«[51]

Letztlich wissen wir nicht, wie sich heimkommen für nicht menschliche Tiere anfühlt oder welche Bedeutung diese Orte für sie haben. Wenn wir die Wege der Tiere ohne Vorurteile betrachten, drängt sich jedoch der Gedanke auf, dass es viele Gemeinsamkeiten gibt und wenig, was uns trennt. Bernd Heinrich schreibt entsprechend über die Heimstätten der Tiere: »Ich betrachte ihre Behausungen auch als ihr Heim. Ich wende die gleichen Begriffe absichtlich auf verschiedene Arten an, um der wissenschaftlichen Genauigkeit und Objektivität willen – und um die Kontinuität zwischen unseren Leben und dem übrigen Leben anzuerkennen.«[52]

6

KREISLÄUFE

Es ist erst vor wenigen Wochen geboren und doch spürt das Kalb bereits die latente Unruhe, die die Herde erfasst hat. Bislang bestand seine Welt vor allem aus den braunen Leibern und Beinen der unzähligen Tiere, in deren Mitte es zur Welt kam. An einem Februarmorgen war es feucht und glitschig, noch von Teilen der Fruchtblase umhüllt, auf den Boden gefallen, bevor seine Mutter es mit rauer Zunge sanft trocken leckte. Mit einiger Mühe hatte es seine langen, dünnen Beine sortiert und es bereits nach wenigen Fehlversuchen geschafft, schwankend sein Gleichgewicht zu finden. Einige Schritte später fand es den warmen Bauch seiner Mutter und begann gierig ihre Milch einzusaugen. Das Kalb ist nur eines von etwa 8000 Gnus, die an diesem Tag in der Serengeti das Licht der Welt erblickt haben. Nachwuchs für die große Herde, die sich weidend durch das schier unendliche Land bewegt.

Inmitten der Herde scheint die Landschaft nur aus zwei Komponenten zu bestehen, aus dem Gras, das wie ein fransiger Teppich die Ebene bedeckt, und aus den massigen Körpern der Gnus, die es durchschreiten. *Digitaria* ist das häufigste Gras hier in der Serengeti im Norden Tansanias. Seinen Namen verdankt es den dünnen Halmen, die wie Finger gen Himmel ragen. Es ist die wichtigste Nahrungsgrundlage für die Gnus und viele weitere Antilopenarten und Zebras. Die Halme sind so begehrt, dass man selbst auf den 15 000 Quadratkilometern Fläche möglicherweise Schwierigkeiten haben könnte, auch nur ein einziges Büschel des Grases zu finden, das nicht angeknabbert ist.

Selbst das Kalb verlässt sich schon bald nicht mehr allein auf die nahrhafte Milch der Mutterkuh. Vor drei Wochen, gerade einmal zwei Wochen alt, hat es bereits begonnen, es seinen großen Artgenossen gleichzutun und mit weichem, aber festem Griff Büschel um Büschel zu rupfen und zu zermahlen. Es ist eine raue Wirklichkeit, in die das kleine Gnu hineingeboren wurde, eine Wirklichkeit, in der die Kindheit kurz ist und das Überleben schwierig. Verlöre das Kalb seine Mutter, dann würde keine andere Kuh seine Versorgung übernehmen. In dieser Welt kann es sich nur auf seine eigene Motilität verlassen und auf die Macht der Herde hoffen, die sich aus dem Schutz der Masse ergibt.

Die Unruhe, die seit dem Morgengrauen in der Luft hing, wie das Flirren von Hitze, scheint sich allmählich zu verstärken. Das Kalb schnaubt, als die Erregung ihren Höhepunkt erreicht und sich die Herde in Bewegung setzt. Etwas ist anders als in den letzten Tagen. Es ist nicht das ruhige Auf und Ab von kleinen Grüppchen, die sich mahlend von abgegrasten Halmen zu vollen Büscheln schieben. Es ist eine hitzige, zielgerichtete Bewegung, getrieben von der Anspannung und der Energie der Millionen.

Noch scheint die Märzsonne heiß vom Himmel herab, doch bald wird der Regen einsetzen. Die fingerigen Halme sind abgegrast und die Savanne hat ihre Farbe verändert, da nur noch das borstige und leicht rotstichige Rooigras übrig ist, das viele Tiere verschmähen. Zeit, auf die große Wanderung zu gehen, die das Leben der Gnus in der Serengeti bestimmt.

Die unteren Hänge des Ngorongoro-Kraterhochlands werden Zeit brauchen, um sich zu erholen und neues Gras sprießen zu lassen. Die Herde verlässt die Gegend, um dem Regen zu folgen und frisches Grün zu finden. Über Tage und Wochen wandern die Gnus in Richtung Nordwesten. Dabei wird die Herde ständig von Tieren begleitet, die nicht zu ihr gehören und deren Anwesenheit nicht gewollt ist. Löwen, Leoparden, Geparden und Hyänen sind nun, da es viele junge Kälber gibt, besonders angriffslustig. Diese sind die verletzlichsten Mitglieder der Herde, und wenn eines von ihnen zurückfällt, ist es das Ende seiner Reise.

Das Kalb bleibt immer eng bei seiner Mutter, nur vollständig von anderen Gnus umgeben, ist es in Sicherheit. Es geht weiter nordwärts. Immer weiter durch das unermessliche Land. Stetig wiederholt sich der ewige Kreislauf aus Fressen, Gehen und Schlafen. Wann immer der Himmel sich dunkel färbt und Blitze über den Horizont zucken, birgt er das Versprechen auf frisches Grün. Im April ist die ersehnte Regenzeit endlich da und Wolkenbrüche ergießen sich über die Kurzgras-Ebenen. Regen bestimmt hier über das Mögliche, indem er karges Land in ein lebendiges Ökosystem verwandelt.

Als der Mai kommt, entsteht Unruhe in der Herde. Die Paarungszeit hat begonnen und männliche Gnus kämpfen um jede Chance, ihren Samen für die nächste Generation von Kälbern zu pflanzen. Staub wirbelt auf, wenn sich ihre Körper gegeneinanderwerfen und Kopf an Kopf kracht. Ihre geschwungenen Hörner verkeilen sich ineinander und das Gewicht ihrer Leiber ringt sie nieder. Trotz der Kämpfe setzt die Herde ihren Weg langsam fort. Mit dem Abklingen der Paarungszeit nimmt die Karawane wieder Geschwindigkeit auf. Noch gibt es genug Nahrung, doch es wird zunehmend trockener. Jetzt sammeln sich die Tiere und bilden kilometerlange Kolonnen, die sich durch die vor ihnen liegende Waldland-Zone nordwärts bewegen, in Richtung des Grumeti-Flusses.

Im Juni beginnt die Trockenzeit. Wasser ist eine begehrte Ressource in einem Land, in dem es wenig regnet und die Flüsse in der Trockenzeit nach und nach versiegen. Das Kalb bekommt Flüssigkeit über die Muttermilch, doch seine Mutter kämpft bereits mit den Folgen des Wassermangels. Immer wieder fallen Tiere erschöpft zurück. Die Herde zieht ohne sie weiter, die Löwen werden sich ihrer annehmen.

Die Tiere ziehen den im Norden gelegenen Ufersäumen des Flusses entgegen. Dort sind infolge der ergiebigen Regenfälle Wasserlöcher entstanden und es ist reichlich Futter zu finden. Schließlich liegt der Geruch von Wasser in der Luft und nach einigen Stunden glänzt die Oberfläche des Grumeti verheißungsvoll unter der afrikanischen Sonne. In großen Zahlen sammeln sich die Gnus entlang des Ufers.

Nirgends liegen Leben und Tod der Gnus so nahe beieinander wie in den Flüssen der Serengeti. Ihr Wasser sichert ihnen das Überleben, doch um ihren Weg fortzusetzen, müssen sie den Fluss überqueren. Tausendfach stürzen sich die Tiere in die Fluten, wo die Krokodile schon auf ihre Ankunft gewartet haben. Tausendfach fallen sie ihnen zum Opfer oder ertrinken bei dem Versuch, das andere Ufer zu erreichen.

Sein Herz rast, als das Kalb das Keuchen der übrigen Tiere wahrnimmt, während es sich mit seiner Mutter durch die kühlen Fluten des Flusses bewegt. Intuitiv spürt es die Angst, wittert die Panik, die in der Luft liegt. So schnell sie können, kämpfen sich Mutter und Kind durch den Strom. Das gegenüberliegende Ufer kommt näher, doch dort tummeln sich so viele Gnus, die versuchen die Böschung zu erklimmen, sodass kein weiteres Tier das Wasser verlassen kann. Immer wieder geraten einzelne Tiere aus dem Tritt und stürzen die Böschung hinab oder rutschen im Uferschlamm aus und zurück ins Wasser. Etwas weiter flussaufwärts scheint der Ausstieg flacher zu sein und in einem weiteren Pulk von Leibern werden die beiden mit der Herde an Land gespült.

Sie haben es geschafft. Sie gehören zu den Glücklichen, die ihren Weg fortsetzen können. Weiter nach Nordwesten, immer weiter mit der Herde. Der Grumeti wird nicht der letzte Fluss sein, dessen Überwindung sie meistern müssen. Wenn der Juni in den Juli übergeht, werden sie den Mara erreichen. Er ist der einzige Fluss, der das ganze Jahr Wasser führt. Seine Quellen liegen in den 2900 Meter hoch gelegenen Mau-Wäldern Kenias. Von dort fließt der Mara hinab und durchquert das Land, bevor er schließlich in den Victoriasee mündet. *Ohne* ihn gäbe es für die Herden kein Überleben, *in* ihm werden Abertausende umkommen. Seine Ufer sind steil und seine Überquerung ist noch riskanter als die des Grumeti.

Wenn sie diesen Teil überleben, werden sie im August in der nördlichen Serengeti ankommen. Von dort geht es weiter in die Masai Mara, den nördlichsten Punkt der Wanderung und anschließend, von Oktober bis zum Jahresende, wieder gen Süden. Im Januar wird die große Gnu-Herde wieder in der Gegend des Ngorongoro-Kraters angekommen sein, wo die nächsten Kälber im Februar das Licht der Welt erblicken und der gesamte Kreislauf von Neuem beginnt.

THE GREAT MIGRATION

Etwa 1,3 Millionen Gnus wandern jedes Jahr in einem gigantischen Zug von den Kurzgrassteppen der Serengeti im Norden Tansanias nach Nordwesten in Richtung der Masai Mara im Süden Kenias. Im Uhrzeigersinn bewegen sie sich durch das weite Grasland und folgen dem frischen Grün. Begleitet werden sie von Hunderttausenden Antilopen verschiedener Arten und etwa 200 000 Zebras. Die Gnu-Wanderung in Subsahara-Afrika ist die größte noch existierende tierische Wanderbewegung der Erde – und sie ist die Grundlage für die Existenz so vieler Individuen.

Im Südosten und Süden Afrikas kommen sechs verschiedene Gnu-Arten in unterschiedlichen lokalen Populationen vor. Die meisten Gnus beherbergt jedoch die Serengeti und die häufigste Art dort ist das Serengeti-Weißbartgnu (*Connochaetes mearnsi*). Wenn die Tiere ihre spektakuläre Wanderung vollziehen, können sich an die 1000 Individuen auf einem einzelnen Quadratkilometer sammeln und die Karawane ist sogar vom Weltraum sichtbar. Zu verschiedenen Zeitpunkten im Jahr sammeln sich die Tiere vermehrt in riesigen, eng gemeinsam ziehenden Herden oder verteilen sich großflächiger verstreut über das Land. Manche Distanzen werden zügig überwunden, an anderen Orten können die Gnus etwas verweilen, doch auch diese lassen sie bald hinter sich und setzen den Weg fort. Es gibt kein festes Ziel, keinen Endpunkt für diese Reise, sie ist ein immerwährender Kreislauf.

Das Leben eines Gnus ist schon vor dem Tag seiner Geburt an die stete Wanderung seiner Art angepasst. Fast eine halbe Million Kälber müssen jährlich genau zur richtigen Zeit geboren werden. Es gilt, den Moment im Kreislauf abzupassen, an dem das Land genügend Nahrung bereithält, um die neuen Herdenmitglieder zu versorgen.[1] Tatsächlich werden mehr als 80 Prozent der Kälber innerhalb eines Zeitraums von nur zwei bis drei Wochen geboren.[2] Befruchtung und Geburt werden dabei vor allem durch die Verfügbarkeit von Nahrung und damit durch die Regenfälle synchronisiert.[3] Damit die Herde immer in Bewegung bleiben kann, ist es notwendig, dass die Kälber ihre

Mütter von der ersten Stunde ihres Lebens an begleiten. Dafür müssen sie in kürzester Zeit bewerkstelligen, wofür menschliche Kinder viele Monate benötigen, sie müssen unglaublich schnell aus eigener Kraft stehen und laufen können. Gerade einmal sechs Minuten dauert es, bis ein Gnu-Kalb steht.[4] Bereits nach wenigen Tagen ist es in der Lage, zu galoppieren und mit den Erwachsenen Tieren mitzuhalten. Insgesamt werden etwa 800 bis 1000 Kilometer zurückgelegt. Das erscheint vielleicht nicht allzu weit, wenn man an die 80 000 Kilometer der Flussseeschwalben denkt. Doch auf dem Festland sind Distanzen weit schwerer zu überwinden. Wie wir wissen, ist das Laufen energetisch betrachtet die teuerste aller Fortbewegungsformen.

Dazu kommt, dass an Land allerlei herumsteht. Neben dem Kraftakt, sich der Schwerkraft entgegenzustemmen, gilt es auch, Reibung, Höhenmeter und Hindernisse zu überwinden, die beim Schwimmen oder Fliegen nicht von Bedeutung sind. Die bloße Existenz der Gnu-Wanderung ist der Beweis, dass ihr Bestehen aus evolutionärer Sicht erfolgreich ist. Bei der großen Anzahl an Tieren kommen letztlich immer genügend Gnus an, um die Population am Leben zu halten. Aber was ist mit denjenigen, die den Preis für diese Fortbewegung zahlen? Jenen ultimativen Verlust, den ihre Vorfahren einst in Kauf nahmen, als sich das Leben entwurzelte. Etwa 250 000 Tiere sterben jedes Jahr auf der Wanderung, 6000 Gnus ertrinken alleine im Mara Fluss.[5] Das nomadische Leben fordert einen hohen Tribut. Ihm fallen Hunderttausende zum Opfer, gleichzeitig gäbe es die Individuen, die auf dem Weg ihr Leben lassen, ohne die große Wanderung nicht. Sie hätten nie existiert.

In vielen Graslandregionen der Welt gab es in der Vergangenheit große Herden wandernder Huftiere. In den Great Plains Nordamerikas waren einst Millionen von Bisons unterwegs. Diese Kurzgras-Prärien erstrecken sich entlang der Rocky Mountains von Kanada bis nach Mexiko. Vor der europäischen Besiedlung gab es in den meisten gemäßigten Regionen Nordamerikas große Bestände von Bisons, diese wurden jedoch innerhalb weniger Jahrzehnte drastisch dezimiert. Massive Bejagung und durch Hausrinder eingeschleppte Krankheiten wurden ihnen zum Verhängnis und ihre Zahl fiel von mehreren zehn Millionen Individuen zum Zeitpunkt der europäischen Kolonialisierung auf wenige Hundert Mitte der 1880er-Jahre.[6] Erst als die Tiere fast ausgestorben waren, wurden Schutzmaßnahmen ergriffen. Heute gibt es wieder etwa 500 000 Bisons, eine Erfolgsgeschichte ist es dennoch nicht. Einkreuzungen von Hausrindern lassen das genetische Erbe des Bisons weiter verblassen und nur etwa vier Prozent der Tiere sind geschützte, wilde Populationen. Die großen, wandernden Herden, die einst ikonisches Symbol für die Graslandschaften Nordamerikas waren, sind nicht zurückgekehrt. Der Bison ist in seinem früheren Verbreitungsgebiet praktisch ökologisch ausgestorben, was zahlreiche Folgen für die Artenvielfalt des Graslandes hat.[7] Graslandschaften sind die evolutionäre Wiege vieler großer Säugetiere. In den Kaltzeiten des Pleistozäns erstreckte sich die sogenannte Mammutsteppe über weite Teile des vergletscherten Eurasiens.[8] Auch wenn diese Landschaften und viele ihrer Bewohner heute nicht mehr existieren, stellen sie eine erdgeschichtliche Erinnerung an die großen Zeiten der Grasland-Ökosysteme dar, deren Erbe in der Serengeti symbolisch fortlebt.

Das Gras ist es, das den Kreislauf der großen Herden in der Serengeti bestimmt. Es ist die Nahrungsgrundlage für Millionen von Gnus und weitere Arten, die mit ihnen ziehen. Die wenig wählerischen Zebras beispielsweise fressen unterschiedliche Grasarten und legen dabei die Grashalme frei, an denen die Gnus besonders interessiert sind. Nicht alle Gnus wandern, es gibt auch sesshafte Populationen. Diese sind jedoch viel kleiner und für den Erhalt der großen Herden ist die Migration lebensnotwendig. Stünden sie still, würde ein großer Teil der Tiere elendig verhungern. Nur durch den großen Kreislauf aus Fressen, Weiterziehen und Nachwachsenlassen bietet das Land genügend Nahrung, um sie alle zu ernähren.

Trotz all der Gefahren durch Krokodile, Hyänen oder das Ertrinken beim Überqueren der Flüsse ist es letztlich der Hungertod, der die meisten Gnus der Serengeti ereilt. Unterernährung ist mit großem Abstand (etwa 75 Prozent) die Haupttodesursache.[9] Die Gräser der Ebenen haben den höchsten Proteingehalt in der gesamten Serengeti und sind außerdem reich an Kalzium. In der Trockenzeit fehlt es jedoch an frischem Gras und auch Oberflächenwasser zum Trinken wird zunehmend rar – es folgt ein Leben auf dem Fuße, immer dem Regen nach. Wie die Bestände der Tiere mit ihrer nomadischen Lebensweise verknüpft sind, lässt sich am Beispiel der Streifengnus im Etosha-Nationalpark nachvollziehen. Bis in die 1960er-Jahre gab es dort je nach Jahreszeit bis zu 30 000 Gnus. Zwei Drittel der Population waren nicht ganzjährig dort, sondern wanderten während der Regenzeit in den Nationalpark im Norden Namibias. Nachdem ein Zaun diese Wanderung unterbrach, ging die Population auf zwei- bis dreitausend Tiere zurück und ist seitdem auf diesem Niveau verblieben.[10]

Weidende Tiere sind ein essenzieller Teil des komplexen

Netzwerks aus biotischen und abiotischen Beziehungen des Graslandes. Auch die Gnus werden bei ihrer großen Kreislaufwanderung zu Ökosystem-Ingenieuren. Denn sie sind nicht nur selbst auf das zyklische Nachwachsen des Grases angewiesen, sondern gestalten den Lebensraum durch ihre Präsenz und ihr Verhalten direkt und indirekt mit. Wenn sie weiterziehen, geben sie dem Grasland Zeit zur Regeneration. Ihre Ausscheidungen dienen als Dünger und ihre Beweidung verhindert, dass das Land verbuscht oder verwaldet. Außerdem ziehen sie die Aufmerksamkeit vieler Raubtiere auf sich und verschaffen so anderen eine Verschnaufpause. Wie viele tierische Wanderungen birgt auch die »Great Migration«, wie die Massenwanderung genannt wird, ihre Geheimnisse. Es ist unklar, woher die Gnus wissen, in welche Richtung sie gehen müssen. Es wird vermutet, dass ihre Migration hauptsächlich durch das Wetter bestimmt wird und ihre Pfade dem Regen folgen. Auch wenn es keinen Nachweis dafür gibt, glauben einige Wildhüter zudem, dass die Gnus aus vielen Kilometern Entfernung den Regen riechen können und dass sie Blitzen am Himmel folgen.

ZWISCHEN FUTTERGRÜNDEN UND KINDERSTUBE

Letztlich sind alle Fortbewegungsformen als eine Antwort auf ein Bedürfnis oder eine Möglichkeit entstanden. Dabei können verschiedene Bedürfnisse im Vordergrund stehen. Hunger kann ein starker Antrieb sein, er bringt Tiere wie Menschen dazu, sich auf riskante Reisen zu begeben, um die eigene Existenz zu sichern. Vor diesem Hintergrund scheint es nicht überraschend, dass es in der Natur einige große Kreisläufe gibt, die den regionalen und saisonalen Mustern von Nahrungsverfügbarkeit folgen. Einer dieser Kreisläufe führt uns in die Arktis. Genauer gesagt in den arktischen Sommer, der für viele Meeresbewohner ein wichtiger Ankerpunkt ist. Er umspannt nicht nur die Welt, sondern verbindet auch die größten unter den Meerestieren mit den kleinsten.

Einst gab es Grauwale auch im Atlantik, doch dort sind sie um 1700 durch den Menschen ausgelöscht worden.[11] Sie schwammen vor denselben Küsten Spitzbergens, über deren Strände der Polarfuchs streift – heute findet man sie noch im nördlichen Pazifik. Eine Population lebt im Osten des Ozeans, vor der Westküste Nordamerikas, die andere im Westpazifik.[12] Die Tiere bleiben, anders als andere Walarten, nahe an der Küste und sie bevorzugen in der kalten Jahreszeit die wärmeren Gewässer vor Kalifornien und Mexiko, beziehungsweise vor Korea und Japan. Dort ziehen sie auch ihre Jungtiere groß. Nach elf bis zwölf Monaten Schwangerschaft kommt jeweils nur ein einzelnes Kalb zur Welt, das schon bei seiner Geburt an die fünf Meter lang und eine halbe Tonne schwer ist.

Die wärmeren Gewässer vor der Küste Kaliforniens und Mexikos (und Asiens) sind die Kinderstube der Grauwale. Wenn jedoch auf der Nordhalbkugel der Sommer einsetzt, begeben sich beide Populationen auf Reisen gen Norden. Die westpazifische Population zieht es dann an die Küsten vor Sibirien und um die Kamtschatka-Halbinsel, die Tiere des Ostpazifiks ziehen entlang der Westküste Nordamerikas bis in die Beringsee vor Alaska. In den arktischen Gewässern finden sie dann reichlich Plankton. Das Zooplankton besteht aus unzähligen, meist wenige Millimeter messenden Flohkrebsarten und Vertretern der Ruderfußkrebse so wie vielen weiteren tierischen Kleinstlebewesen, die im freien Wasser schweben.

Über eine Tonne davon frisst ein Grauwal am Tag. Die schlanken, bis zu 15 Meter langen Tiere sind Filtrierer, die große Mengen Wasser aufnehmen und es dann mit der Zunge durch ihre Barten nach außen drücken und so ihre Beute herausfiltern. Um die ergiebigen Beutegründe im hohen Norden zu erreichen, legen Grauwale enorme Entfernungen zurück, und das obwohl sie langsame Schwimmer sind. Bis zu 10 000 Kilometer liegen zwischen Sommer- und Winterquartier, in einem Jahr entsteht so eine Strecke von bis zu 20 000 zurückgelegten Kilometern – damit ist die Grauwal-Wanderung die weiteste Säugerwanderung der Erde.[13]

Warum nehmen Grauwale diesen weiten Weg auf sich, um Nahrung zu finden? Zwar kommen ihre Beutetiere weltweit vor, jedoch nicht überall gleich häufig. Je nach Nährstoffverfügbarkeit und Licht schwankt das Angebot, in den Polargewässern ist es besonders reichhaltig. Basis dieses Reichtums bilden Kieselalgen. Diese kommen mit kalten Temperaturen zurecht, und wenn das Klima im arktischen Sommer wärmer wird, explodieren ihre Populationen geradezu. Sie ernähren als Phytoplankton (pflanzliches Plankton) wiederum das Zooplankton, die vielen kleinen tierischen Organismen. So entsteht eine gigantische Menge an Biomasse, die für die Grauwale leicht zu ernten ist. Anders als andere Bartenwale filtern Grauwale sogar den Meeresgrund, in dem sie Sediment aufwirbeln und ihm ebenfalls Kleinstlebewesen entziehen. Die Futtergründe sind so ergiebig, dass die Grauwale dort fast ihre gesamten Kalorien aufnehmen. Den Rest des Jahres zehren sie überwiegend von den Reserven, die sie im kurzen arktischen Sommer angelegt haben.

Ihr Leben folgt einem steten Kreislauf, der sich von Süden nach Norden in die Zeit des großen Fressens und von Norden nach Süden in die Zeit des Gebärens dreht. Interessanterweise folgt ihr Kreislauf damit dem umgekehrten Muster unserer Störche und anderer Zugvögel, die für die Jungtierzeit nach

Norden wandern, auch wenn sie beide die Wärme des Südens schätzen und winterlicher Kälte ausweichen.

Die Kälber der Grauwale ziehen gemeinsam mit ihren Müttern gen Norden. Dort finden diese die Futtermengen, die sie für sich selbst benötigen, aber auch, um Milch zu produzieren, von der ein Kalb immerhin über 1000 Liter am Tag trinkt.[14] Die Nahrung der Beringsee ist also essenziell, dauerhaft im Norden zu verweilen ist jedoch keine Option. Im arktischen Winter sind die Nahrungsquellen ausgedünnt und schwerer zu erreichen, sie liegen in größeren Tiefen und weite Teile sind unter dickem Eis verborgen. Außerdem eignen sich die warmen, geschützten Lagunen des Südens besser für die Geburt der Kälber und der Energieverlust ist im wärmeren Wasser geringer. Entsprechend sind es auch die Weibchen, deren Schwangerschaft sich dem Ende neigt, die als erste soziale Gruppe die Rückreise nach Süden antreten.[15]

Auf ihrer großen zirkulären Reise überschneidet sich der Kreislauf der Grauwale mit vielen Kreisläufen anderer Tiere. Die sommerlichen Pole haben aufgrund ihres immensen Reichtums an Kleinstlebewesen nicht nur magnetische, sondern auch nahrungsphysiologische Anziehungskräfte. Neben den Grauwalen wandern beispielsweise auch Blauwale und Robben dorthin und auch viele Seevögel nutzen das Angebot. Ausgerechnet die auf den ersten Blick so lebensfeindlich erscheinenden Polarregionen bilden wichtige Fixpunkte für unzählige große Arten der Meere, die auf die Masse der Kleinstlebewesen angewiesen sind, die sie dort vorfinden.

Das Ausmaß der gigantischen Schwärme ist schwer vorstellbar: In einem einzigen Kubikmeter Wasser des Südpolarmeers findet man beispielsweise 10 000 bis 30 000 Tiere des Antarktischen Krills (*Euphausia superba*).[16] Krill bezeichnet verschiedene Arten der weltweit verbreiteten Familie der Leuchtgarnelen und ist Teil des Planktons. Der Antarktische Krill ist dabei besonders zahlreich. Insgesamt wird die durchschnittliche jährliche Biomasse der Tiere konservativ auf etwa 340 bis 436 Millionen Tonnen geschätzt. Plankton ist das Kraftfutter der Meere. Allein im Südpolarmeer werden jedes Jahr etwa 300 Millionen Tonnen Krill »verbraucht«.[17] Denn trotz ihrer geringen Größe sind die Tiere durch ihre hohe Biomasse ein wesentlicher Bestandteil mariner Nahrungsnetzwerke: Sie sind die Hauptnahrung zahlreicher Fischarten, wie des Atlantischen Herings, und sogar Raubfische, wie der Thun, die eigentlich größere Beutetiere verfolgen, greifen in hohem Maße auf sie zurück. Grauwale und andere Bartenwale sind in ihrer Ernährung sogar vollkommen auf sie angewiesen – so bilden ausgerechnet die Kleinsten die Lebensgrundlage der Meeresgiganten.

Ebenso wie die riesigen Wale sind auch die winzigen Krebse Filtrierer. Sie können selbst Plankton der antarktischen Gewässer nutzen, indem sie statt Barten eine Art Filterkorb nutzen, den sie mit ihren Beinen bilden.[18] Und ähnlich wie die Gnus in der Serengeti weiden auch sie. Im Verhältnis zu ihrer Größe grasen sie enorme Flächen ab, nur weiden sie nicht das Gras afrikanischer Kurzgrassteppen, sondern den grünen Eisalgen-Rasen, der auf der Unterseite des Packeises wächst.[19] So werden auch sie zu Ökosystem-Ingenieuren und stellen einen essenziellen Bestandteil des komplexen Kreislaufs dar, der über das Ende ihrer eigenen Existenz hinaus bedeutsam ist.

Aus unserer eigenen individuellen Perspektive vollzieht sich das Leben als ein linearer Prozess. Er beginnt mit unserer Geburt und setzt sich bis zu unserem Sterben fort. Auf diesem Lebensweg nehmen wir viele Abzweigungen, beschreiten manche Wege mehrfach und haben das ein oder andere Mal den Eindruck, uns im Kreis zu drehen. Dennoch überwiegt in Summe der Eindruck von Linearität. Das gilt auch für den Beginn des Lebens, das Aufwachsen und Erreichen des Erwachsenenalters. Eltern müssen Immenses leisten und erleben dabei vollgepackte Tage, an denen sich vieles wiederholt. Gleichzeitig beschreiben viele Eltern auch, wie rasant angesichts ihrer heranwachsenden Kinder die Zeit an ihnen vorbeizieht. Alles scheint einem Weg zu folgen, der zwar nicht immer geradlinig verläuft, sich aber stets fortsetzt.

Selbstverständlich verläuft die Existenz allen unitaren tierischen Lebens von einem Ausgangs- zu einem Endpunkt. Für viele nicht menschliche Tiere ist das Leben jedoch von Kreisläufen geprägt, insbesondere wenn es um den Weg vom Beginn des Lebens bis zum Erreichen der eigenen Elternschaft geht. Diese Kreisläufe bringen die Tiere als Erwachsene wieder zurück an den Ausgangspunkt ihres Lebens.

Meeresschildkröten der Art *Caretta caretta*, die Unechte Karettschildkröte, findet man in allen tropischen und subtropischen Meeren, im Pazifik und Atlantik, im Indischen Ozean ebenso wie im Mittelmeer.[20] Entsprechend weit verteilt sind auch ihre Nistplätze, häufig konzentrieren sich diese aber auf bestimmte Strände. Im südwestlichen Indischen Ozean nisten die Tiere beispielsweise an der Südostküste Afrikas, von den Paradiesinseln in Mosambik südwärts bis St. Lucia in Südafrika, und an der Süd- und Südwestküste Madagaskars, dennoch nistet der Großteil aller Unechten Karettschildkröten des Indischen Ozeans auf einer einzigen Insel. Auf der Insel Masirah im Arabischen Meer legen jedes Jahr über 20 000 der Schildkröten ihre Eier ab.[21] Im Atlantik findet man die größte Konzentration entlang der Südostküste Nordamerikas und im Golf von Mexiko. Die Florida Fish and Wildlife Conservation Commission schätzte die Zahl an Nestern in Florida für das Jahr 2016 auf über 184 000.[22] Obwohl es überall in ihrem Verbreitungsgebiet Nistplätze gibt, findet man 75 Prozent der weltweiten Unechten-Karettschildkröten-Bestände in diesen beiden Regionen.

Wo man die Tiere im Meerwasser antrifft, kann es einen Hinweis auf ihre Herkunft geben, allerdings nur, wenn man über die Reiserouten der Tiere Bescheid weiß. Andernfalls könnte man mit seiner Schätzung weit danebenliegen – Tausende Kilometer weit.

Junge Exemplare der Unechten Karettschildkröten, die man zu Tausenden vor der Küste Baja Californias in den USA gefunden hatte, konnten beispielsweise mithilfe von molekularen Untersuchungen an die Strände ihrer Herkunft zurückverfolgt werden. 95 Prozent aller getesteten Tiere stammen von 10 000 Kilometer entfernten Stränden Japans.[23] Die Tiere durchqueren offenbar schon in jungen Jahren den gesamten Pazifik, ungefähr ein Drittel des Planeten.[24]

Die Reise der Schildkröten beginnt im warmen Sand einer Küstenlinie; begleiten wir sie ein wenig: In kleinen Haufen von wenigen Dutzend bis über 150 runden, ledrigen Eiern wachsen sie heran.[25] Über zwei Monate sind vergangen, seit die Mutter sie hier abgelegt hat, bevor sie wieder in der Weite des Ozeans verschwand. Ihre Aufgabe war nach dem sorgfältigen Vergraben der Eier erfüllt, die Sonne brütet den Nachwuchs aus.

An einem warmen Augusttag ist es so weit. Zwei Stunden nachdem die Sonne untergegangen ist, bildet sich im feinen Sand des nächtlichen Strandes eine kleine Mulde. Sand rieselt wie in einem Trichter nach unten, dann bricht ein kleiner, spitzer Kopf durch die Oberfläche. Kurz darauf erscheint ein weiterer Kopf und nach und nach windet sich eine Schildkröte nach der anderen aus dem Sand. Wie von einem unsichtbaren Dirigenten angeleitet, haben sie vor einiger Zeit begonnen, sich aus der Eierschale zu befreien und sich gen Oberfläche durchzugraben. Nun schlüpfen sie fast gleichzeitig. Nicht nur in diesem Nest, am ganzen Strand kämpfen sich winzige Schildkröten aus dem Sand, orientieren sich und machen sich auf den Weg in Richtung Meer.

Die ersten Stunden und Tage ihres Lebens sind die gefährlichsten, denn eine ganze Reihe von Beutegreifern hat es auf sie abgesehen. Am Strand sind Füchse, Waschbären oder Hunde eine große Gefahr, ebenso wie Möwen, Krähen und andere Vögel. Viele Meeresschildkröten schaffen es nicht bis ins Wasser und ihr kurzes Leben endet, bevor ihre Flossen je das Meer berühren.

Die Flossen der Schildkröten haben sich, seit ihre Vorfahren vor über 100 Millionen Jahren das Land verließen und die neue evolutionäre Familie der Meeresschildkröten schufen, an das Leben im Wasser angepasst. Nun müssen sie die vielen kleinen Körper so schnell wie möglich über den Sand hinwegtragen.

Endlich erreichen die ersten Tiere den Wellensaum und dunkles Wasser rollt über sie, verschluckt sie und heißt sie willkommen. Auch im Meer lauern noch viele Gefahren durch Raubfische, Krabben oder Seevögel. Doch hier sind sie zu Hause und sie werden ihr Element in ihrem Leben nur noch aus einem einzigen Grund verlassen, damit der Kreislauf an diesem Strand erneut beginnen kann. Sobald die jungen Schildkröten im Wasser sind, schwimmen sie einige Tage lang zielstrebig, um in tiefe Wasserschichten zu gelangen. Während dieser Zeit fressen sie nicht, sondern ernähren sich von übrig gebliebenem Dotter. Sie sind schon jetzt gute Schwimmer, doch sie bekommen Unterstützung von der See. Starke Strömungen tragen sie hinaus ins offene Meer, wo sie sich zwischen Treibgut und Seetangmatten verbergen.

Wie ein großer Kreisel verbindet der Nordpazifikwirbel die Geburtsstätten der Tiere mit ihrer zukünftigen Heimat. Seine Strömungen transportieren die Jungtiere im Uhrzeigersinn von den japanischen Nistständen zu ihren Futtergebieten im Ostpazifik an der amerikanischen Westküste. Unterwegs fressen sie Pflanzen und Kleintiere und mit der Zeit wachsen sie heran. Irgendwann ist es für sie sicher genug, gemeinsam mit den ausgewachsenen Tieren die reicheren Futtergründe in Küstennähe anzusteuern. Dort verbringen sie den Großteil ihres Lebens und ernähren sich unter anderem von bodenbewohnenden Wirbellosen wie Schnecken, Muscheln und Pfeilschwanzkrebsen, von Korallen, Kopffüßern, Quallen, Fischen und Pflanzen. Sie sind nicht wählerisch und legen stetig an Masse zu.[26]

26 Jahre später haben einige Jungtiere, die in jener Nacht geschlüpft sind, eine Länge von 90 Zentimetern und um die 135 Kilogramm Körpergewicht erreicht.[27] Den meisten ihrer ehemaligen Fressfeinde sind sie längst entwachsen, ihr rötlich brauner Panzer schützt sie zudem vor Angriffen. Nur wenige Tiere, wie große Haie, können ihnen nun noch gefährlich werden.

Inzwischen sind die Weibchen selbst alt genug, um Mütter zu werden, und nach der Paarung begeben sie sich auf die Reise zurück zu dem Strand, an dem ihr Leben einst begann. Sie vertrauen sich wieder der Meeresströmung an, schwimmen mit dem Strom und erreichen so irgendwann die andere Seite des Pazifiks und schließlich *ihren* Strand. Im Abstand von zwei bis drei Wochen legen sie dort mehrere Nester an, graben ihre Eier tief in den Boden ein. Ihre Nachkommen überlassen sie dann dem schützenden Sand und der Sonne, die eine neue Generation von Schildkröten ausbrütet.

Die Mütter machen sich wieder auf den Weg in ihre Futtergründe, 10 000 Kilometer entfernt auf der anderen Seite des Ozeans. Sie legen eine Pause von zwei bis drei Jahren ein, bis sie wieder bereit sind, Eier zu legen, und die Reise von Neuem beginnt. In ihrer etwa 65 Jahre währenden Lebensspanne drehen sie so viele Male den großen Schildkröten-Kreisel.[28]

Auch die atlantischen Populationen der Unechten Karettschildkröte folgen diesem Muster, in dem der Kreislauf ihrer Geburt und ihres Mutter-Werdens mit der kreisförmigen Strömung des Ozeans verwoben ist. Ihre Leben beginnen an den Stränden Floridas und werden durch den Nordatlantischen Wirbel (zu dem auch der Golfstrom beiträgt) mit ihren ostatlantischen Nahrungsgewässern vor Europa und Nordafrika verbunden. Insgesamt gibt es sieben Arten in der Familie der Meeresschildkröten sowie die nicht dazu gezählten Lederschildkröten. Sie alle haben diese Lebensweise entwickelt und kehren stets an ihre Heimatstrände zurück. Dabei helfen ihnen die Informationen des Erdmagnetfelds.[29]

Während manche Arten einzeln und unkoordiniert zu ihren Niststränden schwimmen, versammeln sich viele Oliv-Bastardschildkröten regelmäßig zu mehreren Tausend vor der Küste. Über Tage und Wochen werden es immer mehr Tiere, die dann gemeinsam das Wasser verlassen und sich zum Nisten an den Strand begeben. Das mysteriös koordinierte Verhalten ist so eindrücklich, dass es einen eigenen Namen erhielt: La

Arribada – die große Ankunft. Das Phänomen lässt sich besonders an den Stränden Costa Ricas beobachten. Bis zu 100 000 Weibchen können gleichzeitig an den Strand kriechen, was die Arribada auslöst, ablandige Winde, bestimmte Mondzyklen, die Abgabe von Pheromonen durch die Weibchen oder andere unentdeckte Faktoren, wissen wir nicht.[30] Sie ist eines der vielen Rätsel, die uns die Welt tierischer Fortbewegung beschert und die wir nur mit ehrfürchtigem Staunen beobachten.

Auch über das Leben der Jungtiere in ihren ersten Jahren war viele Jahrzehnte lang so gut wie nichts bekannt. Erst 2007 entdeckte man bei der Untersuchung des Verhältnisses verschiedener Isotope im Panzer von Grünen Meeresschildkröten in flachen Küstengewässern, dass sich die eigentlich pflanzenfressenden Schildkröten während der ersten Jahre von Quallen und anderen wirbellosen Tieren ernähren, die sie offenbar draußen im offenen Meer fangen.[31] Dies war ein wichtiger Hinweis auf ihre zurückgelegten Wege. 65 Jahre Leben auf der Reise. 65 Jahre und Abertausende Kilometer Fortbewegung durch den Ozean, von vertrauten Stränden bis in unbekannte Tiefen – vielleicht können wir nie mehr als kleine Einblicke erhaschen, während sich uns das Leben der Meeresschildkröten in seiner Gänze entzieht. Was uns die Meeresschildkröten jedoch eindrücklich zeigen, ist, wie vernetzt dieser Globus durch die Reisen der Tiere ist. Dass sie seit Millionen Jahren in einer Welt leben, in der sich die Bedeutung von Grenzen im ewigen Strom der Meere verwischt.

Die Welt ist voller Kreisläufe, die von tierischer Fortbewegung bestimmt werden. Von den Nahrungswanderungen der Gnus aus der Serengeti in die Masai Mara und zurück bis zu den Schildkröten-Kreiseln durch unsere Ozeane. Viele Tiere folgen räumlichen Mustern, haben eine Heimat, in die sie zurückkehren, und weit entfernte Ziele, zu denen es sie zieht. Insbesondere bei Meeresbewohnern lassen sich diese Kreisläufe an bestimmten Fixpunkten am besten entdecken, nämlich dann, wenn die Tiere ihr vertrautes Element verlassen und sich ans Ufer begeben. Selbst Bewohner des Festlands, nehmen wir Menschen andere Tiere oft vor allem an jenen Orten wahr, die zu unseren gewohnten Gefilden gehören und deren Natur uns vertraut ist. Seeelefanten sehen wir beispielsweise hauptsächlich an Land. Zum Beispiel dann, wenn sie an kalifornischen Küsten im Januar und Februar des Jahres an Land gehen und dort ihren Nachwuchs zur Welt bringen. Von ihren bis zu 5000 Kilometer weiten Reisen durch den nördlichen Pazifik, die danach folgen, bekommen wir viel weniger mit. Dabei stellt dieser Teil ihres Lebens, zumindest zeitlich betrachtet, den wesentlichen Anteil dar. Etliche tierische Reisen und die Beziehungen zwischen den Orten, die sie besuchen, bleiben uns also verborgen. Letztlich sind viele dieser tierischen Wanderungen Kreisläufe. Auch der Vogelzug stellt einen saisonalen Kreislauf aus Wechsel zwischen den Sommer- und Winterquartieren dar. Darüber hinaus gibt es jedoch viele kleinere Kreisläufe, die ohne Fortbewegung nicht denkbar wären. Sie sind untrennbar mit dem Leben verwoben, da sie nicht nur die Basis für das eigene Überleben, sondern für das anderer Spezies und ganzer Ökosysteme bilden.

Erinnern Sie sich an den Krill, der die großen Nahrungskreisläufe der Wale und anderer Meerestiere prägt? Auch die kleinen Krebse vollziehen ihre eigene Wanderung, nur dass sie nicht in die Ferne schweifen, sondern in die Tiefe. Das Leben von Krill beginnt mit einer Abwärtsbewegung. Die Eier, aus denen die Tiere schlüpfen, werden nahe der Oberfläche gelegt, und während sich in ihrem Inneren die Naupilus-Larven der Krebse entwickeln, sinken sie langsam ab. Die späteren Entwicklungsstadien und das Leben der ausgewachsenen Tiere ist ein ständiges Auf und Ab. In gigantischen Schwärmen schwimmen die Tiere zur Oberfläche, um zu fressen, und lassen sich später in große Tiefen absinken. Häufig findet der Aufstieg nachts statt und bei Tagesanbruch erfolgt der Rückzug ins schützende Dunkel.[32] Dort sind weniger Tiere unterwegs, die es auf sie abgesehen haben. Studien zeigen, dass nicht alle Tiere mit der durch Tag und Nacht synchronisierten Masse wandern, es scheint auch der Hunger zu sein, der über die Wanderung der kleinen Krebstiere bestimmt.[33] In den Oberflächenwasserschichten fressen sie sich an Algen und Kieselalgen satt, lassen sich absinken und steigen wieder auf, wenn die Verdauung abgeschlossen ist. Die Vertikalwanderung von Krill und weiteren Kleinstlebewesen aus den oberen Meeresschichten in die Tiefe ist die am weitesten verbreitete und koordinierteste Bewegung von Biomasse auf der Erde.[34]

Ausgerechnet die nach Masse betrachtet größte Wanderbewegung der Welt vollzieht sich also vor uns verborgen unter dem Meer. Krill ist damit nicht nur als wichtige Nahrungsquelle bedeutend fürs Ökosystem, sondern stellt auch eine gigantische Umverteilungsmaschinerie für Nährstoffe im Ozean dar. Auf ihren Wanderungen verteilen die Tiere Futter- und Häutungsreste und transportieren große Mengen von Algenbiomasse in tiefere Wasserschichten. Ähnlich wie die Eulen speit Krill Nahrungsbälle aus, nur dass diese winzig sind und aus Algen und Kieselalgenteilen bestehen. Als sogenannter Meeresschnee sinken diese nach unten. So werden große Mengen Kohlenstoff umgewälzt und in Tiefen von mehreren Tausend Metern gebunden, wo sie über lange Zeiträume lagern können.[35] Der Krill-Kreislauf aus Aufstieg und Absinken wird so Teil des globalen Kohlenstoffzyklus und bildet die Grundlage für die Existenz ganzer Ökosysteme.

Ähnliche Wanderungen wie die des Krills gibt es auch bei Kleinstlebewesen in Süßgewässern, zum Beispiel bei Wasserflöhen. Insgesamt wissen wir jedoch noch wenig über diese tierischen Bewegungen in der Vertikale, insbesondere im Verhältnis zur immensen Bedeutung für die Nährstoffkreisläufe der Natur.

DÜNGER FÜR DIE LEBENDIGE WELT

Durch ihre Fortbewegung tragen Tiere weltweilt dazu bei, Nährstoffe neu zu verteilen. Ein Beispiel dafür sind auch Seevögel, die in großen Einzugsbereichen fressen und dann Nährstoffe aus den Meeren zu den oft kargen Orten ihrer Nistplätze tragen. Ihre Ausscheidungen werden zum Dünger für Korallenriffe[36] und Pflanzen[37], die wiederum Teil eines komplexen Netzwerks sind. Allein die Seevögel transportieren jedes Jahr schätzungsweise 600 000 Tonnen Stickstoff und 100 000 Tonnen Phosphor in ihre Brutgebiete.[38] Besonders in Regionen wie der Arktis sind die Auswirkungen von Seevögeln als Nährstoffvektoren immens. Der Nährstoffmangel und die rauen klimatischen Bedingungen der Polarregionen führen dazu, dass die dortigen Land-Ökosysteme im Allgemeinen eine geringe Produktion an Biomasse und auch eine geringere Artenvielfalt aufweisen.[39]

Während ihrer kurzen polaren Brutzeit lagern Seevögel wie Krabbentaucher, Dickschnabellummen, Dreizehenmöwen und Eissturmvögel erhebliche Mengen an organischem Material aus dem Meer an Land ab. Alleine die schwarz-weiß gezeichneten Krabbentaucher düngen ihre Koloniegebiete mit etwa 60 Tonnen Kot pro Quadratkilometer und auch in der Umgebung sind es noch 25 Tonnen.[40] Die Ausscheidungen der Seevögel werden so zur Hauptnährstoffquelle für das terrestrische Ökosystem und erschaffen Biodiversität, lassen Schmielen und Alpen-Rispengras, weißes Arktisches Hornkraut, zart rosafarbenen Steinbrech und leuchtend gelben Arktischen Mohn sprießen.

Seevögel sind wichtige Vektoren für ökosystemübergreifende Nährstoffe, doch letztlich sind alle sich fortbewegenden Arten Teil eines großen Netzwerks, das Leben über den Globus verteilt. Als heterotrophe Organismen, also Lebewesen, die organische Nährstoffe aufnehmen müssen, um zu leben, sind Tiere in stetem Austausch mit der Biomasse um sich herum. Wenn die Gnus das begehrte Gras der Kurzgrassteppen abweiden, nehmen sie Biomasse und Nährstoffe auf und verteilen diese weiter, wenn sie einige Kilometer und einen guten Verdauungsspaziergang später einen Haufen absetzen. Selbst ihr scheinbar sinnloses Ertrinken ist Teil eines Nährstoffkreislaufs, in dem sie Nahrung für neues Leben in die Flüsse tragen.[41]

Weil Tiere Orte miteinander verbinden, bewegen sie auch modulare Organismen fort, die dies aus eigener Kraft nicht tun könnten. Wenn Tiere etwa Samen von Pflanzen oder Pilze aufnehmen und anderswo, teils an weit entfernten Orten, wieder abgeben. So können Vögel wie Eichelhäher ganze Wälder pflanzen. Im Königlichen Nationalstadtpark in Schweden hat man die Pflanzaktivitäten der Tiere einmal näher untersucht. Der Stadtwald ist von Stieleichen und Traubeneichen geprägt, die bis zu 500 Jahre alt sind und Europas größten Bestand an alten Eichbaumriesen ausmachen. Ein einzelner Eichelhäher versteckt jährlich 4500 bis 11 000 Eicheln, die 84 im Park gezählten Tiere kommen also insgesamt auf 378 000 bis 924 000 gelagerte Baumsamen pro Jahr. Viele davon werden als Wintervorräte verspeist, und selbst wenn sie es nicht werden, keimt nicht jeder der Samen aus. Doch es bleiben noch immer zahlreiche Exemplare übrig, die austreiben und irgendwann selbst zu großen Eichen werden können. Die Wissenschaftlerinnen kamen zu dem Ergebnis, dass die Vögel im Mittel pro Jahr über 33 000 junge Bäume verantworten.[42]

Zoochorie ist eine evolutionäre Strategie der Pflanzen, sich mithilfe von Tieren zu verbreiten. Häufig werden ihre Samen gefressen und anderswo wieder ausgeschieden. Um sie besonders attraktiv für Tiere zu machen, werden die Samen dafür extra in leckeren Hüllen verpackt, die wir als Früchte bezeichnen. Teilweise reisen Samen auch außen am Körper von Tieren mit, zum Beispiel, wenn sich Kletten im Fell der Tiere verhaken.

Das sesshafte Pflanzenreich ist also hochgradig auf die Fortbewegung der Tiere angewiesen. Gäbe es diese nicht mehr, würde das pflanzliche Ökosystem, wie wir es kennen, zusammenbrechen. Denn auch für ihre eigene Fortpflanzung haben die Pflanzen im Laufe der Millionenjahre immer mehr auf die Mobilität der Tiere gesetzt. In einer langen Koevolution sind komplexe Netzwerke aus Blüten und Bestäubern entstanden, von denen beide Seiten profitieren.

Nicht nur Samen werden durch Tiere um die Welt transportiert, auch andere Tiere werden dadurch an Orte getragen, die sie aus eigener Kraft nicht erreichen können. Haben Sie sich schon einmal gefragt, woher all die Pflanzen und Tiere kommen, die in neu angelegten Teichen und Seen zu finden sind?

Nehmen wir beispielsweise die vielen Tagebauseen, in denen die ehemaligen Baggergruben mit Wasser geflutet werden. Sicherlich trägt das eingeleitete Wasser, das häufig aus umliegenden Flüssen stammt, schon viele Kleinstlebewesen mit sich, aber es gibt auch Gewässer, die durch Regenwasser befüllt werden, und nicht immer sind alle Arten, die man später dort antrifft, schon von Anfang an vorhanden. Solche Arten werden häufig von anderen Tieren mitgebracht, zum Beispiel von Wasservögeln, die Pflanzensamen ebenso wie Wirbellose und Eier von verschiedenen Arten eintragen.[43] Im Gefieder der Vögel kann beispielsweise Laich haften und in ihren Ausscheidungen befinden sich häufig noch Dutzende bis Hunderte lebensfähige Fischeier. So kann eine einzige, vorbeischauende Ente eine neue Fischpopulation in einem Teich begründen.

Überall auf der Erde finden zu jederzeit Kreisläufe statt, die auf tierischer Fortbewegung basieren. Viele dieser Zusammenhänge sind nicht offensichtlich, doch ihre Bewegungen zeichnen Muster in die Geschichte des Lebens. Die wenigsten Bewegungen erfolgen willkürlich, sie folgen einem Ziel und durch ihre Ziele entstehen Beziehungen und Gesetzmäßigkeiten, die sich bei näherer Betrachtung offenbaren.

Die einzelnen Schritte eines Lebens sind unwiderruflich. Sobald wir einen Fuß vor den anderen gesetzt haben, ist die Bewegung erfolgt und unumkehrbar. Sicher, wir können wieder einen »Schritt zurück« machen, doch dieser Schritt wird in Wahrheit ein neuer, weiterer Schritt auf der Reise unseres Lebens sein und er wird uns wahrscheinlich nicht einmal exakt an jene Stelle zurückbringen, die wir soeben verlassen haben. Dennoch folgen Bewegungen Mustern.

Würden wir die kleinräumigen Alltagsbewegungen eines Tieres mit dem Stift auf einem Blatt Papier nachzeichnen, entstünde wohl zunächst der Eindruck kindlichen Gekrakels. Stellen wir uns beispielsweise die Wege einer Maus vor, die über den Waldboden läuft. Einige stöbernde Schritte nach rechts, die Nase zwischen dem Laub. Eine abrupte Wendung nach links, einige schnelle Schritte geradeaus. Innehalten. Ein kurzer Sprint in Richtung der Hecke dort drüben. Gemächliche Bögen, flinke Schnörkel, zackige Linien – unsere Zeichnung wäre ein wildes Chaos. Beendeten wir das Experiment an diesem Punkt, bliebe wohl ein Bild der Beliebigkeit bestehen. Wenn wir aber unsere Zeichnung fortsetzten und der Maus über diesen einen Tag hinaus durch ihr Leben folgten, wenn wir all die kleinen Schritte über Tage und Wochen weiterzeichneten, dann würden sich Muster aus dem Chaos schälen. Wir sähen Orte von Bedeutung, die die Maus immer wieder besucht. Wir sähen Wege, die sie besonders häufig beschreitet, und wie sie solche Orte verbinden. Wenn wir nur lange genug hinsehen, entdecken wir in all unseren zurückgelegten Wegen verborgene Kreisläufe.

7

GEMEINSAME WEGE

Der Wind streicht durch die Äste der Kiefern, die hier in Dutzenden verschiedenen Arten vorkommen. Sie sind Teil der Madrean Pine-Oak Woodlands, einer Waldgesellschaft, die die subtropischen Waldgebiete in den Bergen Mexikos prägt. Kilometerweit erstrecken sich diese Mischwälder aus Kiefern und Eichen über die Hochlagen der Sierra Madre. Dazwischen stehen *Abies religiosa*, Heilige Tannen, und vereinzelte Douglasien. 1500 bis 3600 Meter über dem Meeresspiegel bilden die Woodlands ein einzigartiges Ökosystem, über das nur wenig bekannt ist.

Die Bäume auf diesem vulkanischen Hochplateau im Süden Mexikos stehen dicht und zwischen ihnen ist das Licht schummrig. Wer den Blick gen Himmel richtet, wird die ungewöhnlich dicht belaubten Äste bemerken, die das Sonnenlicht auf seinem Weg gen Boden aufhalten. Ein weiter Windstoß geht durch den Wald und ein Rascheln schwingt darin mit. Als würden Tausende kleine Blätter bewegt werden, obwohl die Tannen und Kiefern Nadeln tragen. Dann klart der Himmel auf und unter der Herbstsonne wird es wärmer im Wald. Das Rascheln nimmt zu. Es wird lauter und schwillt zu einem deutlich vernehmlichen, aber diffusen Rauschen an – wie das ferne Tosen eines Wasserfalls. Plötzlich scheinen sich die Äste der Tannen aufzulösen und die ganze Welt beginnt sich zu bewegen. Eine gigantische schwarze Wolke hebt sich in die Lüfte und verdunkelt die Sonne. Im Gegenlicht zunächst nur als schwarze Scherenschnitte erscheinend, leuchten orange Farbtupfen auf, wo Sonnenstrahlen sie berühren. Das vermeintliche Laub der Bäume entpuppt sich als unzählige Schmetterlinge, die dicht gedrängt an den Ästen gehangen hatten und sich nun von ihnen lösen.

Überall sind Schmetterlinge, so viele, dass sie den Himmel wie große, bunte Schneeflocken erfüllen. Ihr Anblick ist atemberaubend, ihre Zahl unermesslich. Es ist, als würde der ganze Wald aus den zarten Kreaturen bestehen, als würden sich seine Blätter, Äste und Zweige in magische Wesen verwandeln und den Wald in seiner Gänze davontragen. Was sich hier in den Bergen abspielt, muss einem Beobachter unbegreiflich erscheinen. Das Ganze wird noch unglaublicher, wenn man weiß, wo sich diese Schmetterlinge teils noch vor wenigen Wochen befanden – nämlich in Kanada.

Als sich der Herbst über die Provinz Ontario im Osten Kanadas legte, haben sich die Falter auf den Weg gemacht. Sie verließen die Region um die Großen Seen nördlich des Lake Superior und begannen ihre weite Reise nach Süden. Von ihren schwarz-orange gemusterten Flügeln getragen, durchquerten sie Minnesota, Wisconsin, Iowa, Missouri und Oklahoma. Wenige Wochen nach ihrem Aufbruch überflogen sie die Grenze von Texas nach Coahuila. Auf ihrem Weg schlossen sich ihnen immer mehr Schmetterlinge der eigenen Art an. Einige waren weiter westlich östlich der Rocky Mountains gestartet, andere folgten von Maine und Quebec kommend der Küstenlinie des Atlantiks. Manche der Küstenwanderer haben ihre Reise in Florida beendet, viele haben den Weg jedoch fortgesetzt, flogen weiter durch Mexiko, immer weiter in Richtung Mexiko-Stadt.

Zielsicher steuerten sie dabei ganz bestimmte Regionen an, darunter auch diesen Wald, obwohl sie zuvor niemals hier gewesen sind.

Im Oktober sind sie hier, im Hochland der Sierra Madre, angekommen und werden nun den Winter im Schutz der Woodlands verbringen. Die Bäume bieten ihnen Deckung vor Regen, Hagel und gelegentlichen Schneefällen. Im Winter wird es zwar auch hier zunehmend kälter, doch die Temperaturen fallen nicht so tief, dass sie für die Tiere lebensbedrohlich werden. Sie sind gerade kalt genug, um den Stoffwechsel der Schmetterlinge zu verlangsamen und ihnen zu einer Lebensspanne zu verhelfen, die die ihrer Artgenossen um ein Vielfaches übersteigt. An milden Tagen, wenn die Temperaturen über 10 °C liegen und die Sonne sich zeigt, erwachen sie aus ihrer Starre und werden aktiv. Sie suchen nach Nektar und flattern durchs Hochland, bis sie sich am Abend wieder in gigantischen Trauben in den Bäumen sammeln, um dort die Nacht zu verbringen. Dann hängen die Bäume wieder so voller Schmetterlinge, dass sie miteinander zu verschmelzen scheinen. Gelegentlich bricht ein Ast ab, der das Gewicht der vielen Tiere nicht halten kann.

Mit Beginn des Frühlings wird es Zeit, sich auf den Weg zurück nach Norden zu machen. Noch hier auf dem Hochplateau paaren sich die Weibchen das erste Mal, und das vor allem mit jenen Männchen, deren Flügel von der langen Wanderung zerschlissen sind. Sie werden kurz darauf verenden.

Jene Männchen, die noch bei guter Gesundheit sind, treten gemeinsam mit den Weibchen die Rückreise an. In umgekehrter Richtung geht es über den Norden Mexikos bis in die südlichen USA. Dort angekommen paaren sich die Weibchen erneut, diesmal mit den mitgereisten Männchen. Wenn die Zeit gekommen ist, ihre Eier abzulegen, machen sie sich auf die Suche nach einer ganz bestimmten Sorte von Pflanzen. Ihre Kinder sind an Arten der Seidenpflanzengewächse als Nahrungsquelle gebunden.

Es ist ein sonniger Märzmorgen, als ein Schmetterling-Weibchen eine der etwa einen Meter hohen, krautigen Pflanzen entdeckt. Sie lässt sich darauf nieder und legt ein einzelnes Ei darauf ab. Vorsichtig klebt sie es an die Unterseite eines Blattes und flattert anschließend weiter, auf der Suche nach dem nächsten geeigneten Exemplar. Im Verlaufe von wenigen Wochen verteilt sie so 300 bis 400 Eier über das Land. Es sind kleine, grüne Gebilde mit Rippenmuster, jedes liegt einzeln auf seiner eigenen Wirtspflanze. Nur jedes zehnte der Eier wird die gesamte Metamorphose vollziehen und ein Schmetterling werden.

Zunächst schlüpft an unserer Pflanze nach wenigen Tagen eine Raupe und beginnt sogleich damit, zu fressen. Ihr Körper ist auffällig gemustert, kräftige gelbe und weiße Streifen setzen sich kontrastreich von einem schwarzen Hintergrund ab. Falls die Farben nicht abschreckend genug sind, kann sich die Raupe bei möglichen Gefahren blitzschnell von der Pflanze fallen lassen. Sie verharrt, bis die Störung vorüber ist, und setzt dann ihre stete Futtersuche fort. Innerhalb von zwei Wochen muss sie ihr Gewicht um das 2700-Fache erhöhen, um sich anschließend zu verpuppen.

Während das Falterweibchen, das das Ei hinterließ, längst weitergeflogen ist, verändert sich die Farbe der Puppe. Ihr knalliges Grün wird zunehmend dunkler und nach einer Weile zeichnen sich die orangen Muster der Falter-Flügel unter einer durchsichtigen Hülle ab. Dann reißt die Puppe auf und ein neuer Schmetterling entfaltet langsam seine Flügel. Nach wenigen Stunden haben die Hormone seine Verwandlung abgeschlossen und seine Flügel ausgehärtet – er ist bereit zum Abflug.

Wie seine Mutter wird sich auch dieser Falter nach Norden orientieren und auf dem Weg folgen, den sie wenige Wochen zuvor einschlug, nachdem sie das Ei zurückgelassen hatte. Auf ihrer Reise in Richtung Norden hat sie immer wieder angehalten und den Grundstein für die nächste Generation von Faltern gelegt. Manche der Weibchen, die gemeinsam aus den Woodlands aufbrachen, sind noch immer unterwegs. Für andere ging das Leben nach der ersten Eiablage zu Ende.

Dass sie überhaupt so lange leben, unterscheidet sie maßgeblich von denjenigen Schmetterlingen, denen sie auf ihrer Reise gen Norden das Leben schenken. Diese Schmetterlinge werden nur wenige Wochen leben und selbst wieder Eier ablegen und neue Generationen begründen. Gemeinsam fliegen sie mit ihrer Elterngeneration und weiteren Generationen von Faltern, die auf dem Weg nach Norden an Tausenden von Seidenpflanzen schlüpfen, nordwärts durch den nordamerikanischen Sommer.

Von der Reise, die ihre Eltern einst unternahmen, um von den Feldern Kanadas über drei Länder hinweg zu ihren fernen Winterquartieren im südlichen Mexiko zu gelangen, bekommen Sie nichts mit. Ihre Leben sind kurz, ihre Farben schillernd und prächtig und ihr Dasein wird von ewigem Sommer begleitet. Wenige Tiere sind von der ersten Generation noch übrig und schaffen es tatsächlich zurück in ihre nördlichen Gefilde. Sie sind nun umgeben von ihren Kindern und Kindeskindern. Nur ihre ausgefransten Flügel, deren orange Farbe längst verblasst ist, erinnert noch an die große Reise, die hinter ihnen liegt.

DIE GROSSE FLATTER

Jedes Jahr legen Monarchfalter (*Danaus plexippus)* spektakuläre Distanzen zurück. Eine Generation wandert zum Herbst hin nach Süden, um in wärmeren Regionen zu überwintern, mehrere kurzlebige Generationen wandern anschließend wieder zurück. Zwar lebt die Winter-Generation der Falter als sogenannte

Super-Generation deutlich länger als die Sommerindividuen, dennoch sind sie allesamt im letzten Sommer eines Jahres geschlüpft. Da die Sommerindividuen so kurzlebig sind, sind die Falter, die in Mexiko eintreffen, also die Enkel derjenigen Falter, die ein Jahr zuvor von dort aufgebrochen sind. Aufgrund unterschiedlich schneller Entwicklung in den verschiedenen Regionen ihres Verbreitungsgebiets fliegt Ende August und Anfang September sogar eine dritte und vierte Generation. Es sind also mehrere Generationen des Monarchfalters, die gemeinsam auf Reisen sind, und es bedarf auch mehrerer Generationen, um den Zyklus einmal zu vollenden.

Eine westliche Population der Monarchfalter zieht es von Südkanada und den nördlichen USA in wärmere Küstenregionen Kaliforniens. Besonders weit wandert aber die Ostpopulation, deren längste Reise von Kanada quer durch die USA bis ins südliche Mexiko in die Bundesstaaten México und Michoacán führt. Das sind, je nach genauer Route, bis zu 4500 Kilometer.[1] Eine unglaubliche Distanz, die die Falter auf ihren zarten Flügeln zurücklegen. Dazu kommt für viele Tiere ein Teil der Rückreise. Je nach Wind und Wetter sind die Schmetterlinge in unterschiedlichen Reisehöhen unterwegs. Drachenflieger entdeckten, dass es einige Falter hoch hinauszieht, sie begegneten den Tieren auf über 1200 Meter Flughöhe.

Die Falter der östlichen Population sind von den östlichen Rocky Mountains bis zur Atlantikküste verbreitet, ein Gebiet von 100 Millionen Hektar. In ihren mexikanischen Überwinterungsgebieten sammeln sich all diese Tiere in einigen Dutzend Überwinterungskolonien auf einer Fläche, die nur einen winzigen Bruchteil ihres Verbreitungsgebiets ausmacht. Entsprechend gigantisch sind die Schwärme, die sich dort bilden.

100 Millionen Schmetterlinge sammeln sich zur Überwinte-

rung. Glücklich sind die Menschen, die dieses unbeschreibliche Naturphänomen selbst erleben dürfen, auch wenn es ihnen häufig schwerfällt, seine Eindrücklichkeit in Worte zu fassen.

Jenseits der Sommermonate findet man die Tiere weit über Nordamerika verteilt, die Hauptpopulation des Monarchen konzentriert sich aber auf die Region um die Großen Seen im Grenzbereich zwischen den USA und Kanada. Ihre nördliche Verbreitungsgrenze entspricht der Verbreitungsgrenze von *Asclepsias*, der Gattung der Seidenpflanzen, auf denen sie ihre Eier ablegen und ihre Raupen heranwachsen. Nach Süden hin ist ihr Aktionsraum jedoch auch begrenzt, denn in den Sommermonaten, wenn es zunehmend heißer und trockener wird, finden sie weiter nördlich geeignetere Lebensräume. Die erwachsenen Falter ernähren sich dort vom Nektar vieler verschiedener Pflanzen.

Eine so weite Reise wie die der Monarchfalter würde man wohl intuitiv kaum solch zarten Lebewesen zuschreiben. Zugvögel mit breiten Schwingen lassen sich leichter als Weltenbummler verstehen als die bunten Schmetterlinge, die wir im Sommer von Blüte zu Blüte flattern sehen. Das Ganze wirkt wie ein zu großer Kraftakt für ein so kleines Tier. Tatsächlich scheinen Monarchfalter auf ihrer Wanderung jedoch sogar an Gewicht zuzulegen.[2] Ganz anders als die Polarfüchse, Störche oder Aale, an deren Reserven ihre langen Reisen zehren. Möglicherweise verdanken die Schmetterlinge das ihrer flexiblen Ernährung als generalistische Falter und der Fähigkeit, unterstützende Winde zu nutzen und so Energie zu sparen. Da die Raupen mit ihrer Nahrung verschiedene Glykoside aufnehmen und im Gewebe anreichern, sind die Falter zudem giftig und so vor Fressfeinden geschützt, die ihnen auf ihren Reisen gefährlich werden könnten.[3]

Fakt ist, Monarchfalter bewerkstelligen diese Reise, so unwahrscheinlich sie auch erscheint. Ihre Migration war jedoch lange ein großes Rätsel. Da die Tiere auf der gesamten Wegstrecke ihrer Reise vorkommen, ist es schwierig, an einzelnen Orten die konkreten Wandermuster nachzuvollziehen. Entsprechend hat es viele Jahre gedauert, bis wir die gemeinsame Reise der Abermillionen von Schmetterlingen jedes Jahr in ihren Grundzügen verstehen konnten.

MEHRGENERATIONEN-VORHABEN

Einiges, was wir heute über den Monarchfalter wissen, verdanken wir dem kanadischen Ehepaar Fred and Norah Urquhart. Der Zoologe und spätere Professor an der University of Toronto Fred Urquhart hatte schon 1935, frisch graduiert, beobachtet, dass einige Falter stark zerfranste Flügel hatten, und sich gefragt, warum diese so »abgeflogen« waren. Von der Westpopulation der Monarchfalter wusste man bereits, dass sie an der Pazifikküste entlang ein Stück nach Süden migrieren. Die Wege der viel größeren Ostpopulation waren jedoch unbekannt. Im Herbst sahen die Urquharts auch hier die Tiere in südlicher Richtung aufbrechen und es war davon auszugehen, dass sie die winterlichen Temperaturen in Kanada nicht überleben können, es war jedoch völlig unklar, wohin sie auswichen. Aus der geweckten Neugierde wurde ein lebenslanges, gemeinsames Projekt, infolgedessen das Ehepaar weitere Wissenschaftler und unzählige Laien zur Monarch-Forschung motivierte. 1937 begannen sie kleine Papiermarker an die Schmetterlingsflügel zu kleben mit der Bitte, gefundene Falter an die Universität von Toronto zu schicken.

Über die nächsten Jahrzehnte hinweg erforschten sie verschiedene Themen rund um die Falter und züchteten selbst

Tausende. Im Laufe der Jahre kehrten auch immer mehr der kleinen Papiermarker zu ihnen zurück und zeichneten so Stück für Stück ein Bild der Schmetterlingsreise. Tausende Freiwillige markierten und meldeten Tiere. Ein Falter, der 1957 in Ontario markiert worden war, tauchte nur 18 Tage später im 1180 Kilometer entfernten Atlanta, Georgia wieder auf.[4] Mithilfe der Funde konnte das Ehepaar im Laufe der Zeit mehrere unterschiedliche Migrationsrouten identifizieren. Allerdings verlor sich die Spur der Tiere im Spätherbst in Texas. Im Frühjahr tauchten dann Exemplare in den südlichen USA wieder auf. Wo waren sie in der Zwischenzeit gewesen?? Die Urquharts mussten es herausfinden und nahmen ein Sabbatical: Sie fuhren 32 000 Kilometer quer durch Texas, doch die Tiere waren nirgends aufzufinden. Sie mussten noch weiter nach Süden gewandert sein. Schließlich suchte sich das Ehepaar Unterstützer in Mexiko, die sich dort auf die Suche nach den verschwundenen Faltern machten.[5] Fast 40 Jahre nach dem Beginn der Studien entdeckten diese im Januar 1975 endlich das erste Überwinterungsquartier der Schmetterlinge in den Bergen Mexikos. Die Urquharts reisten im folgenden Jahr dorthin, um das Ergebnis der Spurensuche, die sie einst angestoßen hatten, mit eigenen Augen zu sehen. Fred Urquhart schrieb später über diesen Moment: »Norah und ich sind nicht mehr jung. Als wir den Bergkamm entlanggingen, klopfte unser Herz wie wild und unsere Füße fühlten sich bleischwer an. Mir kam der makabre Gedanke: Was, wenn die Anstrengung zu viel für uns ist? Aber das war nicht der Fall, und da waren die Monarchfalter: Schmetterlinge – Millionen und Abermillionen. Sie klammerten sich in dicht gedrängten Massen an jeden Ast und Stamm [...]. Sie wirbelten durch die Luft wie Herbstblätter und bedeckten den Boden dieses mexikanischen Berghangs in ihren flammenden Myriaden.«[6]

Während sie gemeinsam mit Fotografen von *National Geographic* vor Ort waren, entdeckten sie unter den Schmetterlingen zufällig einen markierten Falter. Nach all den Monarchfaltern, die er in seinem Leben gesehen hatte – und das müssen unzählige gewesen sein – sei er von diesem, so Urquhart, am tiefsten bewegt gewesen. Dem kleinen Zettel am Flügel des Falters war zu entnehmen, dass er am 6. September 1976 in Chaska, Minnesota markiert worden war – 3300 Kilometer weiter nördlich.

Die Monarchfalter zu markieren, war eine ebenso simple wie geniale Idee gewesen. Die Umsetzung war jedoch sehr aufwendig. Nur etwa ein Promille der Tiere sollte später gemeldet werden und flog über 100 Kilometer weit. Der US-amerikanische Ökologe Lincoln Brower wählte für seine Studien über die Routen der Falter daher einen anderen Ansatz. Anfang der 1980er erfasste er die Herzglykoside in den Faltern, die sie als Raupen aufgenommen hatten. Die verschiedenen Glykoside und ihre Verhältnisse sind wie ein Fingerabdruck unterschiedlicher Seidenpflanzengewächse und so konnte Brower die Brutgebiete der Monarchfalter eingrenzen.[7] Stück für Stück trugen Wissenschaftler und Wissenschaftlerinnen die Puzzleteile zusammen, die heute das Gesamtbild ergeben.

Inzwischen wissen wir beispielsweise, dass es viele verschiedene Populationen von Monarchfaltern gibt, die unterschiedliche Routen nehmen oder gar nicht wandern. Die Migration ermöglicht es den Schmetterlingen in nördlichen Breiten, den eisigen Temperaturen dort zu entkommen und dem Problem auszuweichen, dass auch ihre Wirtspflanzen im Winter eingehen. Außerdem bietet die Reise offenbar Schutz vor einem gefährlichen Parasiten: Monarchfalter sind häufig mit dem Erreger *Ophryocystis elektroscirrha* (kurz OE) infiziert, der auf den Seidenpflanzen überdauert. Der Parasit verkürzt die Lebenserwartung und

Flugfähigkeit der erwachsenen Falter, was schwerwiegende Folgen für die Population haben kann. Infizierte Monarchfalter haben geringere Chancen, ihre Reise zu den Überwinterungsplätzen in Mexiko zu vollenden.[8] Das führt dazu, dass mit zunehmender Südwärts-Wanderung immer weniger kranke Tiere vorhanden sind. Da die Seidenpflanzen im Herbst absterben und die Falter nach Süden ziehen, entkommen sie also ihren parasitenverseuchten Lebensräumen und unterbrechen den Übertragungszyklus.[9] Neben der Nahrungsverfügbarkeit und dem Klima könnte der Schutz vor Krankheit also ein weiterer Faktor für die Wanderung sein.

AUF ZARTEN FLÜGELN UM DIE WELT

Die evolutionäre Spurensuche über die Migration der östlichen Monarchfalter führte die Wissenschaft Millionen Jahre zurück: Obwohl Monarchfalter besonders für ihre Langstreckenwanderungspopulation im Osten Nordamerikas bekannt sind, haben sie auf der ganzen Welt auch nicht wandernde Populationen gebildet; in Südflorida und Mittelamerika, Südwesteuropa und Nordafrika sowie auf vielen Pazifikinseln. Wann begannen die Falter also, ihre weiten Reisen zu unternehmen? Die Sequenzierung des gesamten Genoms von 80 Monarchfaltern aus aller Welt deutet darauf hin, dass die migrierenden Monarchfalter Amerikas zuerst entstanden. Vermutlich im Norden Mexikos oder den südlichen USA. Das Phänomen des Monarch-Zugs ist offenbar uralt und bildete die Basis für die Falter, die sich später daraus abspalteten und über Mittelamerika, den Pazifik und den Atlantik hinweg ausbreiteten.[10]

Auch die Navigationsmechanismen der wandernden Falter hat man erforscht. Die Entschlüsselung ihres Genoms und der

Einsatz moderner molekularbiologischer Methoden ermöglichten es, die genetischen und neurobiologischen Grundlagen der Migration zu erforschen. Dutzende Arbeiten beschreiben Anatomie und Funktionsweise der beteiligten Komponenten und Mechanismen. Sie alleine würden ein weiteres Buch füllen, daher sei an dieser Stelle vor allem ein spannender Aspekt erwähnt: Die kleinen Schmetterlinge scheinen über gleich zwei verschiedene Kompass-Systeme zu verfügen. Der »Hauptkompass« ist ein Sonnenkompass, den die Tiere mithilfe ihrer inneren Uhr immer wieder nachjustieren.[11] An bewölkten Tagen können ihnen die Muster polarisierten Lichts den Weg weisen. Ein solcher zeitkompensierter Sonnenkompass ist uns auch bei den Honigbienen und Zugvögeln schon begegnet. Der Sonnenkompass hilft den Schmetterlingen, den Weg nach Süden zu finden, aber auch zurück nach Norden. Studien zeigen, dass es offenbar die Kälte ist, die den Kompass dafür neu kalibriert und die Flugrichtung umdreht. Lässt man Tiere im Warmen überwintern, bleibt er auf Süden ausgerichtet.[12] Die zweite Methode nutzt den Neigungswinkel des Erdmagnetfelds zur Richtungsfindung. Die für diesen Magnetkompass nötigen lichtabhängigen Magnetosensoren sitzen in den Antennen der Falter.[13] Umweltinformationen, wie atmosphärische Bedingungen oder geologische Barrieren, und soziale Interaktionen unterstützen die Navigation wahrscheinlich zusätzlich. Doch besitzen Monarchfalter auch einen »Kartensinn«? Er könnte die Erklärung für die offene Frage danach liefern, wie die Tiere Jahr für Jahr ihre Überwinterungsplätze finden. Für diese Fähigkeit spricht auch, dass die Falter aus den verschiedenen Brutgebieten unterschiedliche, vorhersagbare Süd-Orientierungsrichtungen haben. In Umsetzungsstudien, wie sie auch bei den Aalen durchgeführt wurden, passten die Falter ihre Orientierung jedoch dem neuen Ort nicht an.[14] Die Forschung geht also weiter und noch sind Teile der großen Reise der Monarchfalter ein Mysterium.

Wir haben es der Neugierde und dem Enthusiasmus von Fred und Nora Urquhart und all ihren Helfern und Helferinnen zu verdanken, dass wir heute um die Wege der Schmetterlinge wissen. Am 6. Mai 1998 erhielten sie für eine der größten naturgeschichtlichen Entdeckungen unserer Zeit Kanadas höchste Auszeichnung für Zivilpersonen und wurden zu Mitgliedern des Order of Canada ernannt.[15] Der höchste Preis blieb für Fred Urquhart jedoch das Privileg, das Rätsel gelöst zu haben. In einem Artikel schrieb er dazu: »Wer einen Traum hatte und erlebt hat, wie dieser Traum wahr wurde, kann sich ungefähr vorstellen, was ich empfand, als ich zum ersten Mal den mexikanischen Wald betrat und vor meinen Augen die Erfüllung eines Traums sah, der mich seit meinem sechzehnten Lebensjahr verfolgt hatte.«[16]

Der Anblick von Millionen von Schmetterlingen muss atemberaubend sein, auch wenn man sie nicht sein Leben lang gesucht hat. Es ist erstaunlich, dass die Tiere immer wieder gemeinsam an wenigen Plätzen überwintern, nachdem sie zuvor über das ganze Land verstreut gestartet sind. Geradezu unbegreiflich ist jedoch die Tatsache, dass kein einziger Schmetterling, der im Herbst das Hochland Mexikos erreicht, jemals dort gewesen ist.

SO WEIT DIE SCHRITTE TRAGEN

Einen nicht unerheblichen Teil unseres Lebenswegs müssen wir alleine beschreiten. Manchmal wählen wir den einsamen Weg, zum Beispiel, um uns bewusst mit uns selbst auseinanderzusetzen. Manchmal wird uns die Entscheidung abgenommen und Menschen verlassen den gemeinsamen Weg. Wenn wir Glück haben, gibt es in unseren Leben jedoch immer wieder Menschen, die mit uns gehen. Viele Ziele scheinen leichter erreichbar, wenn wir andere an unserer Seite wissen.

Im Verlauf eines bewegten Menschenlebens gibt es so einige gemeinsam begangene Pfade. Wenn wir an gemeinschaftliche Wege denken, egal ob es der Weg zum Spielplatz mit der Nachbarin ist oder die Urlaubsreise mit Freunden, dann findet diese Gemeinschaft im Hier und Jetzt statt. Es gibt jedoch auch Reisen, die sich durch eine andere Form von Gemeinschaft auszeichnen. Es sind jene Reisen, für die ein einzelnes Leben nicht ausreicht.

Wenn wir darüber sprechen, wie Schmetterlinge überwintern, findet man für manche Arten häufig die Beschreibung, sie »überwinterten als Ei«. Doch was bedeutet das? Es klingt, als würde ein einzelner Schmetterling den kalten, ungemütlichen Winter kurzerhand als Ei verbringen. Schön eingekuschelt in einer Hülle. Letztlich ist es jedoch gar nicht das Individuum, das überwintert, sondern es sind seine Nachkommen, die nach dem Winter aus dem Ei schlüpfen. Der Schmetterling selbst stirbt irgendwann nach der Ablage. Das ist insofern interessant, als wir Menschen wohl nie auf die Idee kommen würden, den Verlauf unserer eigenen Generationen auf diese Weise zu beschreiben. Würde jemand sagen, er »über-jahrhundere als Kind«, würden wir ihn wohl nur stirnrunzelnd anschauen.

Die Perspektive, die hinter der Betrachtung des Schmetterlingszyklus liegt, blickt also über eine einzelne Generation hinaus. Ohne diese Generationen-Perspektive ließe sich auch die beeindruckende Wanderung des Monarchfalters nicht begreifen. Sie funktioniert nur, weil verschiedene Individuen einer Abstammungslinie unterschiedliche Teile des Weges gehen – so weit, wie sie in ihrem eigenen Leben kommen.

Wenn wir uns eingehender mit der Langstreckenfortbewegung von Insekten wie des Monarchfalters beschäftigen, finden wir viele solcher Reisen. Es gibt viel mehr wandernde Insekten, als den meisten Menschen bewusst ist. Auch wenn der Monarchen-Zug wohl die bekannteste Insekten-Migration darstellt, ist sie längst nicht die einzige und sie ist trotz der über 8000 Kilometer in Summe nicht einmal die weiteste. Man findet Nahrungswanderungen, wie bei den Gnus, und Fortpflanzungskreisläufe, wie bei Schildkröten und Grauwalen. Anders als dort sind es bei den Insekten jedoch nicht dieselben Individuen, die die vollständige Reise vollziehen. Jedes Individuum vollführt nur einen Teilabschnitt der Reise, geht einen Teil des Weges und muss sich – individuell und stammesgeschichtlich gesehen – darauf verlassen, dass ein anderer ihn fortsetzt.

Gemessen an der Anzahl und Biomasse der Tiere, können es Insektenwanderungen mit denen von Vögeln und Säugern aufnehmen. Den 1,3 Millionen wandernden Gnus der Serengeti, etwa 450 000 ziehenden Kanadakranichen oder 20 Millionen Mexikanischen Bulldoggfledermäusen in Nordamerika stehen beispielsweise bis zu 100 Milliarden wandernde Wüstenheuschrecken in Afrika und Asien gegenüber. Jedes Jahr wandern unzählige Insekten innerhalb und sogar zwischen Kontinenten umher, und doch wissen wir noch sehr wenig über die Hintergründe dieser Massenbewegungen.[17]

Bei Säugetieren und Vögeln kehren dieselben Individuen zu guten Futterplätzen oder Kinderstuben zurück. Wenn Insekten aber nicht in der Lage sind, im eigenen Leben zurückzukehren, warum wandern sie dann überhaupt? Da Insekten ihren Nachwuchs nicht langfristig versorgen müssen, können sie sich theoretisch sowohl in ihrem Geburtsgebiet als auch im Wintergebiet und entlang der Wanderroute fortpflanzen. Indem sie das Verhalten räumlich und zeitlich verteilen, stellen sie sicher, dass ihre Nachkommen sich auf eine Reihe von Regionen verteilen, die für zukünftige Reproduktion geeignet sein könnten. Das Zug-Verhalten könnte also eine mehrgenerationale Absicherungsstrategie darstellen, die es den Nachkommen ermöglicht, Überfüllung oder sich verschlechternde Umweltbedingungen zu meiden.[18] Letztlich sind viele grundlegende Fragen, die für Vögel und andere Wirbeltiere gut erforscht sind, bei der Insektenmigration noch völlig ungeklärt. Das gilt für die molekularen ebenso wie die verhaltensbiologischen Aspekte. Es ist beispielsweise weitestgehend unklar, wie und ob Insekten sich entscheiden, Wanderungen zu beenden. Fliegen sie, bis sie ein geeignetes Habitat finden? Oder so weit sie können? Ist ihr Ziel ein bestimmter, genetisch festgeschriebener Ort? Für die meisten Arten sind die Antworten darauf rein spekulativ. Die geringe Größe von Insekten macht die technische Verfolgung ihrer Wege ebenfalls nicht einfacher.

DIE WANDERLIBELLE

Wie wir am Beispiel der Urquharts gesehen haben, braucht es manchmal vor allem Neugierde und Passion, um diese Fragen zu beantworten. So auch bei der Entdeckung der bisher weitesten bekannten Insektenmigration. Der Meeresbiologe Charles

Anderson lebt seit über 20 Jahren auf den Malediven. Eine Besonderheit des Archipels südwestlich von Indien und Sri Lanka ist, dass es sich um eine Ansammlung von Atollen handelt. Das heißt, die Malediven bestehen quasi aus Korallenriffen mit etwas Sandbank und Palmen darauf. Deswegen ist der Boden sandig und Regenwasser versickert schnell, also gibt es keine natürlichen Oberflächengewässer wie Flüsse, Bäche, Seen oder Teiche. Trotzdem lässt sich auf den Inseln eine Art der Segellibellen beobachten. Das ist insofern seltsam, als Libellen, wie wir sie wahrnehmen, nur die geflügelte Variante am Ende des Lebenszyklus sind. Ähnlich wie Schmetterlingen der Falter-Form (Imago genannt) eine oft deutlich längere Lebensphase als Raupe vorangeht, findet der Großteil des Libellenlebens als Larve im Wasser statt. Im Süßwasser von – Sie ahnen es schon – Flüssen, Bächen, Seen und Teichen.

Charles Anderson wunderte sich also, woher die Tiere kamen. Über mehrere Jahre beobachtete er das Treiben und stellte fest, dass die Libellen nur vorübergehend aufzufinden waren, dann aber in großer Zahl. Auf Nachfrage im Kollegium bestätigte man das saisonale Auftauchen, niemand konnte ihm jedoch sagen, woher die Tiere kamen. Obwohl Libellen eigentlich nicht in sein Forschungsfeld als Meeresbiologe fielen, ließ ihn die Frage nach ihrer Herkunft nicht los. Er notierte sich ihre mittlere Ankunftszeit, »den 21. Oktober«, und kontaktierte Bekannte in Indien und bat sie, dasselbe zu tun. Aus dem etwa 1000 Kilometer entfernten Bangalore auf dem indischen Festland erhielt er den »24. September«. Nach und nach trudelten dazwischenliegende Zeiten ein, die eine Südwärtsbewegung hin zur indischen Küste nachvollzogen. Die Libellen schienen also vom indischen Festland zu kommen. Noch überraschender war jedoch, was danach passierte, denn die Tiere kehrten nach dem

Verlassen des Atolls nicht zurück nach Indien, sondern flogen in südwestlicher Richtung weiter. Also kontaktierte Anderson wieder Bekannte und Kollegen und erhielt Nachricht von den 2000 Kilometer entfernten Seychellen mitten im Indischen Ozean – und schließlich aus Kenia.

Obwohl *Pantala flavescens*, die Wanderlibelle, eine der häufigsten Libellen überhaupt ist und das größte kosmopolitische Verbreitungsgebiet besitzt, waren ihre Migrationen bis vor Kurzem völlig unbekannt. Erst 2009 veröffentlichte Charles Anderson einen Fachartikel unter dem Titel »Wandern Libellen über den westlichen Indischen Ozean?«.[19] Drei Jahre später erbrachten er und weitere Kollegen den Nachweis, dass die Libellen auf den Malediven tatsächlich vom indischen Kontinent stammten.[20] Neuere Studien konnten die Wege der Tiere mithilfe von stabilen Isotopenanalysen des Wasserstoffs in den Flügeln der Libellen näher bestimmen. Demnach wandern ausgewachsene Individuen im Frühjahr aus den tropischen Teilen Ostafrikas und/oder der Arabischen Halbinsel über den Landweg zur Fortpflanzung bis nach Mittelasien. Im Herbst macht sich dann die Sommergeneration der Tiere auf den Weg nach Süden und passiert dabei Indien, die Malediven und Seychellen und überquert dabei mehrere Tausend Kilometer offenen Ozean. Insgesamt erstreckt sich die Reise über 14 000 bis 16 000 Kilometer.[21] In über 2000 Meter Höhe folgen die Wanderlibellen offenbar dem Monsun und nutzen kurzlebige Regenbecken zur Fortpflanzung. Die Larven entwickeln sich darin in wenigen Wochen und eine neue Generation kann weiterfliegen. Die Monsune und eine Tiefdruckrinne bringen nicht nur abwechselnde saisonale Regenfälle nach Indien und Afrika, sondern auch geeignete Winde, mit deren Hilfe die Libellen den Regenfällen folgen können.

Auch bei uns in Europa gibt es wandernde Insekten. Distelfalter sind mit ihren orange, weiß und schwarz gemusterten Flügeln häufiger bei uns zu sehen. Das Heimatgebiet der schönen Schmetterlinge liegt allerdings in den subtropischen Steppengebieten Nordafrikas. Von dort wandern sie bis nach Nordeuropa und überqueren dabei die Sahara, das Mittelmeer und die Alpen.[22] Noch ist ihre Wanderung unzureichend erforscht, sie könnte jedoch ähnliche Ausmaße wie die der Wanderlibelle zutage fördern.[23] Auch den Admiral zieht es zum Überwintern in den Süden und Hunderttausende Gammaeulen, einer unserer häufigsten Nachtfalter, surfen jedes Jahr auf nächtlichen Windströmungen von Nordeuropa in den Mediterranraum.[24] Einige Tiere, die wir schon ein Leben lang kennen, tragen also ein ganz schön großes Geheimnis im Gepäck.

Es braucht drei bis vier Generationen von Individuen, die sich zielstrebig fortbewegen, um einige der eben erwähnten Reisen möglich zu machen, beim Distelfalter möglicherweise mehr als sechs. Jedes Individuum leistet dabei den Beitrag, der ihm möglich ist. Diejenigen Monarchfalter, die nur wenige Wochen leben und nordwärts fliegen, sind ebenso essenzieller Bestandteil für das Gelingen des Zyklus wie jene Individuen, die sich auf zerschlissenen Flügeln Tausende Kilometer südwärts kämpfen. Es mag uns schwerfallen, dieses generationenübergreifende Denken auf unsere eigenen Existenzen zu übertragen, und doch haben die Reisen unserer Vorfahren auch unsere Wege möglich gemacht. Das gilt nicht nur im übertragenen Sinn, schließlich hat sich auch der Mensch von einer evolutionären Geburtsstätte nach und nach über den Planeten ausgebreitet. Wenn wir die Geschichte der Menschheit rückwärts betrachten, können wir diese Wege nachverfolgen. Wir sehen gigantische Wanderungen über Kontinente hinweg und alle heutigen Grenzen verlieren an Bedeutung.

DIE MACHT DER GEMEINSCHAFT

Viele Tiere schließen sich auf ihren Wanderungen zusammen. Das fällt besonders dann ins Auge, wenn sie sich in Massen sammeln, wie bei der Great Migration in der Serengeti oder den voll beladenen Tannenästen im Winterquartier der Monarchfalter. Doch Strecken gemeinsam zurückzulegen, ist natürlich viel weiter verbreitet und findet überall auf der Welt über unzählige Arten hinweg im Großen und im Kleinen statt.

Neben den Gnus sind auch andere Antilopenarten, Zebras, Elefanten, Wildpferde oder Karibus beispielsweise in Herden unterwegs. Je nach Größe und Art der Herde handelt es sich um einen intimen Sozialverband oder eine anonyme Gruppe. Was Tiere dazu bewegt, Herden zu bilden, ist Gegenstand verhaltensbiologischer Forschung. 1971 postulierte der britische Evolutionsbiologe William Donald Hamilton die Theorie der Egoistischen Herde.[25] Seine theoretische Betrachtung von Herdenverhalten ging, unter anderem, der Frage nach, ob Zusammenarbeit überhaupt notwendig sei, damit eine Herde sich für die einzelnen Tiere auszahlt. Das egoistische Element besteht darin, dass jedes Tier versucht, so viele andere Tiere wie möglich zwischen sich und mögliche Gefahrenquellen zu bringen.

Tatsächlich ist es so, dass die Herde ihren einzelnen Mitgliedern Schutz bringt. Allein durch die Anzahl der Tiere sinkt das Risiko, von Beutegreifern gefressen zu werden. Bei den Gnus lässt sich das an den Überlebenschancen der Kälber beobachten. In kleineren Herden liegen diese gerade einmal bei 50 Prozent, in großen Ansammlungen bei 84 Prozent.[26] Auch das synchronisierte Schlüpfen bei den Schildkröten stellt sicher, dass nicht alle Tiere auf dem gefährlichen Weg ins Meer umkommen. Gemeinschaft bringt auf mehreren Ebenen Sicherheit: Wenn es genügend Tiere gibt, sinkt das Risiko des Einzelnen durch Ablenkung oder Verwirrung des Beutegreifers oder auch durch den Sättigungseffekt wegen bereits erlegter Gruppenmitglieder.[27] Auch die hungrigste Möwe hat irgendwann den Hals voll. Auf evolutionärer Ebene bleiben so immer genügend Individuen übrig, um die Gemeinschaft am Leben zu halten.

Hamiltons Theorie zeigt sicherlich einen wichtigen Aspekt, der evolutionär zur Gruppenbildung beigetragen hat. Die gemeinsame Fortbewegung von Tieren allein auf den Überlebensantrieb der einzelnen Gruppenmitglieder zu reduzieren, würde der Komplexität ihres Verhaltens aber nicht gerecht. Sich gemeinsam fortzubewegen, kann neue Nahrungsquellen erschließen, Informationsaustausch verbessern, soziale Gemeinschaft fördern und vieles mehr.

Manchmal sind Gruppen sich fortbewegender Tiere so eindrücklich koordiniert, dass sie wie ein einzelner Organismus erscheinen. Denken Sie nur an einen Schwarm von Heringen, der schlagartig und blitzschnell die Richtung wechselt. Oder an die ätherisch schönen wabernden Wolken von Starenschwärmen am Abendhimmel, die den Anschein erwecken, einem unsichtbaren Dirigenten zu folgen.

Schwarmverhalten gibt es möglicherweise schon, seit es Individuen gibt, die sich fortbewegen können. Die fossilen Spuren von hintereinander aufgereihten Trilobiten (*Ampyx priscus*), einer Klasse von Gliederfüßern, sind eine in Stein gegossene Spur von Schwarmverhalten, die 480 Millionen Jahre zurückreicht.[28] Bei wenigen Tieren ist es einfach, sich vorzustellen, wie sich eine Gruppe bewegt. Bei großen Schwärmen stellt sich dem Beobachter jedoch die Frage, wie es all diese Tiere schaffen, nicht ständig gegeneinanderzustoßen oder gar im selben Moment den gleichen Weg einzuschlagen. Entscheidungsfindung ist komplex und von vielen äußeren Faktoren (wie Wetter oder Nahrungsverfügbarkeit) und inneren Faktoren (wie Gruppendynamik oder soziale Hierarchien) abhängig. Es gibt also nicht eine Antwort auf das Wie und Warum gemeinschaftlicher Bewegung. Klar ist, um sich koordiniert zu bewegen, ist es für Gruppen wichtig, sich abzustimmen. Lange Entscheidungsprozesse können wertvolle Zeit kosten, zum Beispiel, wenn es darum geht, wohin man nach einer nächtlichen Rast weiterzieht.[29] Wer schon einmal versucht hat, in einer Gruppe von Menschen zu entscheiden, welches Restaurant man ansteuern oder in welche Kneipe man weiterziehen sollte, kann sich das Dilemma sicherlich gut vorstellen.

Scheinbar kollektive Entscheidungsfindung ist dabei das Ergebnis des Verhaltens einzelner Individuen. In manchen Gruppen gibt es Anführer, die einen starken Einfluss auf die Bewegungen der Gemeinschaft haben.[30] Eine Richtungsänderung entscheidet sich aber nicht unbedingt durch Führung oder an der Spitze des Schwarms, letztlich kann jedes Mitglied des Schwarms oder der Herde eine Änderung auslösen.[31] Die Verhaltensweisen dahinter müssen gar nicht so komplex sein, wie es von außen scheint. Das Stichwort lautet Allelomimese – oder tun, was die Nachbarn tun.[32] Wenn ein Vogel abhebt, hebt der daneben auch ab, wechselt ein Fisch die Richtung, tut es ihm sein Nachbar gleich. Um Kollisionen zu verhindern, muss ein einzelnes Tier im Schwarm auch nicht die gesamte Gruppe im Blick haben, es reicht, wenn es sich an den Artgenossen in seiner unmittelbaren Umgebung orientiert und zu diesen immer einen bestimmten Abstand hält. Forschungen zu Staren in Rom zeigten beispielsweise, dass ein einzelner Star die Bewegungen von etwa sieben Nachbar-Vögeln im Blick behält.[33] Schwarmverhalten ist also die Summe kollektiver, individueller Reaktionen. Die Eleganz, mit der sich riesige Schwärme synchronisieren, mutet dennoch magisch an.

KOOPERATION UND EMERGENZ

Durch gemeinsame Fortbewegung haben die Tiere Verhalten und Strukturen erschaffen, die für ein einzelnes Tier nicht bestehen. Viele Beutegreifer machen sich koordinierte Bewegung bei der Jagd zunutze, zum Beispiel, wenn sie sich beim Hetzen von Beutetieren ablösen, diese einkreisen oder verschiedene Funktionen beim Jagdablauf übernehmen. Für Raubkatzen und Wildhunde, wie Löwen oder Wölfe, sind große Beutetiere wie Gnus oder Elche erreichbar, weil sie sie gemeinsam erlegen können. Auch Meeressäugetiere wie Delfine oder Orkas jagen gemeinsam und nutzen dabei wiederum die Tendenz ihrer Beute, sich zu sammeln. Besonders beeindruckend ist das Verhalten von Buckelwalen, die in Teams von zwei oder mehr Tieren in ringförmiger Formation Luftblasen hervorstoßen. Dadurch entsteht eine Art Fischernetz aus Luftblasen, das die Beutetiere im Inneren nicht durchschwimmen können. Gemeinsam werden diese Netze dann abgeerntet.[34]

Manchmal tun sich Tiere auch zusammen, um sich gegen Angreifer zu wehren, zum Beispiel Vögel, die gemeinsam größere Raubvögel angreifen, um sie von ihren Nistplätzen zu vertreiben.

Ameisen profitieren auf der Suche nach Futter ganz unmittelbar von den Wegen ihrer Artgenossen. Die Tiere senden Kundschafterinnen aus, die sich weiter von der Kolonie entfernen als andere Schwarmmitglieder. Wenn sie eine vielversprechende Nahrungsquelle finden, legen sie eine Duftspur zurück zum Nest. Wie den Brotkrumen bei Hänsel und Gretel können nun die Arbeiterinnen der Spur folgen und die Beute heimtragen.[35] Diese Duftspuren sind so flüchtig, dass falsche Wegweiser sich schnell auflösen und vielversprechende Pfade durch die vielen Ameisen, die ihnen folgen, verstärkt gekennzeichnet werden. Gruppen vereinfachen die Nahrungssuche, da die Gemeinschaft auf viele Sensoren zurückgreifen und so mehr Informationen über die Welt sammeln und analysieren kann, als ein einzelnes Individuum es je könnte. Wo es andere hinzieht, liegt außerdem die Verheißung eines attraktiven Angebots. Forscher haben untersucht, von welchen Faktoren Singvögel ihre Entscheidungen für bestimmte Futterplätze abhängig machten. An vier aufeinanderfolgenden Wintertagen verfolgten sie die Wege von 1904 Vögeln zwischen verschiedenen Futterplätzen. 91576 Futterinteraktionen später zeichnete sich ein Bild ab: Die Vögel beurteilten die Qualität der Plätze offenbar danach, wie populär sie bei anderen Vögeln waren.[36] Kommt Ihnen dieses Muster bekannt vor? Auch wir Menschen machen uns den Informationsfluss durch Ansammlung und Fortbewegung anderer zunutze. Wenn zum Beispiel die Passagiere eines Langstreckenflugs aus dem Flieger strömen, müssen sich nur wenige Menschen orientieren und nach der Beschilderung in Richtung Gepäckausgabe Ausschau halten. Die meisten Reisenden folgen einfach den anderen Menschen und landen so automatisch am richtigen Ort.

Gemeinsame Fortbewegung bringt Tiere auch an Orte, die sie alleine nicht erreichen könnten. Das gilt nicht nur für Mehrgenerationenreisen, sondern auch für Wege, die im Hier und Jetzt zurückgelegt werden müssen. So können sich Gruppenmitglieder gegenseitig über Hürden hinweghelfen. Christian Morgenstern schreibt in seinem Gedicht *An den Andern*: »Ich hatte mich im Hochgebirg verstiegen. Die Felsenwelt um mich, sie war wohl schön; doch konnt ich keinen Ausgang mir ersiegen noch einen Aufgang nach den lichten Höhn. Da traf ich Dich, in ärgster Not: den Andern! Mit Dir vereint, gewann ich frischen Mut. Von neuem hob ich an, mit Dir, zu wandern, und siehe da: Das Schicksal war uns gut. Wir fanden einen Pfad, der klar und einsam empor sich zog, bis, wo ein Tempel stand. Der Steig war steil, doch wagten wir's gemeinsam …Und heut noch helfen wir uns, Hand in Hand […].«[37]

Eine ausgestreckte Hand hat schon vielen von uns geholfen, ein Hindernis zu überwinden. Wenn Tausende helfende Hände beteiligt sind, können sogar scheinbar unmögliche Unterfangen gelingen: Um Überschwemmungen zu überleben, verbinden Feuerameisen ihre Körper miteinander und bauen auf diese Weise wasserdichte Flöße. So ein Floß kann aus wenigen Tausend bis zu über 100 000 Individuen bestehen und die Tiere so lange am Leben halten, bis sie irgendwo rettendes Land erreichen.[38] Mit der gleichen Technik bauen Ameisen Brücken über Gewässer, über die ihre Artgenossen dann trockenen Fußes spazieren und so die andere Seite erreichen können. Sogar Hängebrücken durch die Luft gibt es. Solche Brücken werden von Wanderameisen gebaut, die auch sonst ein Leben ganz im Geiste gemeinsamer Fortbewegung führen.[39] Anders als andere Ameisen, schicken sie beispielsweise keine Kundschafterinnen, sondern ziehen beim Verlassen des Nests in riesigen Truppen los, die permanent mit dem Nest in Verbindung stehen. Auch der Transport von großen Dingen wird durch viele Hände vereinfacht, das gilt bei uns Menschen für das gemeinsame Tragen von Omas Eichenschrank beim nächsten Umzug ebenso wie für den Transport von großen Beutetieren durch Ameisenbeine.

Zusammen unterwegs zu sein, zahlt sich auch auf Langstreckenreisen aus. Die vielen Zugvögel, die wir im Herbst aufbrechen und im Frühjahr wiederkehren sehen, zeigen uns, dass es sich gemeinsam offenbar besser reist. Selten sind die Vögel einzeln unterwegs, meist sehen wir sie in kleinen Gruppen über den Himmel ziehen. Dabei bilden sie verschiedene Formationen, deren Vorteile Gegenstand der Forschung sind:[40] Zum Beispiel verbessern sich so die aerodynamischen Bedingungen für die Vögel und sie können wertvolle Energie sparen.[41] Dadurch können sie wiederum weiter entfernte Ziele erreichen.[42] Formationen geben zudem Orientierung, das sieht man nicht nur bei Vögeln, sondern auch bei Spitzmäusen, bei denen die Jungtiere als »shrew train« der Mutter folgen, indem sie Nase an Schwanzwurzel laufen. Sich an anderen zu orientieren, gibt Halt in einer unüberschaubaren Welt. Außerdem kann man von denjenigen lernen, die einen Pfad bereits begangen haben. Junge Zugvögel folgen, wie wir gesehen haben, beispielsweise beim ersten Zug nach Süden ihren Eltern und erlernen so die Routen, die sie später im Leben alleine wiederfinden müssen.

Viele Tiere, inklusive uns Menschen, leben und bewegen sich in Gruppen. Wir sind soziale Lebewesen und unsere komplexen Sozialsysteme wären ohne Fortbewegung nicht denkbar. Auch wenn sich Organismen mithilfe von Tönen und Gerüchen über Distanzen hinweg austauschen können, basieren soziale Interaktionen im Tierreich größtenteils auf der Fähigkeit, sich aufeinander zu – und gemeinsam fort-zubewegen. Verfolgt man die Bewegungen einzelner Gruppenmitglieder, erhält man eine Karte ihrer sozialen Beziehungen.

Wie sähe Ihre Karte aus? Zeichnen wir menschliche Bewegungsdaten auf – Arbeitswege, Familienbesuche, Freizeitaktivitäten –, ergäben sich irgendwann die Linien, die sie mit ihren Kollegen, Freunden und Familien, kurz mit ihrem sozialen Netz, verbinden. Bewegungsverhalten ist untrennbar mit den sozialen Strukturen in Gemeinschaften verwoben. Es kann also nicht isoliert betrachtet werden, sondern sollte im Kontext der gesamten Lebensweise, einschließlich Fortpflanzung (Familiengründung), Nahrungssuche (Ernährung) und Habitatwahl (wo wir Heimat finden), betrachtet werden.[43] Es gibt wohl unzählige Gründe, warum sich Tiere entscheiden, gemeinsame Wege zu gehen. Dabei bilden sich hochkomplexe Netzwerke aus Interaktionen und es entsteht Emergenz – eine Summe, die größer ist als ihre Einzelteile. Angesichts dessen ist es schwer zu argumentieren, dass alle Gruppendynamiken einen funktionalen Zweck haben. Zahlreiche verblüffend schöne Schwarmverhalten bilden sich spontan durch kombinierte physikalische Kräfte und individuelle Eigenschaften ohne klaren evolutionären Nutzen oder Antrieb.[44]

Und wir Menschen? Auch für uns ist es in vielerlei Hinsicht bereichernd, Wege gemeinsam zu beschreiten. Dafür müssen wir nicht einmal stetig im Austausch miteinander stehen, manchmal reicht es auch, schweigend nebeneinander herzugehen. Unterwegs nehmen wir Einfluss auf die Lebenswege anderer. Wenn wir auswandern, um unseren Kindern eine bessere Zukunft zu ermöglichen, oder gemeinsam mit anderen für die Freiheit auf die Straße gehen, können auch wir Menschen durch unsere Fortbewegung Bedeutung schaffen, die über die eigene Existenz hinausgeht. Rose Ausländer schreibt in ihrem Gedicht *Gemeinsam*: »Vergesset nicht, Freunde, wir reisen gemeinsam. Besteigen Berge, pflücken Himbeeren, lassen uns tragen, von den vier Winden.«[45]

8

SELBSTBESTIMMTHEIT

Leise tapsen vier kleine Füße über einen flachen Stein. Ein braunes Tier huscht über den Strand, dessen Kiesel vom Meer glatt gewaschen wurden. Eigentlich gehört es nicht an diesen Ort, aber nun lebt es hier. In den letzten Wochen hat es jeden Winkel des kleinen Eilands erkundet. Eine üppige Schicht aus Bäumen und Sträuchern bedeckt die Insel. Aus der Luft betrachtet scheint sie sich wie dichtes Moos auf einem Stein über den Fels zu wölben bis dorthin, wo die Küste steil zum Meer hinabstürzt.

Das Klima ist mild und der frische Wind, der durch das Blätterdach streift, riecht nach Meer. Zwischen den Steinen liegen überall weiße Muschelschalen verstreut. Doch sie sind leer und ausgetrocknet und daher nicht von Interesse für die Wanderratte.

In den letzten Wochen hat sie viele verschiedene Nahrungsquellen ausgemacht. Sie bevorzugt kohlenhydratreiche, pflanzliche Nahrung, aber wenn der Hunger groß und das Angebot klein ist, kann sie so gut wie alles fressen. Zwischen den feuchten Algenteppichen auf den Felsen gibt es Würmer und andere Weichtiere. In den Nischen der Felswände nisten Vögel, deren Eier sie ebenfalls fressen kann.

Es ist nahezu paradiesisch hier. Zwischen den zerklüfteten, dicht bewaldeten Felsen verstecken sich enge Buchten und feinsandige Strände. Die ausladenden Kronen der mehrstämmigen Pohutukawa-Bäume spenden Schatten, ihre von weißen Haaren gesäumten Blütenkelche leuchten rot in der Sonne. Karo-

Küstenbäume tragen dicke, ledrige Blätter mit wolliger Unterseite. Im Frühjahr blühen sie bis in den Frühsommer hinein in dichten Büscheln kleiner dunkelroter bis violetter Blüten. Wenn sie zu Früchten herangereift sind, sammeln sich Vögel in ihren Zweigen.

Tiefblaues Wasser breitet sich vor der Ratte aus, als sie mit ihren Füßen im nassen Sand steht und die Nase in die Luft hebt, um einen fernen Geruch einzufangen. Eigentlich hat diese Insel alles zu bieten, was das kleine Tier zum Überleben braucht. Doch etwas fehlt. Da ist ein inneres Bedürfnis, das wie Hunger an ihm nagt, sich aber durch keine Mahlzeit stillen lässt. Nach wochenlangen Streifzügen über die Insel ist der intuitive Eindruck der Ratte zur Gewissheit geworden – sie ist vollkommen allein.

Auf ihren Streifzügen hatte sie sich ein Bild von dem Eiland gemacht. Wenn sich die Sonne langsam hinter den Horizont senkte, begab sie sich – ihrem Namen alle Ehre machend – auf Wanderschaft. Sie war in Felsspalten hinabgestiegen, hatte zwischen Treibholz herumgeschnüffelt und war sogar auf einen Baum geklettert. Erste feine Pfade zeichneten sich dort in der Vegetation ab, wo sie häufiger entlanggegangen war. Ihre mentale Karte verzeichnete Knotenpunkte, Futterstellen, Weggabelungen und Lieblingsschlafplätze. Sosehr sie jedoch suchte, konnte sie keinen einzigen Artgenossen auf der Insel finden, trotz ihrer feinen Nase und ihrem unerschütterlichen Willen.

Das Tier ist ein zutiefst soziales Lebewesen. Wäre seine Welt nicht aus den Fugen geraten, wäre es von anderen Ratten umgeben und Teil eines komplexen Sozialgefüges. Doch hier ist nur Leere weit und breit und das drängende Gefühl, dass etwas fehlt. Deswegen ist die Ratte nun hier am Strand. Auch wenn es eine riskante Entscheidung ist, tut sie, was sie tun muss: Sie stürzt sich ins Wasser und beginnt zu schwimmen.

Zunächst muss sie die Bucht verlassen und steuert die Stelle an, an der die Küste sich öffnet und das offene Meer freigibt. Als sie den letzten Felsen umrundet, schlagen Wellen über ihren Kopf und Wasser dringt in ihre empfindliche Nase. Heute ist der Wind still und das Meer ruhig, doch im Verhältnis zu dem kleinen Körper des Tieres sind sie noch immer kräftig. Als sie die Bucht hinter sich lässt, wendet sich die Wanderratte nach Südosten und schwimmt, schwimmt immer weiter aufs Meer hinaus. Ausdauernd rudern ihre nackten Pfoten durchs Wasser. Unter ihr herrscht bodenlose Tiefe, deren unbekannte Bewohner die Dunkelheit verbirgt.

Als es zu dämmern beginnt, taucht Land über der schwankenden Wasseroberfläche auf. Müde kriecht sie wenig später an den Strand. Erschöpft von der langen Strecke muss sie sich ausruhen. Unter einem großen, buschigen Kamaru-Strauch findet sie einen geeigneten Rastplatz. Außer den Sträuchern mit ihren langen, gefurchten Blättern gibt es nichts auf dem Stückchen Land, das nur einige Quadratmeter aus dem Meer hinausragt. Nur Vögel, wie der gelbgrüne Maorihonigfresser, finden sonst hierher, besonders dann, wenn die Sträucher orangefarbene Beeren in dichten Büscheln entlang der Zweige tragen.

Nach einer Erkundung der Umgebung steht fest: Auch hier kann sie nicht bleiben. Ihr Fell ist noch vom Salz der letzten Reise verkrustet, als sich die Ratte wieder aufs Wasser hinauswagt und noch einmal einer ungewissen Zukunft entgegenschwimmt.

Diesmal muss sie nicht ganz so lange schwimmen, bis sich die Umrisse von Felsen und Bäumen am Horizont abzeichnen. Abermals klettert sie müde an Land. Wellen rollen auf den dunklen Strand, als sie sich energisch das Wasser aus dem Pelz schüttelt und sich in Richtung der Bäume aufmacht.

In den nächsten Wochen erkundet die Wanderratte die neue

Insel. Sie ist größer als jenes Stück Land, das sie vor Kurzem verlassen hat. Die gleichen Bäume und Sträucher bedecken die Insel, aber das Land ist flacher. Es ist weniger zerklüftet und die Küste fällt sanfter zum Meer hin ab. Es gibt einige große Sandstrände, an denen allerlei Muscheln und andere Weichtiere angespült werden, und es gibt ein Haus.

Das Gebäude steht unweit der Landspitze, die im Südwesten der Insel ins Meer hinausragt. Von den umliegenden Bäumen versteckt liegt es auf einer Lichtung. Ein Weg führt über felsige Treppenstufen hinunter zum Strand, bunte Boote liegen im Gras. In dem Haus leben Menschen, das hat die Ratte sofort erkannt. Das kluge Tier weiß, dass Menschen gefährlich sind. Es ist nicht das erste Mal, dass es mit diesen seltsamen Wesen in Berührung kommt. Vor vielen, vielen Wochen, lange bevor es die kleine Insel verließ, hatte es an einem anderen Ort gelebt. Doch dann war alles dunkel geworden und die Welt hatte sich gedreht. Als es das Tageslicht wiedersah, war es auf der kleinen Insel gewesen. Alleine.

Den Menschen, die hier leben, möchte die Wanderratte lieber nicht begegnen. Sie weiß jedoch auch, dass es, wo immer sich Menschen aufhalten, Nahrung im Überfluss gibt. Und so hält sie sich einige Tage im Umkreis des Hauses auf. Nachts erkundet sie die Insel und sucht nach dem, wofür sie gekommen ist, nach anderen Ratten, denen sie sich anschließen kann. Doch auch auf dieser Insel scheint es nirgends Artgenossen zu geben.

Nach über zehn Wochen in dem neuen Zuhause hat die Ratte nicht eine Spur gefunden, die auf andere Ratten hinweist. Soll sie noch einmal losschwimmen und nach einer weiteren Insel suchen? Irgendwo muss es schließlich andere ihrer Art geben. In ihrem alten Leben hatte es schließlich nicht einen Ort ohne sie gegeben.

Obwohl das Tier gut schwimmen kann, ist die Reise über das offene Wasser gefährlich. Seevögel oder Raubfische könnten ihr ebenso zum Verhängnis werden wie Durst oder Erschöpfung.

Also wird sie erst einmal hierbleiben und weitersuchen. Noch hat sie nicht jeden Winkel der Insel erkundet, noch besteht die Chance, irgendwo andere Ratten zu finden. Eines Abends macht sie sich wieder auf den Weg in Richtung der Nordseite der Insel, als ihr ein verlockender Duft in die Nase steigt. Sie hält inne, wittert und versucht die Quelle des Geruchs ausfindig zu machen. Vorsichtig folgt sie der Duftspur und entdeckt den Kadaver eines großen Vogels, der auf dem Erdboden liegt. Vom Hunger angetrieben läuft sie darauf zu – da schnellt plötzlich ein Gegenstand herab und trifft ihren Rücken mit einem heftigen Schlag. Bevor sie begreifen kann, was geschieht, und ohne je wieder einem Artgenossen begegnet zu sein, verlischt ihr Lebenslicht.

RAZZA THE RAT

Die Insel Motuhoropapa, von der die Ratte einige Wochen zuvor aufgebrochen war, gehört ebenso wie jene, auf der ihr Leben ein Ende fand, zu einer Inselgruppe vor der Nordost-Küste Neuseelands. Die »The Noises« genannten Inseln sind rattenfrei und Motuhoropapa ist auch von Menschen unbewohnt. Die Nachbarinsel Otata ist in Privatbesitz und wird von ihren Eignern bewohnt. Auch wenn die Inseln zwischen 1981 und 2001 mindestens sechsmal von Ratten besiedelt wurden, war diese eine Ratte aus einem anderen ungewöhnlichen Grund dort. Sie war Teil eines Experimentes.

Neuseeländische Forscher um den Zoologen James C. Russell hatten die Wanderratte (*Rattus norvegicus*) absichtlich auf einer unbesiedelten Insel ausgesetzt, um zu untersuchen, wie man das Tier am besten wieder einfängt.[1] Sie wollten verstehen, wie sich Ratten bei der Besiedlung neuer Lebensräume verhalten und wie man sich dieses Verhalten zunutze machen kann, um sie an der Ausbreitung zu hindern. Aufgrund ihrer hochsensiblen, endemischen Flora[2] und Fauna sind die neuseeländischen Hauptinseln, insbesondere die vielen Küsteninseln, durch nicht heimische Arten besonders gefährdet. In Neuseeland kommen natürlicherweise keine Landsäugetiere vor, deswegen ist das Ökosystem auf solche Arten nicht vorbereitet.

Ratten, die neue Inseln erreichen, sind daher ein großes Problem für den Artenschutz, das gilt besonders für Neuseelands einzigartige Vogelwelt. Die Wissenschaftler versprachen sich von dem unkonventionellen Versuch neue Erkenntnisse, die ihnen dabei helfen sollten, zukünftig Inseln besser vor Ratten zu schützen. Die Hoffnung war, dass man diese vielleicht schon frühzeitig nach dem Beginn einer Rattenbesiedlung erfolgreich bekämpfen könnte. So könnte man sie gezielt aufhalten, bevor es erst zu einer großen Vermehrung und Ausbreitung gekommen ist. Wenn die Forscher jedoch eines aus diesem Experiment lernen sollten, dann, dass dies nicht der Fall war.

Zunächst zurück zum Beginn der Studie: Vor dem Aussetzen des Rattenmännchens wurde eine DNA-Probe entnommen und ein Sender angebracht. Anfangs lief alles wie geplant. Die Ratte erkundete zunächst die ganze Insel, bevor sie nach circa einem Monat ein etwa einen Hektar großes Revier bezog. Unterdessen versuchten die Wissenschaftler mithilfe verschiedener Fallen, das Tier wieder einzufangen. Erfolglos.

Sie erhöhten die Fallendichte und nutzten ihr Wissen über die Wege der Ratte, um sie gezielt zu positionieren, doch die Ratte ließ sich nicht erwischen. Nachdem es trotz intensiver Bemühungen wochenlang keinen Fortschritt gab, beschlossen die Wissenschaftler, das Tier per Sender zu suchen und einzufangen. Allerdings stellte sich zu ihrem Erschrecken heraus, dass die Ratte den Sender verloren hatte, und so blieb sie für geraume Zeit spurlos verschwunden.

Eines Tages wurden Rattenspuren auf Otata gesichtet, wo es eigentlich keine Ratten geben sollte. Also konzentrierte sich die Jagd nach der Ratte nun auf die Nachbarinsel. Trotz der Verwendung verschiedenster Fallen und des Einsatzes von speziellen Spürhunden blieb die Suche zehn Wochen lang erfolglos. Dann ging die Ratte schließlich in eine frisch beköderte Falle, was für das Tier tödlich endete. Ein DNA-Test bewies: Es war das Rattenmännchen, das viele Wochen zuvor auf Motuhoropapa freigelassen worden war. Das Tier war also tatsächlich von der Nachbarinsel herübergeschwommen, mindestens 400 Meter über offenes Meer.[3]

Die Geschichte der Ratte beeindruckte viele Menschen und man gab ihr posthum den Namen Razza Witi Ihimaera. Ein bedeutender Maori-Schriftsteller veröffentlichte sogar ein Kinderbuch über die *Amazing Adventures of Razza The Rat*. Insgesamt kann das Experiment durchaus kritisch betrachtet werden (sowohl, was den tierethischen Aspekt betrifft, als auch das Risiko, das man blauäugig einging, erneut zur Ausbreitung einer Art beizutragen). Eines wurde aber sehr deutlich: Ratten in frühen Ausbreitungsphasen zu bekämpfen, ist viel schwieriger, als man vermutet hatte.[4] Letztlich war es dem Team trotz aller Informationen und intensiver Bemühungen nicht gelungen, eine Ratte auf einem Gebiet einzufangen, das in etwa die Grundfläche des Leipziger Hauptbahnhofs aufweist.

WIE TIERE AN ORTE GELANGEN

Schon immer haben Arten neue Lebensräume besiedelt. Letztlich ist jede Art, die nicht seit jeher endemisch in einem kleinen Gebiet vorkommt, irgendwann mal von irgendwoher eingewandert. Wenn man weit genug zurückgeht, sind alle Tiere und Menschen Migranten.

Manche Arten haben sich aktiv neue Lebensräume gesucht und diese besiedelt. *Homo sapiens* war dabei ebenso ausbreitungsfreudig und erfolgreich wie *Rattus norvegicus*. Andere sind durch äußere Umstände in ihre heutigen Lebensräume gelangt. Sie waren beispielsweise schon da, bevor sich der Erdteil, auf dem wir sie heute antreffen, verschob, wurden durch andere Arten dorthin transportiert oder durch Stürme verdriftet.

Einige Tierarten sind in ihrer Fortbewegung grundsätzlich von ihrer Umwelt abhängig. Manche sind passive Reisende, die ohne eigenes Zutun um die Welt getragen werden, andere, wie die Quallen, können sich aktiv fortbewegen, treiben aber im Großen und Ganzen doch mit dem Strom. Das Zooplankton beinhaltet zahlreiche Organismen, die passiv durchs Meer bewegt werden, aber auch in kleineren Süßgewässern kann die Strömung Tiere beinträchtigen. Immer wieder werden Schmetterlinge von starken Winden an Orte getragen, die sie sonst nicht erreicht hätten. Die Fortbewegung dieser unfreiwilligen Reisenden ist also nicht selbstbestimmt, vielmehr werden sie ihrem gewohnten Leben entrissen. Daraus können sich neue Chancen ergeben oder fatale Konsequenzen. Wer nicht davongetragen werden möchte, braucht Strategien, um sich in der bewegten Umwelt an Ort und Stelle zu halten. Dafür haben die Wasserlarven der Lidmücken beispielsweise Saugnäpfe entwickelt, die

ihnen helfen, sich in schnell fließenden Gebirgsbächen an Steinen festzuhalten.[5]

Meeresströmungen, Flussrichtungen oder Winde werden jedoch auch aktiv genutzt, um ans Ziel zu gelangen. Wir Menschen kennen das Prinzip, sich von Winden abhängig fortzubewegen, aus unserer langen Geschichte der Segelschifffahrt. Das Segeln haben wir jedoch nicht erfunden. Die Segelqualle *Velella velella* fängt beispielsweise mithilfe eines starren annähernd dreieckigen Segels den Wind ein, um über das Wasser zu gleiten.[6] Wir sind auch nicht die einzige Spezies, die das Reiten praktiziert. Tierische Trittbrettfahrer nutzen die Fortbewegungsmöglichkeiten mobilerer Arten, um selbst ans Ziel zu gelangen. Es gibt verschiedene Krebstiere, die als Larven auf Quallen surfen und das vorbeischwimmende Zooplankton aufnehmen oder auf Eidechsen und Fröschen reiten.[7] Die Nashornschnecke *Neritina asperulata* scheint als Jungtier mehrere Kilometer zurückzulegen, indem sie sich an die Schalen verwandter, älterer Schnecken heftet.[8] Auch die Mottenlarven unseres Dreifinger-Faultiers reisen quasi im Fell des Tieres durch den Regenwald; und in einer Höhle in Vietnam entdeckte man 2017 sogar eine neue Art von Höhlen-Kakerlaken, die möglicherweise auf Fledermäusen mitfliegt.[9] *Phoresie* nennt man den Prozess, bei dem eine Art eine andere Spezies für den Transport zu neuen Lebensräumen oder Ressourcen nutzt. Obwohl es sich um ein weitverbreitetes Verhalten handelt, es wurde bei mindestens 25 Klassen und 60 Ordnungen beobachtet, ist es wenig erforscht. Die »Anhalter« sind häufig klein und wenig mobil und nutzen Lebensräume oder Ressourcen, die kurzlebig und/oder weit verstreut sind.[10]

Nicht immer geht es Tieren, die sich an anderen festklammern, jedoch darum, fortzukommen. Manchmal haben sie die

Körper anderer schlicht zu ihrem Lebensraum erkoren. So reisen auf der Haut der Grauwale (und vieler weiterer Meerestiere) unzählige sessile Krebstiere wie Seepocken um die Welt – und ernähren sich dabei wie ihre riesigen Transporteure als Filtrierer von Plankton.

Dank ihrer Fähigkeit, sich aktiv fortzubewegen, können die meisten Tiere jedoch selbst entscheiden, wohin sie gehen. Genau wie bei uns Menschen, gibt es auch unter nicht menschlichen Tieren Individuen, die es an Ort und Stelle hält, und solche, die es eher in die Ferne zieht. Sie erkunden neue Lebensräume, begeben sich auf weite Reisen und gehen dafür teils hohe Risiken ein.

Manchmal wandern Arten in großen Gruppen, häufig sind es jedoch einige wenige Tiere, die als Pioniere neues Land (und neue Gewässer) erkunden. Vögel sind aufgrund ihrer Fähigkeit, Wasser und Land gleichermaßen zu überqueren, häufig die Ersten, die neue Orte erreichen. Wie wir am Beispiel des Polarfuchses gesehen haben, der es als einziges Säugetier selbstständig bis nach Island schaffte, können Tiere jedoch auch zu Fuß enorme Strecken zurücklegen und neue Lebensräume erreichen.

EIN STÜCKCHEN ANTARKTIS IN AUSTRALIEN

Am 1. November 2024 machten Strandbesucher in Ocean Beach in Western Australia eine seltsame Entdeckung: Ein Kaiserpinguin lief über den Strand und versuchte gelegentlich über den hellen Sand zu gleiten, als wäre er Schnee.[11] Kaiserpinguine sind die größte lebende Pinguinart, ein erwachsenes Tier ist in aufrechter Haltung an die 1,30 Meter hoch. Nun gibt es, entgegen des weitverbreiteten Glaubens, Pinguine auch jenseits des ewigen Eises (und dafür nicht am Nordpol). In Australien brütet sogar eine Pinguinart: Zwergpinguine leben in Brutkolonien entlang der australischen Südküste und auf Tasmanien. Wie ihr Name verrät, sind sie jedoch deutlich kleiner als der Kaiserpinguin, der ausschließlich in der Antarktis vorkommt und damit 3500 Kilometer entfernt von Australien.

Das große Tier mit den leuchtend gelb-orangefarbenen Abzeichen an Hals und Schnabel war Surfern aufgefallen und konnte zum Glück zeitnah gesichert werden. Der Pinguin, der den Namen Gus erhielt, war in einem schlechten Ernährungszustand und wurde zunächst von einer erfahrenen Wildtierpflegerin und ihrem Mann, einem Tiermediziner, gesund gepflegt. Nach 20 Tagen intensiver Pflege, Fütterung und Kühlung im australischen Sommer war es Zeit, den Pinguin wieder zurück in seine antarktische Heimat zu schicken. Am 20. November 2024 wurde er vom Western Australia Department of Biodiversity, Conservation and Attractions per Boot ins Südpolarmeer zurückgebracht und begann, kaum ins Wasser geglitten, nach Süden zu schwimmen.

Gus – die Kurzform für Augustus, dem römischen Kaiser – ist der erste bekannte Kaiserpinguin, der bis zum australischen Kontinent gelangte.[12] Möglicherweise war er einer Meeresströmung gefolgt und dann vom Weg abgekommen, was ihn letztlich bis an den australischen Strand gebracht hat, bleibt sein Geheimnis.

Australien wäre auf längere Sicht kein geeigneter Lebensraum für den an Kälte und Eis angepassten Kaiserpinguin gewesen. Er ist Teil eines fein abgestimmten antarktischen Ökosystems, an das seine Physiologie und sein Verhalten hervorragend angepasst sind. Es gibt aber auch Arten, die in vielen Lebensräumen bestehen können. Als Generalisten stellen sie wenig spezifische Ansprüche an ihren Lebensraum, ihre Nahrung oder die Wahl ihrer Nester oder Brutplätze. Wenn sie eigenständig an neue Orte gelangen, können sie dort bleiben und ihr natürliches Verbreitungsgebiet ausdehnen.

Die Monarchfalter, die wir im letzten Kapitel auf ihre Reise quer durch die USA und Mexiko begleitet haben, haben sich beispielsweise im Laufe der Zeit weit über ihre nordamerikanische Heimat hinaus begeben. Insbesondere in den letzten 180 Jahren haben sie ihr Verbreitungsgebiet außerhalb Nordamerikas ausgedehnt und sind nun an Orten im gesamten Pazifik und Atlantik zu finden. Dabei hat der wanderfreudige Schmetterling sein Verbreitungsgebiet kontinuierlich erweitert und sich von den tropischen Regionen des amerikanischen Kontinents bis hin zu Hawaii und auf weiteren Inseln im Pazifik und Atlantik niedergelassen. Einige Populationen in Mittel- und Südamerika sowie in der Karibik sind jedoch schon deutlich älter, sie haben sich wahrscheinlich bereits vor Zehntausenden Jahren etabliert.

An vielen seiner neuen Heimatorte hat der Monarchfalter das Wandern aufgegeben und ist sesshaft geworden. Das Ausbleiben der saisonalen Migration hat bei einigen dieser Falter bereits dazu geführt, dass sich ihre Flügel verändert haben. Sie sind kleiner geworden und nun für Langstreckenflüge weniger geeignet.[13] Diese Veränderung zeigt eindrücklich, wie sehr Fortbewegung das Aussehen und die Funktion tierischer Körper bestimmt.

Wie selbstbestimmt die vergangenen Reisen einzelner Tiere gewesen sind, lässt sich schwerlich rekonstruieren. Und selbst im Heute ist die Frage nach der bewussten Entscheidung hinter einer Wanderung häufig nicht leicht zu beantworten. Wie selbstbestimmt beispielsweise Pinguin Gus' Reise war, ist schwer zu beurteilen. Falls er vom Weg abgekommen ist, war es möglicherweise nur ein glücklicher Zufall, dass er das australische

Festland erreichte. Zu irgendeinem Zeitpunkt hatte er jedoch entschieden, loszuschwimmen und nicht wieder umzudrehen. Die Freiheit oder Determiniertheit von begangenen Wegen ist eine Frage, die von der Biologie in die Philosophie übergeht, wie so viele große Fragen der Natur. Sie werden wir später in diesem Kapitel näher betrachten. Zunächst wollen wir uns mit jenen Arten beschäftigen, für die sich diese Frage nicht stellt. Denn zahlreiche Tiere weltweit sind unfreiwillig an jene Orte gelangt, an denen sie sich befinden.

VERSCHLEPPUNG VON ARTEN

Immer wieder werden Arten in entlegene Gebiete getragen, in denen sie evolutionsgeschichtlich nicht vorkamen. Der Großteil von ihnen kann sich dort nicht halten und verschwindet über kurz oder lang wieder. Können die gebietsfremden Arten jedoch überleben und sich über mehrere Generationen fortpflanzen, etablieren sie sich. Sie werden zu neuen Bewohnern des Ökosystems. Meistens fügen sie sich irgendwo in die komplexen Räuber-Beute-Beziehungen, Stoffkreisläufe und anderen Verbindungen des Netzwerks ein und werden über die Jahrhunderte oder Jahrtausende ein Teil davon.

Ein geringer Anteil der *Neobiota*, der neuen Arten in einem Lebensraum, kann jedoch zur Gefahr für die heimische Natur werden, indem sie das ökologische Gleichgewicht ins Wanken bringen. Dann bezeichnen wir sie als invasiv. Die Folgen für die vorhandene Natur können gravierend sein: Heimische Arten werden beispielsweise von den Neuankömmlingen gefressen, verlieren den Kampf um Ressourcen oder werden durch eingeschleppte Krankheiten dezimiert, gegen die sie keine natürlichen Resistenzen entwickeln konnten.

Ein Beispiel für die möglichen Auswirkungen invasiver Arten ist die Braune Nachtbaumnatter *Boiga irregularis.* Sie hat sich innerhalb weniger Jahrzehnte auf der Insel Guam mit verheerenden Folgen ausgebreitet: 13 von 22 einheimischen Brutvögeln wurden ausgerottet, darüber hinaus mehrere Fledermaus- und Eidechsenarten. Besonders drastisch ist die Situation der Waldvögel, deren Nester die Baumnatter plündert. Zehn von zwölf Waldvogelarten sind ausgelöscht, die verbliebenen wurden stark dezimiert.[14] Ein Beispiel aus dem Süßwasser ist der Nilbarsch, der im Nabugabo-See und Victoriasee ein ganzes Ökosystem an Buntbarscharten vernichtete, über 100 von ihnen sind bereits verschwunden.[15] Darüber hinaus hatte der Kollaps des ökologischen Netzwerks der Seen schwerwiegende Folgen für die lokale, traditionelle Fischerei.[16]

Die Liste solcher Beispiele könnte seitenweise fortgesetzt werden und sich über alle denkbaren Artengruppen und Lebensräume erstrecken. Auch die weitverbreiteten Wanderratten sind in einigen der besiedelten Gebiete invasiv. Überall dort, wo sie bereits Schäden verursachen, denkt man darüber nach, wie man ihren Einfluss reduzieren oder sie ganz loswerden könnte, andernorts macht man sich Sorgen, sie könnten noch unbesiedelte Flecken erreichen. Auch in Deutschland gibt es Gebiete, die vor Ratten geschützt werden sollen. Die Nordseeinsel Trischen ist ein wichtiges Vogelschutzgebiet im Nationalpark Schleswig-Holsteinisches Wattenmeer und darf weder von Menschen noch von Ratten betreten werden. Erst kürzlich schaffte es eine Ratte vom zehn Kilometer entfernten Festland auf die Insel. Sie war vermutlich über das Watt gelaufen, muss aber auch einen Teil der Strecke geschwommen sein.[17]

Neuseeland bekämpft Ratten auf seinen vorgelagerten Inseln intensiv. Das Land hat mit einigen invasiven Arten Probleme, darunter der Fuchskuskus, einem aus Australien stammenden Beuteltier, aber auch Hermeline und Ratten.[18] Sie gefährden die heimische Artenvielfalt und besonders Neuseelands endemische Vogelwelt. Der Einfluss der Ratten manifestiert sich nicht nur im direkten Erbeuten von Eiern und Küken, das Fressen von Samen kann beispielsweise die Zusammensetzung von Pflanzengesellschaften beeinflussen und damit weitreichend im Ökosystem nachwirken. 25 Millionen Vögel fallen Ratten schätzungsweise jährlich zum Opfer, einige Arten sind wegen dieser Verluste vom Aussterben bedroht oder konnten nur auf rattenfreien Inseln vor der Küste überleben. Als es 2001 gelang, die 11 300 Hektar große Insel Campbell Island vollständig von Ratten zu befreien, war das ein großer Erfolg.[19] Davon inspiriert fand von 2011 bis 2015 die bislang größte Kampagne dieser Art auf der subantarktischen Insel Südgeorgien statt.

Südgeorgien liegt in der gleichnamigen Inselgruppe im Südatlantik zwischen Argentinien und der Antarktis und ist ein britisches Überseegebiet. Auf dem knapp 4000 Quadratkilometer großen Eiland brüteten ursprünglich mindestens 30 Millionen Seevögel, es gab Pinguine, Albatrosse, Riesensturmvögel und Hunderttausende Seelöwen und Seeelefanten lagerten an den Stränden. Die Ratten wurden zur Gefahr für diese Artenvielfalt: Kleine Seevögel, wie der nur hier vorkommende Südgeorgien-Pieper (*Anthus antarcticus*) und die Südgeorgien-Spießente (*Anas georgica georgica*), verloren durch sie jedes Jahr den Großteil ihrer Gelege. Also beschloss man, die Ratten und die ebenfalls auf der Insel vorhandenen Mäuse in einer konzentrierten Aktion auszurotten.[20] Eine britische NGO sammelte Gelder für die Kampagne und lud internationale Expertinnen und Experten ein, um zusammen mit ihnen die passende Strategie zu entwickeln. Über vier Jahre hinweg wurden in mehreren Phasen insgesamt 500 Kilogramm Giftköder per Helikopter auf der Insel ausgebracht. Schließlich gelang es tatsächlich, die Insel rattenfrei zu bekommen.

Was zunächst nach einer Erfolgsgeschichte klingt, ist im Grunde genommen jedoch das Ergebnis eines großen, weltweiten Dramas, das wir Menschen verursacht haben. Denn woher waren die Ratten so weit draußen auf dem Ozean gekommen? Es waren die Menschen, die sie auf ihren Schiffen mitbrachten. Formell von Captain Cook 1775 entdeckt, wurde Südgeorgien im 19. Jahrhundert zur Anlaufstelle für Robbenjäger und Walfänger. Man errichtete Schlachthäuser und es gab regen Schiffsverkehr. Innerhalb kürzester Zeit wurde das Wildtierparadies zerstört, Wale und Robben fast ausgerottet und Ratten gelangten in großen Zahlen auf die Insel. Seit 2012 gehört Südgeorgien zu einem Meeresschutzgebiet, dennoch hat menschliches Verhalten nach wie vor Einfluss auf die Rattenpopulation: Über die Hälfte der Insel ist durchgehend von Schnee und Eis bedeckt und die Ratten wurden von Gletschern in räumlich getrennte Populationen unterteilt und auf eisfreie Gebiete begrenzt.[21] Die auch hier voranschreitende menschengemachte Gletscherschmelze drohte also, diese Flächen miteinander zu verbinden und ein viel größeres, schwieriger zu kontrollierendes Areal zu schaffen. Es war also Eile geboten, denn nur durch die räumliche Trennung konnte man die Aktion auf mehrere Jahre verteilen und die Gebiete nach und nach beködern.

UNGEWOLLTE AUSBREITUNG

Ohne den Menschen wäre die Wanderratte nicht bis nach Südgeorgien gelangt und wohl auch nicht an die meisten anderen ihrer heutigen Habitate. Bis vor 300 Jahren war sie hauptsächlich im Nordosten Chinas zu Hause, erst durch die interkontinentalen Reisen der Menschen, insbesondere durch die Schifffahrt, gelang ihr die Expansion und sie wurde zur global vorkommenden Art. Auf Südgeorgien konnte ein Teil des Schadens ausgeglichen werden, jedoch nicht vollständig und zu einem hohen Preis.

Ökosysteme sind um ein Vielfaches komplexer, als vielen Menschen bewusst ist. Aus Unwissenheit oder Arroganz griffen und greifen sie daher immer wieder darin ein und sind dann von den massiven Folgen überrascht. Erinnern Sie sich an das Hermelin, das in Neuseeland als invasiv bekämpft wird? Es wurde dort von Menschen aktiv ausgesetzt. Warum? Um sich ausbreitende Kaninchen einzudämmen, die ebenfalls von Menschen eingeschleppt wurden.[22]

Leider wurden die meisten Arten, die nun Probleme verursachen, von Menschen aktiv an neue Orte verbracht und häufig haben anschließend vermeintlich einfache Lösungen den Schaden noch größer gemacht. Auch lassen sich diese Eingriffe nicht einfach rückgängig machen, einmal ausgestorbene Tiere kehren nicht zurück und beim Kampf gegen die invasiven Arten werden auch andere Arten in Mitleidenschaft gezogen. Gift, wie es auf Südgeorgien und Campbell Island zur Rattenbekämpfung verwendet wurde, ist gefährlich, aber bislang die beste Methode.[23] Der Gifteinsatz hat auch Vögel getötet, 7 der 30 Seevogelarten erlitten Verluste durch Vergiftung und viele Begleitmaßnahmen waren nötig, um solche Kollateralschäden niedrig zu halten. Um Braune Raubmöwen vor dem Gift zu schützen, wurden beispielsweise die Eier einer ganzen Generation eingeölt und so am Schlupf gehindert. Der Verlust einer Jahresbrut war weniger riskant für die Gesamtpopulation der langlebigen Seevögel als das Gift, das sie beim Füttern ihrer Nachkommen aufgenommen hätten.[24] Das ist nur eine der Maßnahmen und einer von vielen Aspekten, die zeigen, wie schwierig es ist, etwas »in Ordnung zu bringen«, wenn der Schaden einmal angerichtet ist. Außerdem gibt es Langzeitfolgen, die wir teils gar nicht überblicken. Erinnern Sie sich beispielsweise an die Stoffkreisläufe der Seevögel aus dem Kapitel *Kreisläufe*? Studien haben gezeigt, dass es auch nach der Ausrottung von Ratten auf solchen Inseln noch immer weniger Nährstoffe gab als auf jenen, die nie von Ratten befallen waren. Eine Erholung dieser wichtigen Dynamik könnte Jahrzehnte dauern.[25]

Ratten sind Generalisten und können sich determiniert fortbewegen, dennoch sind sie vor allem von uns Menschen um die Welt getragen worden. Das gilt auch für fast alle anderen gebietsfremden Arten. Alleine in Deutschland konnten sich laut Bundesamt für Naturschutz 1280 dieser Arten in der Natur dauerhaft etablieren und ausbreiten, davon 1015 *Neobiota* (diese umfassen gebietsfremde Arten, die nach 1492 ankamen, Ankömmlinge vor dieser Zeitgrenze zählen quasi als »eingemeindet«). 450 davon sind Tierarten – Tiere, die sich überwiegend nicht selbstbestimmt hierherbegaben.[26]

Die Ratten waren Trittbrettfahrer, aber oft wurden Tiere vom Menschen bewusst mitgebracht. Zum Beispiel für Pelzfarmen oder um sie zu jagen (zum Beispiel Mink, Nutria, Waschbär und Fasan). Wenn manche davon dann unerwartete Probleme verursachen, werden sie anschließend wieder bekämpft. Manchmal entwickelt sich ein regelrechter Hass auf die »Invasoren«. Das bekannteste Beispiel dafür ist wohl die Aga-Kröte, die 1935 in Australien eingeführt wurde und sich massiv ausbreitet.[27] Durch ihre Giftigkeit tötet sie scharenweise heimische Arten. Das Tier wird leidenschaftlich gehasst und von vielen Menschen ohne Skrupel und mit rabiaten Maßnahmen getötet, das Töten mit Kriegsrhetorik teils ermutigt und gefeiert. Natürlich ist der Schutz heimischer Arten ein wichtiges Ziel, doch wie P. Phillips in ihrem Essay über den gesellschaftlichen Umgang mit den Tieren anmerkt: »Wenn man einen klaren Feind hat, den man hassen kann, kann dies zu einer Landschaft eigener moralischer Grenzen führen.«[28] Dabei sollte man nicht vergessen, dass auch die Aga-Kröte nicht freiwillig in Australien ist, sie wurde auf Druck der Farmerlobby gezielt ausgesetzt, um Schädlinge in Zuckerrohrplantagen zu bekämpfen.

Manchmal lassen sich Arten, einmal etabliert, mit bekannten und sicheren Mitteln nicht wieder loswerden. Eine Ausrottung ist besonders bei sehr flexiblen Arten, die sich schnell vermehren können, bislang oft nur auf Inseln und in abgeschlossenen Bereichen möglich. In diesem Fall kann man nur lernen, mit den Folgen umzugehen, und gefährdete Arten schützen. Außerdem stellt sich hier vermehrt die ethische Frage, denn wie lässt sich das massenhafte Töten von intelligenten, empfindungsfähigen Tieren rechtfertigen, wenn eine nachhaltige Verringerung der Population nicht absehbar ist? Ein Beispiel für diese Problematik ist der Waschbär in Deutschland. Auch werden Arten bekämpft, die nicht das Ökosystem gefährden, sondern wirtschaftliche Schäden verursachen, und es gibt Tiere, deren Invasivität umstritten ist.

Wenn wir unsere Kriterien für Invasivität konsequent anwenden, sind auch wir Menschen eine invasive Art. Wir bringen überall auf dem Globus Ökosysteme aus dem Takt, verändern oder zerstören Landschaften und rotten Tierarten aus. Nicht alle

Menschen sind dabei gleich zerstörerisch, Studien zeigen beispielsweise, dass indigene Völker weniger zum Verlust biologischer Vielfalt und zur Ausbreitung invasiver Arten beitragen.[29] Dennoch hat keine andere Spezies so viele Arten auf dem Gewissen wie der Mensch. Wir sollten also vorsichtig sein, auf wen wir unseren Fokus richten.

All das heißt nicht, dass wir invasive Arten nicht bekämpfen sollten. Besonders die Prävention steht dabei an erster Stelle! Das Töten sollte nur das letzte Mittel der Wahl sein und immer im Kontext der Erfolgsaussichten für den Schutz heimischer Arten abgewogen werden. Es ist ein ethisches Dilemma, das wir selbst verursacht haben. Die Ausrottung der Ratten auf Campbell Island und Südgeorgien war aus Naturschutzperspektive wohl sinnvoll. Dabei sollten wir aber unsere Menschlichkeit nicht vergessen, auf xenophobe und martialische Rhetorik verzichten und den Kontext nicht außer Acht lassen.

Im medialen Diskurs wird beispielsweise immer wieder die Andersartigkeit der tierischen Zuwanderer betont.[30] Doch ab wann wird ein neues Territorium zu einem Heim?[31] Manche Arten, die wir heute als heimisch empfinden, sind ökologisch gesehen selbst erst vor kurzer Zeit eingewandert. Sie werden aber, da wir mit ihrer Präsenz aufgewachsen sind, nicht als fremdartig empfunden. Wo ziehen wir hier die Grenze? Arten, wie der Fasan, werden noch immer aktiv ausgesetzt, nur, um sie dann zu jagen, wobei heimische Beutegreifer, wie der Fuchs, als Konkurrenten um die Beute geschossen werden. Meist ist unsere Beurteilung »fremder« Arten also wenig objektiv: Welche Tiere wir als nützlich oder störend betrachten und wie wir uns ihnen gegenüber verhalten, ist zu einem nicht unerheblichen Maße willkürlich und von unseren subjektiven Interessen abhängig. Nur, wenn wir uns bewusst machen, wie mannigfaltig sich unser Verhalten auf alle anderen Lebewesen auswirkt, können wir es in Zukunft besser machen. Der Schaden, den wir angerichtet haben, ist bereits da, es gilt also, endlich daraus zu lernen. Fangen wir doch damit an, Tiere nicht mehr gezielt und gegen ihren Willen an Orte zu verschleppen, an die sie nicht gehören.

FREIHEIT UND DETERMINIERTHEIT

Jeden Moment, überall auf der Welt, sind Tiere in Bewegung. Sich fortbewegen heißt dabei immer, Entscheidungen treffen zu müssen. Nimmt man den linken oder rechten Pfad, verweilt man noch oder geht man weiter? Wenn sich Tiere selbstbestimmt aktiv fortbewegen, sind diese Entscheidungen dann zwangsläufig frei? Die Frage danach, wie frei oder determiniert Wege sind, beschäftigt Menschen schon lange. Natürlich findet Fortbewegung immer in einem Kontext statt und schon Aristoteles schrieb, die Bewegung werde durch das Außen bestimmt.[32] Es gibt jedoch auch einen inneren Prozess, der jeder Bewegung vorausgeht. Wie wir wissen, betrachtete der französische Naturwissenschaftler und Philosoph René Descartes Tiere als Maschinen, denen man im Allgemeinen keinen freien Willen zuschreibt. Er teilte alles Existente in zwei Kategorien auf: das Geistige, also die mentale Innenwelt (*res cogitans*) und das Materielle, Physische (*res extensa*), wozu er alle Gegenstände und Lebewesen zählte. Eine Innenwelt schrieb er dabei ausschließlich dem Menschen zu, ein Beleg dafür, dass die menschliche Arroganz sich nicht automatisch dem wissenschaftlichen Erkenntnisgewinn beugt. Für Descartes waren Tiere demnach Maschinen, deren Eigenschaften und Fähigkeiten und damit auch ihre Fortbewegung sich in derselben Weise mechanisch aus dem Aufbau und der Anordnung ihrer Komponenten ergaben, wie sich das »Verhalten« einer Uhr aus der Anordnung von Zahnrädern, Federn und Gewichten ergibt.[33]

In den 1930er-Jahren formulierten die großen Pioniere der Verhaltensbiologie Konrad Lorenz und Nikolaas Tinbergen ihre »Physiologische Theorie der Instinktbewegungen«.[34] Sie hielten Tiere nicht für technische Konstrukte, gingen aber davon aus, dass das Verhalten von Tieren, von simplen bis komplexen Verhaltensweisen, letztlich durch klar abgrenzbare Instinkte gelenkt wird. Im einfachsten Falle wäre dies also beispielsweise eine Chemotaxis, ein Ausrichten nach einer chemischen Konzentration. Doch auch ein komplexes, anhaltendes Verhalten wie der Zug eines Vogels wäre demnach nur eine Aneinanderreihung einzelner instinktgetriebener Handlungen.

Aus heutiger Sicht ist dieses Erklärungsmodell veraltet. Es ist zu einfach und zu starr, um der Komplexität tierischen Verhaltens gerecht zu werden. So vertrat Lorenz die Ansicht, dass es eine strikte Trennung zwischen genetisch begründetem, angeborenem Verhalten und erlernten Verhaltensweisen gäbe. Nur Letzteres wäre demnach flexibel, während angeborenes Verhalten unveränderlich festgeschrieben sei.[35] Auch genetisch verankertes Verhalten bietet jedoch Spielraum für individuelle Entscheidungen und Umwelteffekte können sogar direkt die Aktivität von Genen beeinflussen.

Genetik spielt bei der Entscheidung, sich fortzubewegen, eine wichtige Rolle. Gerade der Vogelzug als Symbol der Freiheit ist beispielsweise teilweise genetisch festgelegt. Vögel, deren Orientierung am Erdmagnetfeld man untersucht hatte, zeigten gleich zwei solcher Muster. Zum einen begannen sie stets zu einer ähnlichen Zeit, unruhig zu werden und aufbrechen zu wollen.

Das hibbelige Verhalten der Vögel vor ihrer großen Reise ging als deutsches Wort »Zugunruhe« in die englische Fachsprache ein.[36] Zum anderen starteten die Tiere dabei nicht zufällig orientiert, sondern auffällig determiniert in bestimmte Richtungen.[37]

Heute wissen wir, dass der Zeitpunkt und die Richtung der Migration bei Vögeln von einem genetischen Programm gesteuert werden.[38] Es wurden auch erste »Migrationsgene« identifiziert.[39] Auch für andere Arten werden die genetische Grundlage ihres Wanderverhaltens und ihrer Richtungswahl entschlüsselt, darunter auch der Monarchfalter, bei dem diese fest eingeprägt zu sein scheint.[40]

Es kann verschiedene Mechanismen geben, die die Entscheidungen, sich fortzubewegen, in größerem Maßstab beeinflussen. Auch das Magnetfeld könnte dabei eine Rolle spielen: Trauerschnäpper, eine bei uns heimische, schwarz-weiß-braun gemusterte Vogelart, teilen ihren Vogelzug in zwei Etappen auf. Sie ziehen zunächst südwestlich nach Iberien und ändern dann ihren Kurs nach Süden oder Südosten, um ihre Winterquartiere südlich der Sahara zu erreichen. Individuen, die im Rahmen eines Experimentes im geomagnetischen Feld Mitteleuropas gehalten wurden, absolvierten aber nur den ersten Teil der Reise und wurden dann inaktiv, während Tiere, deren Magnetfeld allmählich an die Bedingungen in Südspanien angepasst wurde, weiterhin aktiv waren und sich dann nach Süden ausrichteten. Offenbar ist die Erfahrung der Änderung des Magnetfelds notwendig, um die zweite Etappe einzuleiten.[41]

Auch bei Meerestieren können regionale magnetische Bedingungen als Auslöser wirken: Die jungen Unechten Karettschildkröten, die uns im Kapitel *Kreisläufe* begegnet sind, verbringen ihre ersten Jahre im nordatlantischen Wirbel, einer zirkulären Meeresströmung. Als Jungtiere in Versuchen in Magnetfeldern getestet wurden, wie sie an mehreren Stellen am Rand des Wirbels vorkommen, zeigten sie spontane Richtungspräferenzen, die sie daran gehindert hätten, den Wirbel zu verlassen. So sorgen Reaktionen auf bestimmte magnetische Bedingungen dafür, dass die Schildkröten in ihrer günstigen Meeresumgebung bleiben.[42] Sogar das Ernährungsverhalten kann durch das Magnetfeld beeinflusst werden. Sprosser, eine Schwesterart der Nachtigall, denen die Magnetfeldbedingungen simuliert wurden, denen sie während ihrer Migration bis nach Nordägypten ausgesetzt sein würden, begannen erheblich an Gewicht zuzulegen. Die magnetischen Bedingungen in Nordägypten dienen der Schwesterart der Nachtigall also möglicherweise als Hinweis, sich auf die Überquerung der kargen Sahara-Wüste vorzubereiten.[43]

Nicht immer sind diese Mechanismen deutlich erkennbar. Eine große Studie zu den Wanderungen nordamerikanischer Rentiere mit über 1000 besenderten Karibus aus sieben Herden zeigte, dass fast alle Tiere, über ganz Alaska und Kanada verteilt, zur selben Zeit aufgebrochen waren. Es gab zuvor keinen Grund für die Annahme, dass Herden, die in der Nähe der Hudson Bay im Osten kalben, ihre Wanderung zur gleichen Zeit beginnen würden wie die Herden entlang der Küste Westalaskas. Dabei könnten lokale Wetterbedingungen eine Rolle spielen, doch viele Aspekte sind bislang ungeklärt.[44]

ENTSCHEIDUNGSFREIHEIT

Die Frage nach der Freiheit von Bewegung beinhaltet nicht nur, wie Tiere von einem Ort zum anderen gelangen, sondern auch, wie sie unterwegs Probleme lösen, wann sie Veränderungen einleiten oder wie lange sie sich bewegen. Heute gilt es als gesichert, dass auch angeborene Verhaltensweisen durch Erfahrung und durch Lernen verändert werden können.[45] Einige Vogelarten entscheiden unter anderem wetterbedingt, ob sie losziehen wollen oder nicht (fakultative Zugvögel). Durch immer milder werdende Winter bleiben einige Stare beispielsweise hier. Wenn es doch zu kalt wird, fliegen sie ein Stück weiter südlich oder begeben sich in die Städte, wo es wärmer ist als im Umland. Die Amsel war früher auch ein Zugvogel und bleibt mittlerweile fast gänzlich.[46] Auch wenn das Zugverhalten eigentlich angeboren ist, kann es also erlöschen.

Obligatorische Zugvögel folgen dagegen regelmäßigen Zyklen.[47] Auch sie können aber ihre Fortbewegung aktiv anpassen. Zum Beispiel, indem sie ihren Flug als Reaktion auf schlechtes Wetter oder bis günstigere Winde vorherrschen, verkürzen oder verzögern, sich vorübergehend neu orientieren oder die Richtung ändern, wenn sie auf ökologische oder meteorologische Hindernisse stoßen.[48]

Unterwegs treffen Tiere unentwegt Entscheidungen. Besonders beeindruckend war die vorausschauende Entscheidung einer besenderten Pfuhlschnepfe, die 2021 mitten im Flug umkehrte. Pfuhlschnepfen legen unglaubliche Nonstop-Flüge zurück.[49] Dieses Exemplar entschied sich jedoch offenbar wegen Gegenwind, den Flug abzubrechen, und kehrte nach 47 Stunden in der Luft zu ihrem Ausgangspunkt zurück. Zum Zeitpunkt seiner Umkehr hatte das Tier also noch Kraft und hätte noch viele Kilometer weit fliegen können. Es hatte offenbar vorausgesehen, dass es bis zum Ziel nicht mehr reichen würde, und den Flug daraufhin abgebrochen.[50]

Das Leben schreibt seine Geschichte in die Gene der Lebewesen, die es hervorbringt. Auch komplexe Verhaltensweisen können genetische Grundlagen haben, bestimmte Entscheidungen anstoßen oder in Abhängigkeit mit der Umwelt wechselwirken. Das heißt jedoch nicht, dass die Handlungen deswegen rein instinktgesteuert oder unfrei sind. Wenn das Zugverhalten angeboren ist, aber an die Gegebenheiten angepasst werden kann, was unterscheidet es dann von unseren Fortbewegungsimpulsen?

Genetische Vorgaben setzen Grenzen, innerhalb derer Entscheidungen möglich sind. Der Autor Robert Moor schreibt: »Die Freiheit des Pfades ist flussartig, nicht ozeanisch.«[51] Ein Fluss mag ein ums andere Mal ausbrechen, mäandern, seine Fließgeschwindigkeit verändern – doch seiner Freiheit sind Grenzen gesetzt. Ebenso folgt Fortbewegung bestimmten Mustern, von denen auch wir Menschen nicht frei sind. Zum Beispiel wählen wir Landbewohner intuitiv Pfade, die uns den geringsten Widerstand entgegensetzen.

Der Architekt und Professor für Städteplanung Klaus Humpert erforschte das menschliche Wegeverhalten. Ihm fielen die Trampelpfade auf dem Campus auf, die immer wieder die geplanten rechtwinkligen Wege abkürzten. Solche »Wunschlinien« finden sich in den Parks aller größeren Städte der Welt.[52] Humpert untersuchte, ab welcher Zeitersparnis mit Sicherheit ein Trampelpfad entsteht: Es sind 25 Prozent.[53] Lebewesen versuchen nun mal, sich mit so wenig Energieaufwand wie möglich fortzubewegen. Kein Gnu würde seinen Weg verlängern oder eine beschwerlichere Route nehmen, nur weil sie einem gewissen Raumkonzept oder einer konstruierten Ästhetik entspricht, und auch wir Menschen tun das offenbar ungern.

Interessanterweise ist ein Trampelpfad dennoch selten die kürzeste Verbindung zwischen zwei Punkten. Es ist beispielsweise bequemer, in die Spuren anderer zu treten, als sich einen neuen Weg zu bahnen, auch wenn der Pfad von der Ideallinie abweicht.[54] Selbst, wenn das Ziel in Sichtweite liegt, mäandert ein Weg zudem häufig, da Menschen beim Gehen nach unten blicken und erst aufsehen müssen, um den Verlauf zu korrigieren. Diese Wege geben Aufschluss über die unbewussten psychologischen Regeln menschlicher Bewegung.[55]

Schopenhauer schrieb sinngemäß: Der Mensch kann zwar tun, was er will, aber er kann nicht wollen, was er will.[56] Es gibt immer äußere Aspekte, die unser Fortkommen beeinflussen. Wer ist vorher hier langgekommen? Wie gut ist der Pfad bei Dunkelheit auszumachen? Gibt es Gefahren, die umgangen werden müssen? Dazu kommen innere Faktoren, die uns oft nicht bewusst sind. Unsere Entscheidungen fühlen sich frei an. Sie haben sich beispielsweise frei dazu entschieden, dieses Buch zu lesen. Ob unsere vermeintliche Freiheit jedoch echte Wahlfreiheit bedeutet oder eine Illusion ist, werden wir womöglich nie erfahren. Menschen folgen, ebenso wie nicht menschliche Tiere, ihren Instinkten und Bedürfnissen, treffen Entscheidungen und passen ihr Verhalten ihrer Umgebung an. Letztlich spielt es vielleicht keine entscheidende Rolle, wie frei unsere Wege gewählt sind – solange sie sich nach Freiheit anfühlen.

9

ÜBERS ZIEL HINAUS

Sorgfältig räumt er einen kleinen Ast zur Seite, der auf der Erde liegt. Dort drüben, das Blatt muss noch aus dem Weg. Und dieses hier. Schnell schnappt er es sich mit seinem Schnabel und wirft es mit einer energievollen Geste zur Seite. Er scharrt mit den Krallen über den Boden, legt den Kopf schief. Dann hüpft er ein Stück zur Seite und betrachtet sein Werk: Auf Waldboden zwischen Totholz, Laub und Sträuchern ist eine freie Fläche entstanden, auf der nun nackte Erde sichtbar ist. Seit den frühen Morgenstunden hat der Nacktkopf-Paradiesvogel aufgeräumt. Zunächst hatte er sich eine Stelle gesucht, auf der ein Lichtstrahl den Boden trifft. Hier im dichten Regenwald auf der Insel Waigeo vor der Küste Neuguineas ist das Grün üppig und das Licht wird meist von den höheren Schichten des Waldes aufgefangen. Doch der umtriebige Vogel hat eine gute Stelle gefunden, an der genug Licht vorhanden ist, um ihn in all seiner Pracht in Szene zu setzen. Denn das hier soll seine Bühne werden.

Die Erde ist hier, mitten im Unterholz, von altem Laub übersät. Es hat also einiges an Zeit und Mühe gekostet, bis der Platz so schön freigeräumt war. Vor dem dunklen, ebenmäßigen Hintergrund werden seine Farben besonders zur Geltung kommen. Dafür mussten auch frische Blätter an den umliegenden Sträuchern weichen, die den Blick auf ihn versperrt oder seine Farbenpracht verfälscht hätten. Energisch hat er sie von den Zweigen gerissen und außerhalb seiner kleinen Bühne entsorgt.

Ein Regenschauer macht ihm allerdings einen Strich durch sein sorgsam geplantes Vorhaben. In einem nahe gelegenen Gebüsch wartet er den Schauer ab. Da es anschließend bereits zu dunkel geworden ist – er würde nicht riskieren, dass man ihn im falschen Licht betrachtet –, muss er es auf den nächsten Morgen vertagen.

In den frühen Morgenstunden ist er zurück an seiner Stelle. Er war ganz in der Nähe geblieben, damit niemand ihm seinen Platz streitig machen würde. Würde ein anderes Männchen diesen beanspruchen, würde er darum kämpfen. Auch wenn er sonst nicht sehr territorial ist – dieser eine Flecken Erde gehört nun ihm und muss einen höheren Zweck erfüllen.

Sonnenlicht fällt sanft durch das Blätterdach und nach einem letzten prüfenden Blick kann es losgehen.

Der dunkle Vogel mit den knalligen Farbflecken springt auf einen Ast und beginnt zu rufen. Ein melodisches Pfeifen schallt durch den Wald. Rhythmisch wiederholt es sich, trägt weit durch die feuchte Morgenluft, verstummt und hebt von Neuem an. Als nach langer Zeit endlich ein Weibchen erscheint, hüpft der Paradiesvogel zügig auf einen astlosen Baumschössling in der Mitte seiner Bühne. Ihn hat er zum Zentrum der Fläche auserkoren, um sich darauf zu präsentieren. Genau dort, mit dem richtigen Ambiente und da, wo das Licht sein Gefieder trifft, hat er eine Chance, das Weibchen zu beeindrucken. Nur den leuchtend blauen Kopf hat das Paradiesvogel-Weibchen mit ihm gemein, davon abgesehen ist sie überwiegend in schlichtes Braun gekleidet. Über ihre Brust zieht sich ein Muster aus gleichmäßigen hellen und rotbraun Querbändern. Anderswo wäre sie damit durchaus auffällig, für einen Paradiesvogel ist sie unscheinbar. Er hingegen hat neben dem eisblauen Kopf auch strahlendes Gelb auf dem Rücken und ein intensives Karminrot entlang des

Rückens und auf seinen Flügeln zu bieten. Selbst seine Beine und Füße sind tief azurblau gefärbt. Die Mühe scheint sich gelohnt zu haben, denn das Weibchen fliegt nicht gleich davon. Es nimmt auf dem Schössling ein Stückchen über ihm Platz. Von dort wird es sich einen Eindruck von ihm verschaffen und von diesem Eindruck wird eine Menge abhängen.

Er beginnt zunächst nur, den Kopf ruckartig hin und her zu bewegen. Als das Weibchen weiterhin Interesse zeigt, lehnt er sich leicht zurück, damit sie seine schwarze Bauchseite sehen kann. Seine Flügel sind nach hinten geschlagen, sein Kopf durchgestreckt, sodass er zu seiner eigenen schwarzen Leinwand wird. Ein melodischer Ruf ertönt, dann scheint sich der ganze Vogel mit einem Mal in etwas Außerweltliches zu verwandeln. Er hat eine spezielle Federschicht an der Brust so aufgestellt, dass sie die Form eines liegenden Halbmondes in leuchtendem Grün auf den dunklen Hintergrund zeichnet. Das Grün ist so metallisch glänzend, dass keines der frischen Blätter, die er extra entfernt hat, ihm die Show hätte stehlen können. Vor dem dunklen Hintergrund sieht man den kleinen Vogel jetzt noch von den höchsten Baumwipfeln aus am Boden leuchten.

Mit aufgestelltem Brustgefieder präsentiert er seine Schönheit. Zusätzlich wackelt er mit zwei Schwanzfedern, die nur noch wenig mit den Steuerfedern (den Schwanzfedern) anderer Vögel gemein haben: In hellem Blau gabeln sich zwei einzelne lange Federn. Anders als typische Vogelfedern sind sie nicht flach, sondern fast rund und an ihren Enden eingerollt.

Das Weibchen klettert ein wenig tiefer auf dem Ast und er wiederholt seine Show. Das Schauspiel, das sich an diesem Morgen im Regenwald abspielt, hat sich schon einige Male wiederholt. Nicht immer kann er ein Weibchen überzeugen, doch heute hat er Glück. Sie begibt sich zu ihm auf den Boden und sie paaren sich.

Nach wenigen Sekunden ist es vorbei und das Weibchen zieht davon. Von diesem Punkt an wird das Paradiesvogel-Männchen nicht mehr an dem beteiligt sein, was folgt. Das Weibchen baut sich ein Nest und brütet die Eier alleine aus. Nach dem Schlupf der Küken wird sie auch diese ohne seine Hilfe versorgen.

Nur wenig entfernt spielt sich eine weitere Szene ab, deren Protagonist ebenso außergewöhnlich ist. Ein Königs-Paradiesvogel hat auf einem Ast Platz genommen. Er ist der kleinste unter den Paradiesvögeln, aber dadurch nicht minder beeindruckend. Seine Brust ist leuchtend weiß und zum Kopf hin mit einer schwarzen Bordüre abgegrenzt. Kopf, Hals und der übrige Körper sind einfarbig intensiv rot gefärbt. Sein gelber Schnabel geht über Orange in das Rot der Kopffedern über. Ebenso wie die Beine und Füße des Nacktkopf-Paradiesvogels sind diese leuchtend azurblau gefärbt. Die Schwanzfedern des Königs-Paradiesvogels sind zwei lange Federkiele, an deren Ende jeweils eine runde Feder wie eine metallische Scheibe thront. Auch er besitzt versteckte Federn in grüner Metallic-Optik und auch er weiß, wie man tanzt. Schaut ein Weibchen auf seinem Ast vorbei, stellt er seine Schwanzfedern auf und bewegt seinen Körper ruckartig, wobei er die grünen Federn aufstellt.

Einige Kilometer weiter östlich sitzt ein großer Vogel im Geäst eines Baumes und bereitet sich auf seinen Tanz vor. Anders als seine Verwandten wird er sich dem Weibchen seiner Art nicht alleine stellen. An einem festen Balzplatz muss er direkt mit anderen Männchen um die Aufmerksamkeit des Weibchens konkurrieren. In einer bestimmten Abfolge präsentiert der Raggi-Paradiesvogel seine verlängerten Flankenfedern, schlägt mit den Flügeln und hält dazwischen inne, damit die Weibchen das prächtige Gefieder begutachten können. Der Vogel ist eine echte Schönheit. Sein kräftiger Schnabel ist blaugrau, der Kopf ist gelb. Seine Brust ist samtschwarz, die Kehle smaragdgrün gefärbt. Am Körper ist sein Gefieder überwiegend lachsfarben, je nach Licht und genauer Lage changieren die Federn zwischen Sepia und leuchtendem Orange. Besonders beeindruckend ist jedoch ein dichter Federsaum, der sich wie ein Wasserfall aus fein verästelten Schmuckfedern von den Flügeln über den Körper hin ergießt und einen dichten Schweif bildet. Der Raggi-Paradiesvogel ist wohl eines der schönsten Tiere auf diesem Globus und reiht sich in eine unglaubliche bunte Vielfalt an Paradiesvögeln ein, die die Evolution an diesem Ort hervorgebracht hat.

PARADIESISCHE TÄNZE

Die Paradiesvögel (*Paradisaeidae*) kommen ausschließlich in dieser Erdregion vor. Ihr Verbreitungsgebiet erstreckt sich über Neuguinea und die vorgelagerten Inseln bis in den tropischen Teil Australiens. Die meisten Arten sind jedoch auf Neuguinea zu finden. Ihre Vorkommen sind dabei oft sehr begrenzt, manche Arten gibt es nur entlang einer bestimmten Bergkette oder auf einer einzigen Insel.[1]

Paradiesvögel sind so schön, dass sie die Menschen seit ihrer Entdeckung faszinieren. Ihr auffälliges Gefieder ist das Kostüm eines Tänzers, denn ihr Erscheinungsbild ist eng mit ihrem einzigartigen Bewegungsverhalten und seiner Evolutionsgeschichte verknüpft. Die Ureinwohner Neuguineas nutzen ihre Federn auf vielfältige Weise für Schmuck und Bräuche. Nach dem Bekanntwerden ihrer Existenz in Europa inspirierten sie im Laufe der Jahrhunderte die Kunst diverser Maler und Illustratoren von Peter Paul Rubens über den französischen Illustrator

Jacques Barraband bis hin zum amerikanischen Landschaftsmaler William Hart.[2] Für ihr kunstvolles Auftreten sind die Federn der Paradiesvögel, besonders der Männchen, in vielfältiger Weise umgestaltet. Bei den Schwanzfedern gibt es fahnenartige Exemplare, die länger sind als der Vogel selbst, es gibt gegabelte Varianten, die spiralig eingedreht sind, und solche, an deren Enden wie auf drahtigen Stielen runde Schmuckfedern sitzen. Der Fadenparadiesvogel sieht aus, als hätte er gar keinen Federschwanz mehr, stattdessen scheinen zwölf feine Drähte aus seinem Gefieder zu wachsen, die natürlich ebenfalls veränderte Federn sind und ihm im Englischen den fantastischen Namen Twelve-wired Bird-of-Paradise eingebracht haben. Dazu kommen bei vielen Arten auffällig gefärbte Brustfedern, die teilweise wie Fächer aufgestellt oder in verschiedenste Stellungen gebracht werden können. Der Wimpelträger-Paradiesvogel trägt an seinem Kopf, einem Schleier gleich, zwei schmale, geringelte Federn, die mehr als doppelt so lange sind wie der übrige Vogel und die aktiv bewegt werden können.[3] Es gibt Paradiesvögel in so vielen Formen und Farben, dass man sie kaum für real hält, wenn man sie das erste Mal sieht. Manche Arten sind so stark verändert, dass schwierig zu erkennen ist, aus welchen Strukturen des klassischen Vogelgefieders sich eigentlich die vielen Anhängsel und Schmuckformen entwickelt haben, trotzdem waren all diese spektakulären Strukturen einmal normale Federn. Das sieht man auch gut bei den Weibchen der Tiere, die meist nicht über diese Veränderungen verfügen. Außerdem sind Männchen in ihrer Jugend häufig wie die Weibchen gefärbt und bekommen erst mit der Geschlechtsreife ihr Prachtgefieder, was bei einigen Arten sechs bis acht Jahre dauern kann.

Zu ihrem auffälligen Äußeren kommt das faszinierende Balzverhalten der Paradiesvögel. Jede Art zeigt ihre eigenen

spezifischen Verhaltensweisen und viele Arten tanzen, um ihre Partnerinnen zu gewinnen. Es handelt sich sozusagen um Rituale, die verschiedene Schritte beinhalten können, unter anderem auch die Vorbereitung. Bei den Nacktkopf-Paradiesvögeln, die wir am Anfang dieses Kapitels beobachtet haben, reinigen die Männchen sorgfältig den Boden ihres Balzplatzes von Blättern und anderen störenden Pflanzen und entfernen Blätter an umliegenden Pflanzen, die das Licht versperren oder den Farbeffekt beim Tanz stören.

Trotz ihres markanten Auftretens wissen wir noch wenig über die meisten Arten, wir wissen weder, wie viele Eier sie legen, noch wie lange sie brüten. Auch scheinen die Vögel außergewöhnlich alt zu werden und es gibt vermutlich noch Arten, die bislang nicht einmal entdeckt worden sind.

Dass es überhaupt Menschen jenseits ihrer Heimat gibt, die von dem ungewöhnlichen Balzverhalten wissen, verdanken wir unter anderem einer Dokumentation von Sir David Attenborough, einem der bedeutendsten Tierfilmer, Naturforscher und Schriftsteller unserer Zeit. In seiner *Planet Earth*-Reihe wurde das teils skurril anmutende Bewegungsverhalten der Paradiesvögel vorgestellt und besonders ein Vogel brachte es zu Bekanntheit durch Auszüge, die sich durch das Internet verbreiteten. Der Große Prachtparadiesvogel fächert seine Federn so auf, dass ein pechschwarzes Oval entsteht. Darauf zeichnen sich zwei leuchtend blaue Flecken und eine geschwungene Linie ab, sodass der Eindruck von Augen und einem Lächeln entsteht, der sehr an die Grinsekatze von *Alice im Wunderland* erinnert.[4] Dazu hüpft der Vogel aufgeregt umher und vollführt kunstvolle Tanzschritte, in denen er sich seitwärts und wiegend über den Waldboden fortbewegt. Kaum jemand hatte wohl je zuvor ein Tier so tanzen sehen. Es gehört zu den sogenannten Gestaltwandlern unter den Paradiesvögeln, die nicht einfach »nur« ihr buntes Gefieder in Bewegung zeigen. Es ist ein genau choreografierter Tanz, bei dem er so eindrücklich seine Erscheinung verändert, dass die gesamte Körperform zu verschwinden scheint und die Illusion eines völlig abstrakten Kunstwerks entsteht.

DIE BEDEUTUNG DES TANZENS

Paradiesvögel sind sowohl für ihre schillernd bunte Schönheit als auch für ihre einzigartigen Tänze bekannt. Beides, die Tatsache, dass sie so schön sind, ebenso wie das Tanzen ist das Ergebnis eines ganz bestimmten Selektionsprozesses. In der Evolution entwickeln sich Merkmale durch natürliche Auslese. Durch Variation entstehen Möglichkeiten, die sich, wenn sie vorteilhaft sind, durchsetzen und zu Anpassungen werden können. So formen Lebensräume und Lebensweisen die lebendige Welt. Denken Sie nur an die Stromlinienform der Fische und Delfine, die genetisch kaum weiter voneinander entfernt sein könnten. Oder daran, wie sehr man den Tieren ansieht, welche Fortbewegungsweise ihre Vorfahren »wählten«.

Neben dieser natürlichen Selektion gibt es jedoch auch eine weitere Kraft, die sexuelle Selektion. Sie entsteht dadurch, dass Weibchen, die bei fast allen Tieren das Fortpflanzungsmonopol haben, entscheiden, mit wem sie sich paaren. So können auch abstrakte und bunte Federn entstehen, die beim Fliegen oder im alltäglichen Leben keine Vorteile haben, ja manchmal sogar von Nachteil sind, solange sie den Weibchen gefallen. Das funktioniert, wenn es trotz möglicher Nachteile immer wieder die Männchen mit den auffälligsten Schmuckfedern sind, die sich fortpflanzen und ihre Gene weitertragen.

Es gibt verschiedene Faktoren, die der sexuellen Selektion zugrunde liegen, Erklärungsansätze dafür, warum sich solch eine Auswahlform entwickelt hat oder wovon die Präferenzen der Weibchen abhängen.[5] Sie zu beleuchten, würde an dieser Stelle den Rahmen sprengen.[6] Klar ist, die selektiven Kräfte dieser Partnerwahl hatten enormen Einfluss auf das Leben und die Entstehung der biologischen Vielfalt.[7] Bei den Paradiesvögeln ist das Tanzen ein wichtiger Bestandteil dieser Partnerwahl und damit entscheidend für ihre Evolution und für das Leben eines jeden Individuums.[8] Nur wer die richtigen Schritte macht, die kunstvollsten Gestalten annehmen kann oder den richtigen Schwung raushat, bekommt die Chance, sein Erbgut weiterzugeben. Solche eindrücklichen Tänze gibt es auch bei anderen Vogelarten, zum Beispiel auf dem südamerikanischen Kontinent. Der Gelbhosenpipra, der vor allem in den tropischen Regenwäldern Kolumbiens, Costa Ricas, Mexikos und Panamas vorkommt, kann beispielsweise besser moonwalken als Michael Jackson. Das ist keine flapsige Analogie, der Vogel vollführt tatsächlich Tanzschritte, bei denen der Körper scheinbar über den Untergrund gleitet, für die Michael Jackson berühmt war.[9] Einige Vogelarten zeigen Choreografien, in die auch die Umgebung und Objekte eingebunden werden. Besonders beeindruckend ist das bei den ebenfalls auf Neuguinea beheimateten, aber nicht zu den Paradiesvögeln gehörigen Laubenvögeln. Sie legen aufwendige Balzplätze an, die sie mit Blättern auslegen oder mit bunten Accessoires dekorieren.[10] Für die Weibchen, die ihnen zusehen sollen, bauen sie dafür eigens einen Logenplatz aus Zweigen – die Laube, nach der sie benannt sind.[11] Wenn das Weibchen Platz genommen hat, beginnt ein Tanz, der an Flamenco erinnert.[12] Dabei halten sie auch bunte Objekte im Schnabel und vollführen damit, ähnlich wie bei einem Fächertanz, Bewegungen, die den

Blick einfangen sollen. Dafür nutzen sie vor allem Dinge, die einen schönen Kontrast zu ihrem Gefieder bilden.[13]

Die Tänze der Vögel sind hochkomplex und junge Paradiesvogel-Männchen müssen sie beispielsweise erst mühsam erlernen. Jahrelang üben sie für sich selbst oder beobachten erfahrene Männchen beim Tanzen. Sie zeigen Flugmanöver, hüpfen, gleiten, wackeln mit dem Hintern, drehen sich, schlagen mit den Flügeln, tanzen an Stangen, posieren, zeigen Choreografien und nutzen ihre Bühne als Teil der Performance. Blauparadiesvögel hängen sogar mit dem Kopf nach unten, während sie singen und tanzen, und den Tanz der Carolaparadiesvögel umfasst eine Folge von neun verschiedenen, choreografierten Tanzschritten. Das Tanzverhalten der Vögel ist so spezifisch, dass es sogar Hinweis auf die Artzugehörigkeit gibt.[14] 2016 waren Mitglieder des Cornell Lab of Ornithology auf Expedition in der westlichsten Region Neuguineas, als sie zufällig einen charakteristischen Gesang hörten. Sie wussten, dass die dort vorkommende Population des Prachtparadiesvogels, jener Vogel mit dem Lächelgesicht-Tanz, anders sang als anderswo in Neuguinea. Als sie seinen Tanz filmen konnten, fiel ihnen auf, dass auch dieser anders war als bekannt: Der Vogel glitt von einer Seite auf die andere, statt zu hüpfen, und er fächerte seine Federn nicht zum Oval, sondern sichelförmig auf. Die Vermutung, dass es eine eigene Art sein könnte, ließ sich später tatsächlich durch DNA-Analysen bestätigen.[15]

VERBORGENE BOTSCHAFTEN

Wie wir gesehen haben, dient Tanzen einigen Vogelarten dazu, sich für potenzielle Partner attraktiv zu machen. Auch wenn wir sie im Einzelnen noch nicht verstanden haben, vermitteln Choreografie und Ausführung des Tanzes den Weibchen offenbar wertvolle Informationen über die Männchen. Informationen, von denen sie immerhin die Entscheidung abhängig machen, wer der Vater ihrer Nachkommen wird.

Tatsächlich können tanzende Bewegungen vielerlei Informationen transportieren. Erinnern Sie sich an die Experimente zur Bienenorientierung von Karl von Frisch? Durch die tänzelnden Bewegungen der heimkehrenden Kundschafterinnen hatte er erkannt, dass diese Informationen über die Lage guter Nahrungsquellen an ihre Artgenossinnen weitergaben. Von Frisch beschäftigte sich nicht nur damit, die Funktionsweise des Sonnenkompasses zu verstehen, sondern studierte auch die Tanzbewegungen näher. Er beobachtete, dass die Ausrichtung der Bienen beim Tanzen der Richtung des Sonnenstands entsprach und sich im Laufe des Tages entsprechend veränderte. In seinen Aufzeichnungen notierte er: »Tanzrichtung genau nach oben bedeutet: Du musst in der Richtung des Sonnenstands fliegen, um zur Trachtquelle zu kommen. Schwänzellauf kopfunten heißt, genau von der Sonne fort führt der Weg zur Futterstelle.«[16] Als er den Stock in eine dunkle Hütte mit einer Öffnung zum Himmel gebracht hatte, um den Sonnenkompass zu testen, prüfte er auch die Auswirkungen verschiedener Lichtsituationen auf den Tanz der Bienen. Mit einem Spiegel drehte er die Richtung des einfallenden Lichts um und stellte fest, dass auch die Richtung der Tänze gespiegelt wurde. Mit ihren kreisförmigen Bewegungen können Bienen verschiedene Informationen vermitteln: Um die Lage der Futterquelle vom Stock aus gesehen zu beschreiben, zeigen sie mit der Ausrichtung die Richtung und durch die Geschwindigkeit die Entfernung dorthin an. Sogar die Ergiebigkeit und Qualität der Quelle kann durch die Intensität vermittelt werden. Je energischer der Tanz, desto lohnender das Ziel. Es gibt verschiedene Tanz-Formationen für Ziele in näherer Umgebung (die weniger genaue Informationen beinhalten) und solche in größerer Entfernung (die präziser sind). So schaffen es Arbeiterinnen, durch die Tanz-Beschreibung Orte zu finden, die teilweise mehrere Kilometer entfernt liegen. Durch Befühlen der Tänzerin erhalten die Beobachterinnen auch die Geruchsinformation über die Pflanze, die sie suchen sollen, und können sich damit orientieren.[17] Unerfahrene Bienen, die eine beschriebene Futterquelle nicht auf Anhieb finden, schauen sich die Tänze im Übrigen noch einmal an, erfahrene Bienen, die sie schon gefunden haben, schauen dagegen nur kurz bei den Tänzern vorbei, möglicherweise, um sich zu vergewissern, dass die Quelle noch ergiebig ist.[18]

Bewegung kann folglich als Sprache verwendet werden. Das Tänzeln der Bienen wird konsequenterweise als Tanzsprache bezeichnet, die eine wesentliche Kommunikationsform der Bienen darstellt und über das Zeigen von Futterquellen hinausgeht. Wie andere Sprachen weist sie sogar regionale Dialekte auf.[19] Auch wenn wir dabei nicht mit ganzem Körpereinsatz tanzen, nutzen wir Menschen ebenfalls Bewegung zur Informationsvermittlung: in simplerer Form beim Zeigen von Richtungen und in höchst komplexer Weise bei der Gebärdensprache. Als bewegte Individuen verwenden menschliche und nicht menschliche Tiere ihre Bewegungen, um sich Ausdruck zu verleihen und mit ihrer Außenwelt zu kommunizieren. Schon Charles Darwin schrieb in seinem Buch über den *Ausdruck von Emotionen bei Menschen und Tieren*: »Junge und Alte aus ganz unterschiedlichen Völkern, sowohl bei Menschen als auch bei Tieren, drücken denselben Geisteszustand durch dieselben Bewegungen aus.«[20]

Rund um den Globus nutzen Tiere die Fortbewegung ihrer Körper nicht nur, um von einem Ort zum anderen zu gelangen, sondern für komplexe Bewegungsabläufe mit vielerlei Bedeutungen, zum Beispiel, wenn sie tanzen. Tänze bei Vögeln sind neben Paradiesvögeln auch bei Kranichen, Albatrossen oder Blaufußtölpeln (die dabei ihre knallig blauen Füße in einer Weise anheben, die an Stepptanz erinnert) und vielen weiteren Arten bekannt. Meeresschnecken wirbeln mit zarter Anmut durchs Wasser und auch Buckelwale tanzen einen anmutigen, langsamen Tanz.[21] Wer weiß, was die kunstvollen Bewegungen der Arten alles vermitteln? Dass uns Bewegungen von außen zufällig oder willkürlich erscheinen, heißt nicht zwangsläufig, dass sie es sind. Wir könnten deren Informationsgehalt und Bedeutung aus Unwissenheit unterschätzen. Die Erkenntnisse über die Tänze der Bienen haben uns das deutlich vor Augen geführt.

BEWEGUNG OHNE ZIEL?

Für uns Menschen ist tanzen Ausdruck von Lebensfreude, eine Möglichkeit, sich künstlerisch auszuleben oder sportlich zu betätigen. Die Tänze der Tiere erinnern an den ein oder anderen menschlichen Tanz und scheinen ausschließlich der Kommunikation zu dienen. Aber stimmt das? Oder können Tiere auch einfach aus Lust und Laune tanzen? Für einen Einblick in diese Debatte müssen wir die Wildbahn verlassen und uns in das Zimmer eines Vogelschutzzentrums begeben, in dem kurz zuvor jemand einen Kakadu abgegeben hatte, zusammen mit einer CD und dem Hinweis, der Vogel tanze gerne zu der Musik.[22] Zum Glück wurde der Hinweis ernst genommen und das Personal vor Ort filmte bald darauf Folgendes: Auf einer Sessellehne sitzt ein weißer Vogel mit gelbem Schopf und blickt in Richtung der Kamera. Man hört drei Drum-Schläge und der Kakadu namens Snowball wippt leicht, als würde er sich auf den Beat einstimmen. Dann folgen weitere Schlagzeugbeats – es ist das charakteristische Intro von »Another one bites the dust« der legendären Rockband Queen. Auf den nächsten Schlag hin hebt der Vogel ein Bein, setzt es ab und hebt das andere. Die Musik geht weiter und der Kakadu wippt mit dem Kopf auf und ab, sein Körper bounct im Rhythmus des Songs, abwechselnd wirft er die Beine in die Luft. Manchmal wippt er kurz, als müsste er den Takt neu suchen. Freddy Mercury singt: »Are you ready? Hey are you ready for this?« Und Snowball ist ready. Er wartet auf den nächsten Einsatz und die Beine fliegen wieder. Mal wechselt er die Beine nach jedem Beat, mal setzt er jeden zweiten Schlag aus. Einmal hält er inne für ein Kopf-Solo, indem nur die Schopffedern tanzen.

Es gibt eine Menge Videos von Snowball, die zeigen, wie er zu unterschiedlichen Songs tanzt. Dieses ist jedoch besonders sehenswert, denn es ist urkomisch, wie Mercury singt: »Are you hanging on the edge of your seat?«, während Snowball, passend zum Text, über die Kante der Lehne tanzt. Außerdem erkennt man durch den starken Beat des Lieds eines auf den ersten Blick: Snowballs Bewegungen sind nicht zufällig, er tanzt im Rhythmus.

Wenn wir Menschen uns zu Musik bewegen (sei es durch ein subtiles Kopfwippen oder beim Tanzen), passen wir uns normalerweise dem Takt an. Zwar sind nicht alle Menschen gleich gut darin, den Takt zu treffen, die grundlegende Fähigkeit besitzen wir aber über alle Kulturkreise hinweg. Weniger normal erscheint uns, dass auch andere Tiere über Taktgefühl verfügen können – bis ein kleiner Gelbhaubenkakadu es uns vor Augen führte. Das Video wurde zigfach angesehen und erregte zunächst die Aufmerksamkeit des Fernsehens und dann der Wissenschaft.

Forscher des Neurosciences Institute in La Jolla, Kalifornien, sahen das Video 2008 und wollten der Sache auf den Grund gehen. Dass ein Vogel wirklich fähig sein sollte, zu Musik zu tanzen, erschien ihnen laut Aussage des leitenden Wissenschaftlers so seltsam wie ein Hund, der aus der Zeitung vorliest.[23] Die Biologen studierten Snowballs Tanz, indem sie ihm sein bevorzugtes Musikstück in verschiedenen Geschwindigkeiten vorspielten, und tatsächlich passte er seine Bewegungen der Musik an.[24] Es folgten weitere Untersuchungen und selbst Harvard hatte Interesse an dem Vogel und seiner Fähigkeit. 14 verschiedene »Dancemoves« wurden dokumentiert und beschrieben.[25] Der Kakadu konnte eindeutig den Rhythmus erkennen und damit den nächsten Beat vorhersehen, ohne dafür trainiert worden zu sein – es war der erste Nachweis für Taktwahrnehmung und -synchronisation bei nicht menschlichen Tieren.[26]

2019, elf Jahre nach den ersten Studien zu Snowball, erschien ein Artikel im Fachmagazin *Current Biology* unter dem Titel »Spontanität und Bewegungsvielfalt zur Musik sind nicht nur dem Menschen vorbehalten«[27], der festhielt, dass diverse Tierarten sich zu Musik bewegen. Mindestens neun Vogelarten ebenso wie Asiatische Elefanten gehören bislang dazu. Möglicherweise ist diese Fähigkeit ein Nebenprodukt der Fähigkeit zur Imitation und zur Verknüpfung von auditiven Reizen mit motorischer Kontrolle.[28] Die Erforschung dieser Thematik steht noch ganz am Anfang. Es sieht jedoch so aus, als könnten auch nicht menschliche Tiere Freude an scheinbar sinnloser Fortbewegung wie dem Tanzen haben. Freddy Mercury singt in »Another one bites the dust« auch die Zeile »Are you happy, are you satisfied?«. Ob Snowball Freude empfindet, lässt sich sicher schwer nachweisen, jeder, der dem tanzenden Vogel zusieht, wird jedoch intuitiv vermuten, dass der Kakadu Spaß daran hat.

Einer der bekanntesten Vogeltänze ist der Tanz der Kraniche. Er hat weltweit menschliche Kulturen zu Tänzen und verschiedenen Ritualen inspiriert.[29] Er mag ein Balzverhalten sein, die Paarbindung fördern und als Beschwichtigungsverhalten dienen, wie von Konrad Lorenz vermutet, diese Interpretation erklärt jedoch nicht alle Beobachtungen hinreichend. Kraniche tanzen häufig, wenn sie entspannt sind und oft ohne offensichtliche soziale Interaktion; manchmal tanzen sie auch, wenn sie allein sind. Manche Wissenschaftler kamen daher zu dem Schluss, dass tanzen bei Kranichen Stress abbaut, aber auch Spielverhalten ist.[30] Friedrich Schiller schrieb über das Spielen: »Der Mensch spielt nur, wo er in voller Bedeutung des Wortes Mensch ist, und er ist nur da ganz Mensch, wo er spielt.«[31]

Insbesondere als Kinder bewegen wir uns ständig fort, obwohl wir eigentlich nirgends hinwollen. Wir spielen Fangen, machen Luftsprünge und manchmal rennen wir einfach um des Rennens willen. Auch Tiere spielen in dieser Weise, sie spielen miteinander, wenn sie sich gegenseitig jagen und dabei einmal die Rolle des Jägers und dann die des Gejagten einnehmen. Und sie spielen mit Objekten, wenn sie beispielsweise Dinge werfen, Steine herumkugeln oder Schlitten fahren.[32] Manche Tiere spielen sogar mit anderen Arten. Das ist überraschend, denn es bedeutet, dass diese Tiere über die Artgrenze hinweg soziale Signale lesen und angemessen darauf reagieren können müssen. Dennoch findet man zahlreiche Fälle von Primaten über Meeressäuger bis hin zu Vögeln und Reptilien, die mit Vertretern anderer Spezies spielen.[33]

Das Spielen ist im Tierreich weit verbreitet und über viele Artengruppen hinweg zu finden, Säugetiere, Vögel, Fische, Reptilien, Frösche und sogar Insekten, Spinnen und Weichtiere spielen.[34] Besonders ausgeprägt ist es aber bei Vögeln und Säugetieren und es sind vor allem die Jungtiere, die spielen.[35] Auch erwachsene Individuen mancher Arten spielen, aber teils regelmäßig und intensiv. Offensichtlich ist es elementarer Bestandteil ihrer Natur.

Das Spielen erscheint auf den ersten Blick paradox. Warum sollten Tiere so viel Zeit und Energie einer Aktivität widmen, die per Definition keinen unmittelbaren Zweck erfüllt?[36] Diese Frage beschäftigt die Wissenschaft schon lange und wurde von Verhaltensbiologen ebenso erforscht wie von Anthropologen, Soziologen oder Entwicklungsforschern und anderen Vertretern der Psychologie. Seitdem hat man viele verschiedene Gründe gefunden, warum Tiere spielen. Allen voran steht das Lernen. Spielen ermöglicht es, Neues »spielerisch« auszuprobieren. Beim Sozialspiel, also dem Spielen miteinander, können soziale Interaktionen trainiert werden. Man trainiert das Lesen der Körpersprache und der Mimik des Gegenübers. Durch imitiertes Jagen werden Fähigkeiten erlernt, die später fürs Überleben notwendig sind, und durch die gemeinsame Aktivität kann die Bindung zwischen Gruppenmitgliedern gestärkt werden. Wenn Tiere mit Objekten spielen, kann das dabei helfen, den potenziellen Nutzen von Gegenständen zu ergründen. Was könnte man mit diesem Stock oder Stein alles anfangen? Ein spielerisch geschwungener Stock wird vielleicht eines Tages zur Angel für einen Affen oder einen Vogel, um an leckere Insekten in Totholz zu gelangen.

Der deutsche Schriftsteller und Philosoph Georg Philipp Friedrich von Hardenberg schrieb im 18. Jahrhundert: »Spielen ist experimentieren mit dem Zufall.«[37] Durch Experimentieren testet man das Mögliche und so kann das Spielen dazu beitragen, in Zukunft Probleme besser lösen zu können, auch solche, die man noch nicht kennt. 2020 erschien eine Studie im renommierten Fachmagazin *Nature*, das die relative Hirnmasse (also im Verhältnis zur Größe des Tieres) und das Lebensalter von Vögeln mit verschiedenen Verhalten in Bezug setzte. Die Frage war: »Haben Werkzeuggebrauch und soziales Spielverhalten einen Einfluss auf die Hirnentwicklung und das Alter?« Die Forscher fanden keine Unterschiede zwischen Werkzeug benutzenden und nicht Werkzeug benutzenden Vögeln. Das Ergebnis zu Spielern gegen Nicht-Spieler war jedoch deutlich: Soziales Spiel war sowohl mit der größten relativen Gehirnmasse als auch mit der längsten Lebenserwartung verbunden. Jene Vogelarten, die miteinander spielten, hatten also besonders große Gehirne und lebten besonders lange.[38] Spielen fördert Analysefähigkeiten, strukturelles Denken, Raumgefühl, Kombinationsgabe, Vorstellungsvermögen, Gedächtnis und körperliche Ausdauer. Es scheint also viele Gründe zu geben, warum es entstanden sein könnte, entsprechend gibt es über 30 Hypothesen zur Evolution des Spielens.[39] Den einen Zweck des Spiels gibt es dabei vermutlich nicht, vielmehr ist es ein Sammelbegriff für eine Reihe von Verhaltensweisen mit unterschiedlicher Geschichte und Verwendung, und eine davon ist möglicherweise Spaß.[40]

Wenn wir das Bewegungsverhalten von Tieren näher studieren, entdecken wir verborgene Nutzen – etwa, dass Spielen dem Lernen dient oder welche stammesgeschichtlichen Vorteile das Tanzen brachte. Letztlich liegt immer eine Ursache hinter der Existenz eines Phänomens. Das gilt auch für menschliches Verhalten, bedeutet aber nicht, dass nicht, quasi als evolutionäres Nebenprodukt oder durch Emergenz, einfach bloße Freude dabei entstehen kann. Es gibt unzählige Beobachtungen von erwachsenen Tieren, deren Spiel keinem offensichtlichen Zweck zu dienen scheint, außer dem Vergnügen.[41] Ist das Anthropomorphismus, vermenschlichen wir also Tiere, wenn wir glauben, sie bewegten sich aus Freude?

Aus biologischer Sicht scheint die Frage vielmehr zu sein: Wenn sich das Spielen der Tiere lange vor der Existenz des Menschen entwickelt hat, wenn Tiere über Arten hinweg spielen und damit auch nicht aufhören, wenn sie erwachsen sind, inwiefern unterscheidet es sich dann in seinen Grundsätzen von unserem Spielverhalten? Letztlich gibt es doch viele Gründe, die dafür-, und keine, die dagegensprechen, dass ein Tier ausschließlich zu seinem eigenen Vergnügen handeln kann.

Was sie dabei empfinden, wissen wir nicht, Tiere tanzen und spielen jedenfalls und nutzen dafür ihre Fähigkeit, sich fortzubewegen auf vielfältige Weise abseits ihres offensichtlichen Zwecks. Welche Bedeutung das für die Tierwelt hat, haben wir noch nicht hinreichend verstanden. Auf dem Weg zu mehr Erkenntnissen müssen wir jedoch aufpassen, dass uns Vorurteile bezüglich der vermeintlichen Alleinstellungsmerkmale des Menschen und vorschnelle Urteile nicht die Sicht versperren. Wir beobachten Rhythmusgefühl bei einem Kakadu und gleich darauf schreiben wir, dass nur Menschen und Papageienvögel dazu fähig sind. Wenn ein Tier allerdings keine spontane rhythmische Antwort auf Musik zeigt, heißt das dann zwangsläufig, dass es kein Gefühl für Musik oder Rhythmus besitzt? Das Ausbleiben einer Reaktion könnte schließlich auch auf einen Mangel an Interesse oder Aufmerksamkeit hinweisen statt auf einen Mangel an Fähigkeiten.[42]

»Sein Blick ist vom Vorübergehn der Stäbe so müd geworden, daß er nichts mehr hält. Ihm ist, als ob es tausend Stäbe gäbe und hinter tausend Stäben keine Welt. Der weiche Gang geschmeidig starker Schritte, der sich im aller kleinsten Kreise dreht, ist wie ein Tanz von Kraft um eine Mitte, in der betäubt ein großer Wille steht. Nur manchmal schiebt der Vorhang der Pupille sich lautlos auf –. Dann geht ein Bild hinein, geht durch der Glieder angespannte Stille – und hört im Herzen auf zu sein.«[43] Bewegung ist den Tieren in Fleisch und Blut übergegangen. Wenn sie sich nicht fortbewegen können, bleibt ein fundamentales Bedürfnis unerfüllt. Kaum jemand hat die Anspannung, die dadurch entsteht, schöner in Worte gefasst, als Rainer Maria Rilke mit seinem Gedicht über den Panther im Jardin des Plantes in Paris.

Kein sessiles Lebewesen, kein Baum, der tief verwurzelt mit der Erde steht, kann erfahren, wie es sich für ein motiles Tier anfühlt, an einem Ort gefangen zu sein. Die Tiere mögen evolutionär gesehen einen hohen Preis gezahlt haben, um sich fortbewegen zu können: Ihre Lebensspannen sind dadurch kurz und ihre Körper verletzlich – doch das Bewegt-Sein ist längst Teil ihrer Essenz geworden. Es ist in ihre Gene eingeschrieben, formt ihre Körper und will ausgelebt werden.

Auch für die menschliche Psyche ist es wichtig, dass wir uns bewegen. Wie der Panther in seinem Käfig, gehen wir im Kreis, wenn wir eingesperrt sind. Freiheitsentzug ist in unseren Gesellschaftssystemen eine gängige Strafe für verschiedene Vergehen. Natürlich verliert man mit diesem Entzug auch andere Freiheiten, allen voran ist es jedoch die Freiheit, selbstbestimmt einen Ort zu verlassen, sich fortzubewegen. Paul Verlaine hat das Gehen in der Unfreiheit in seinem Gedicht *Spaziergang im Gefäng-*

nishof eingefangen:[44] »Angeklagte, Goldblumen im Hof, dem oft begangnen! Wie still und stumm, Gehn die Gefangnen, Im Kreis herum!, Sie schlendern dahin auf ihrem schwachen, Müden Gebein. Die Mauern lachen Im Sonnenschein.« Vielleicht sind Rilkes Panther und Verlaines Insassen in dieser Hinsicht vereint.

Das Gehen ist wesentlicher Teil der menschlichen Natur. Ovid zufolge steht der aufrechte Gang des Menschen direkt mit seiner Überlegenheit in Zusammenhang.[45] Nach dieser Logik müssten wir uns die Krone der Schöpfung zwar mit dem Vogelstrauß oder dem Huhn teilen, dennoch ist der aufrechte Gang aus evolutionsbiologischer Sicht ein interessanter Aspekt der Menschwerdung. Unsere nächsten lebenden Vorfahren, die Menschenaffen, zum Beispiel Schimpansen oder Gorillas, rollen sich bei der Fortbewegung am Boden mit ihren Händen ab. Das führte zu mehreren spezifischen Verknöcherungen in Fingern und Handgelenk, die beim Gehen Stabilität verleihen. Teile dieser Verknöcherungen findet man auch beim frühmenschlichen *Australopithecus afarensis.*[46] Dessen Anatomie war an die Fortbewegung in Bäumen angepasst, zeigte jedoch auch starke morphologische Umgestaltungen des Beckens und weitere Veränderungen, die im Zusammenhang mit der Aufrichtung des Rückens und dem zweifüßigen Gang stehen. Diese frühen Menschenartigen konnten also vermutlich hervorragend klettern, aber gingen aller Wahrscheinlichkeit nach bereits aufrecht.[47] Wann das genau begann, ist unklar, aber irgendwann in der Linie der *Australopithecinen*, die vor drei Millionen Jahren in Afrika lebten, haben unsere Vorfahren die Bäume verlassen und sind zum aufrechten Gang gewechselt, vermutlich gab es dabei eine lange Phase, in der sich die Fortbewegungsformen der Frühmenschen überlappten. Schon Schimpansen können im Übrigen besser als angenommen auf zwei Beinen laufen, auch wenn es nicht ihre bevorzugte Art der Fortbewegung ist und viele evolutionäre Anpassungen den Gang des Menschen effizienter und fließender machen.[48]

Bei späteren Vertretern der Gattung *Homo* wurde der aufrechte Gang zur einzigen Fortbewegungsform und könnte ein Schlüssel zu ihrem Erfolg gewesen sein. Darwin vermutete, die freien Hände hätten das Nutzen von Werkzeugen unterstützt, spätere Hypothesen gehen davon aus, dass die Umweltveränderung zu dieser Zeit hin zu offenen Graslandschaften mit großen Tieren den aufrechten Gang zu einer besonders erfolgreichen Eigenschaft machten. Wieder andere vermuten, dass er für das Tragen von Ressourcen entscheidend war. Eine der interessantesten und am weitesten verbreiteten Erklärungen für die Entwicklung des aufrechten Gangs ist die Thermoregulationshypothese. Demnach führt das Aufrichten des Körpers dazu, dass dieser bis zu 60 Prozent weniger Wärme absorbiert. Das reduziert die Gefahr zu überhitzen deutlich und senkt den Wasserverbrauch – entscheidende Vorteile in einer heißen Umgebung, in der man lange Wege durch offenes Grasland zurücklegen muss.[49]

Vermutlich war es die Summe verschiedener Vorteile, die das Gehen auf zwei Beinen so erfolgreich machten und dem Menschen halfen, sich auf der Welt zu verbreiten. Das Gehen ist Teil unserer Geschichte geworden und prägt uns bis heute. Der griechische Arzt und Philosoph Hippokrates von Kos vertrat die Ansicht, gehen sei des Menschen beste Medizin. Kein Medikament sei demnach besser, als einen Fuß vor den anderen zu setzen. Das ist natürlich zu vereinfachend, dennoch ist das Gehen wichtig für unsere Gesundheit.[50] Unser Wissen über die Evolution und Anatomie des Gehens hilft Forschern tatsächlich dabei, neue Rehabilitationsstrategien nach Verletzungen zu entwickeln.[51]

Der norwegische Autor und Abenteurer Erling Kagge sagt über das Gehen, das Leben dauere länger, wenn man gehe – und er meint damit nicht den lebensverlängernden Gesundheitsaspekt, sondern die Achtsamkeit, die das Gehen mit sich bringt, denn: »Gehen verlängert den Augenblick.«[52] Wenn wir weite Strecken gehen, dann wandern wir. Der Journalist und passionierte Wanderer Robert Moor fragte viele andere Wanderer nach ihren Motiven und erhielt sehr unterschiedliche Antworten: Um den Körper zu stärken, um mit Freunden zusammen zu sein, um Natur zu erleben, uns lebendiger zu fühlen, zu erobern, zu leiden, zu büßen, nachzudenken oder zu genießen. Für ihn selbst ist es die Freiheit von allzu vielen Entscheidungen, die Reduzierung, die das Wandern so befreiend macht. Er schreibt: »Wenn wir gehen, bekommen wir mehr von weniger.«[53]

IDENTITÄT

In der Natur werden körperlich nicht agile Tiere in der Regel gefressen oder sie verhungern. Menschen gehören dagegen den wenigen Arten an, die sich den Luxus leisten können, auf das Gehen immer wieder zu verzichten und ihre körperliche Fitness zu verlieren. Dennoch finden wir auch Befriedigung in der Fortbewegung, zum Beispiel beim Laufen. Unzählige Menschen laufen für ihre Gesundheit, aber auch für ihre innere Ausgeglichenheit. Wer das Glück hat, dabei das sogenannte Runner's High zu erleben, weiß, wie befreiend sich dieser Zustand vollkommener innerer Gelassenheit und Glückseligkeit anfühlt.[54] Der deutsch-amerikanische Biologe Bernd Heinrich, der uns schon beim Thema Homing begegnet ist, war selbst sein Leben lang passionierter Langstreckenläufer. In seinem Buch *Laufen. Geschichte einer Leidenschaft* schreibt er: »Wir sind alle geborene Läufer, auch wenn viele das längst vergessen haben.«[55]

Wildtiere können es sich bis heute oft nicht leisten, ohne konkreten Zweck zu laufen. Sie sind schlicht mit Überleben beschäftigt und Energie, die man beim Laufen verliert, ist eine kostbare Ressource, die gut eingeteilt sein will. Wenn sie allerdings in Situationen geraten, in denen ein Überschuss an Zeit und Energie vorhanden ist, zeigen auch sie nicht zielgerichtete Bewegungen. Gut beobachten lässt sich das auch bei unseren Heimtieren, zum Beispiel, wenn Pferde von Luftsprüngen begleitet über die Koppel galoppieren oder bei den berühmten »Zoomies«, die Hunde und andere Tiere wie wild im Kreis rennen lassen.

Der französische Philosoph Michel de Montaigne bemerkte einmal: »Wenn ich mit meiner Katze spiele, bin ich nie ganz sicher, ob nicht ich ihr Zeitvertreib bin.«[56] Ein Gedanke, den sicherlich viele Tierhalter nachvollziehen können. Umso wichtiger ist es, dass wir das innere Bedürfnis der Tiere nach Bewegung und seine Bedeutung für ihr körperliches und seelisches Wohlbefinden anerkennen. Eine Erkenntnis, die weitreichende Folgen für unseren Umgang mit sogenannten Nutztieren haben müsste.[57] Verhindern wir nämlich ihre Fortbewegung, nehmen wir den Tieren auch ein Stück Identität: Die physiologischen Fähigkeiten, zu gehen, zu schwimmen oder zu fliegen, sind ohne die Fähigkeit, diese Möglichkeiten auch auszuschöpfen, bedeutungslos. Die Räume, die Tiere sich erschließen, sind Teil ihres Lebenszyklus und damit für den Ausdruck von Identität von entscheidender Bedeutung. Denken wir beispielsweise an Lachse und ihre Wanderungen: Barrieren wie Stauwehre hindern sie daran, zu ihrem Geburtsfluss zurückzukehren und ihren Lebenszyklus zu vollenden – ein Prozess, der von erheblicher kultureller Bedeutung ist. Das Züchten der Lachse in Aquakultursystemen bringt dagegen Organismen hervor, deren Bewegungsfreiheit, die entscheidend für ihre Einzigartigkeit ist, stark eingeschränkt ist.[58]

Die Fortbewegung der Tiere dient nicht immer nur dem Zweck, von einem Ort ausgehend an ein bestimmtes Ziel zu gelangen. Manchmal ist sie auch Teil komplexer Verhaltensweisen, deren Sinn über einen Ortswechsel hinausgeht und Teil tierischer Identität ist. Bewegung dient der Kommunikation, die Information dahinter kann in der Bewegung selbst stecken oder sich durch sie übertragen. Durch Körperbewegungen drücken Tiere ihre Handlungsfähigkeit aus und kommunizieren diese auch an andere.[59] Tiere sind verkörperte Bewegung und es gibt kaum eine schönere Versinnbildlichung dieser Erkenntnis, als ihnen dabei zuzusehen, wie sie sich voller Inbrunst bewegen. Sie jagen sich, machen Luftsprünge und tanzen. Sei es, um den richtigen Partner zu finden, um spielerisch die Welt zu entdecken und sich auf das Leben als Erwachsene vorzubereiten oder um eine ordentliche Portion Stress abzuschütteln.

All diese Dinge sind für ein bewegtes Leben wichtig, nicht nur das Fortkommen selbst. Das gilt für uns ebenso wie für die anderen mobilen Lebewesen da draußen. Wenn wir Tieren beim Spielen zusehen, können sie uns daran erinnern, welchen Wert solch scheinbar ziellose Fortbewegung hat. »Spiel ist notwendig zur Führung eines menschlichen Lebens«[60], sagte Thomas von Aquin. Manchmal vergessen wir das im Laufe unseres Lebens, doch das müssen wir nicht. Wir können uns beim Sport austoben, die behagliche Müdigkeit nach einer Wanderung genießen, einfach mal wieder schaukeln oder aus purer Lust und Laune über eine Wiese rennen. Oder, um es mit den Worten des Schriftstellers Oliver Wendell Holmes zu sagen: »Menschen hören nicht auf zu spielen, weil sie alt werden, sie werden alt, weil sie aufhören zu spielen.«[61] Dem Altwerden kann sich wohl kein tierisches Lebewesen entziehen, den Weg dorthin können wir aber mit so viel Bewegungsfreude füllen wie irgend möglich.

10

NEUE WEGE BESCHREITEN

Feucht hängt der Nebel zwischen den Bäumen. Das Land ist von dichtem Nadelwald bedeckt. Es sind Küstendouglasien, Riesenlebensbäume und Sitka-Fichten, die hoch in den Himmel emporragen. Dazwischen stehen Hemlocktannen, Küsten-Tannen und vereinzelte Laubbäume. Wie ein dicker Teppich bedecken Moose die Stämme und hängen in schweren Fetzen von Ästen und Zweigen herab. Steine, Wurzeln und ganze Gehölze sind so dicht überwachsen, dass sich ihre Struktur unter dem Grün nur noch erahnen lässt. Eine Pfote tritt auf das feuchte Moos – und macht kein Geräusch.

Die Wölfin sieht sich um und streckt sich ausgiebig. Sie hat in einer Aushöhlung unter einer Baumwurzel geruht und macht sich nun auf den Weg. Geschmeidig trabt sie über den braunen Waldboden und folgt einem ausgetretenen Pfad, den die Pfoten vieler Wölfe über die Jahre in die Vegetation eingraviert haben. Zwischen dichten Farnbüscheln folgt sie seinem Verlauf. Als sie einen von Erlen gesäumten Fluss erreicht, begibt sie sich ans Ufer und hält inne. Ob sie Durst hat? Statt zu trinken, lässt sie ihren Blick über das Wasser schweifen und hebt ihre Nase in den Wind, als würde sie etwas suchen. Wonach auch immer sie Ausschau gehalten haben mag, sie scheint es nicht gefunden zu haben und zieht weiter. Der Pfad ist nun von Findlingen gesäumt und die Bäume stehen lichter. Braune Erdtöne, felsiges

Grau, das Fell der Wölfin wirkt wie eine Landkarte der Natur, die sie durchstreift. Hinter einer Biegung kommt der Waldrand in Sicht und zwischen den sich öffnenden Nadelbäumen leuchtet es blau. Die Wölfin verlässt den Wald und tritt an den Strand.

Vor ihr erstreckt sich eine offene Ebene, deren nasser Sand im Schatten zerklüfteter Felsen dunkel erscheint und im Sonnenlicht wässrig schimmert. Weite Lagunen spiegeln Himmelsfetzen und tauchen die Welt in Blau. Dahinter erstreckt sich die See und Wellen tragen weiße Schaumkronen an den Strand. Der Nadelwald reicht bis an den Strand heran, überall auf der Insel wächst er üppig bis an die Ufer, verläuft sich auf den felsigen Klippen und an den hellen Sandstränden der Buchten.

Die Wölfin trabt über den Strand, das Gefühl des feuchten Sands zwischen den Zehen ist ihr zutiefst vertraut. Einige Felsen trennen eine weitere Bucht ab, dort liegt ihr Ziel. Sie nimmt den kürzesten Weg durch flaches Wasser und schließt, auf der anderen Seite angekommen, zu ihrem Rudel auf. Zwei Wölfe kommen ihr mit schnellen Schwanzbewegungen entgegen. Als sie sich ihr nähern, drücken sie die Rücken durch, machen sich flach und lecken aufgeregt die Schnauze der Wölfin. Es sind ihre Jungtiere aus dem letzten Sommer. Einige Meter entfernt liegt ihr Partner auf einem Bett aus Seetang und lässt sein Fell von der Sonne trocknen.

Das Rudel ist hungrig und es ist Zeit, auf die Jagd zu gehen. Statt sich in Richtung des Waldes zu bewegen, in dem Roosevelt-Wapitis, Maultierhirsche und anderes Wild vorkommen, streifen sie an der Küstenlinie entlang. Die Bucht ist von großen Felsen übersät, deren rostrote bis gelbe Färbungen am Fuße verraten, bis wohin das Meerwasser kommt. Auch aus dem Wasser ragen große Felsformationen und viele zerklüftete Inseln liegen verstreut vor der Küste, manche bestehen nur aus nacktem

Stein, andere sind von kleinen Flecken Wald bedeckt. Seelöwen liegen auf einer der kahlen Inseln nah beieinander in der Sonne und auf dem Wasser treibt ein Seeotterweibchen mit einem Jungtier auf dem Bauch und hält sich in sicherer Entfernung vom Rudel.

Eine Möwe auf einem Stein im Wasser beäugt misstrauisch einen der Jungwölfe, der versucht, mit geöffneten Kiefern Seepocken von einem Felsen zu kratzen. Doch das ist mühsam und die kleinen Krebse im Inneren der harten Schalen sind ohnehin nur ein Tropfen auf den heißen Stein. Dafür gibt es unzählige von ihnen – doch der Jungwolf hat keine Geduld mehr und buddelt stattdessen lieber mit den Pfoten im Sand, gräbt nach Muscheln und Krebsen. Die lassen sich viel leichter mit den Zähnen knacken und eine fette Krabbe ist keine schlechte Mahlzeit.

Vor Kurzem noch hatte es Fisch im Überfluss gegeben. Scharenweise waren Pazifische Heringe in die seichten Gewässer der Buchten gekommen, um dort ihren Laich abzulegen. Sowohl die großen Fische selbst als auch ihr Rogen sind eine beliebte Nahrungsquelle und ihr massenhaftes Auftauchen läutet hier auf Vancouver Island den Frühling ein. Allerdings sind viele Inselbewohner scharf auf die Fische und so mussten die Wölfe ein ums andere Mal einem Schwarzbären weichen und sich anderswo Beute suchen.

Nun, da es auf den Sommer zugeht, ist der Fischsegen vorbei und die Nahrung spärlicher. Bis zu den großen Lachswanderungen im Herbst, wenn die Tiere flussaufwärts zum Laichen ziehen und zu Tausenden sterben, sodass es wieder Fisch im Überfluss gibt, müssen andere Nahrungsquellen den Energiebedarf des Rudels decken.

Eine dieser Quellen hat die Leitwölfin im Sinn, als sie sich zielstrebig dem Wellensaum nähert. Sie muss gerade besonders viel fressen, da sie die ungeborenen Welpen in ihrem Bauch mitversorgen muss. Lange dauert es nicht mehr, bis die nächste Generation von Wölfen hier zwischen Wald und Meer das Licht der Welt erblicken wird. Im Winter haben sie eine ältere Tochter verloren, die sich nach einer Verletzung nicht mehr erholt hatte. Der neue Wurf wird ihr Rudel wieder vergrößern. Doch dafür braucht sie Nahrung.

Die feine Nase der Wölfin fängt den Geruch von Aas auf, der vom offenen Meer herüberweht. Sie weiß bereits, woher der Geruch kommt, denn sie hat den Kadaver schon vor einigen Tagen entdeckt. Raben und andere Aasfresser waren auffällig häufig auf eine der vorgelagerten Inseln geflogen und hatten ihr damit verraten, dass es dort etwas zu holen gab.

Auf einem Felsen stehend, der ins Wasser hinausragt, blickt sie hinüber zu dem gut 200 Meter entfernt liegenden Eiland und tut dann etwas, das gänzlich ungewöhnlich für einen Wolf ist: Sie springt.

Kurz taucht ihr Körper tief ins Wasser ein, dann ist sie wieder an der Oberfläche und beginnt mit ihren Pfoten zu paddeln. Zielstrebig und mit routinierten Bewegungen schwimmt sie in Richtung der Insel. Offensichtlich ist ihr das Meer vertraut, das Wasser stellt keine Barriere für sie dar.

Salzkristalle bedecken ihre Lefzen, als sie wenig später aus den Fluten steigt, sich schüttelt und dabei einen kleinen Regen aus Meerwasser auf den Strand niedergehen lässt. Wenige Meter entfernt türmt sich ein riesiger Körper am Strand auf. Es sind die Überreste eines Grauwales, dessen toter Körper für einige Zeit auf dem Meer trieb und dann hier strandete. Seine dicke Fettschicht ist so nahrhaft, dass sie das ganze Rudel versorgen kann. Wenn das Wetter noch eine Weile kühl bleibt, werden sie lange davon fressen können.

Die Wölfin legt ihren Kopf in den Nacken und ein zunächst brüchiger Ton gewinnt an Volumen und Klarheit und schwillt zu einem Heulen an. Der Wind trägt es hinüber an den Strand, wo die übrigen Rudelmitglieder es mit ihrem Gesang beantworten.

Wieder einmal hat das Meer sie mit allem versorgt, was sie brauchen. Es steht im Zentrum eines jährlichen Kreislaufs, der das Leben der Küstenwölfe bestimmt. Im Herbst bringt es die Lachse in die Flüsse und im Frühjahr die Heringsschwärme in die Buchten. Das ganze Jahr hindurch tragen Wellen Nahrung aus den Weiten des Pazifiks an Land. Besonders nach einem heftigen Sturm, wenn der Wind die Wellen weit in die Buchten und Fjorde hineindrückt, sind die Strände übersät von Seeohren, Krabben, Muscheln und anderem Meeresgetier.

Anders als ihre etwas größeren und deutlich schwereren Artgenossen im Inland des Festlandes sind die Küstenwölfe Kanadas nicht vorwiegend auf die gemeinschaftliche Jagd nach großen Beutetieren spezialisiert. Ihre Lebensweise ist einzigartig, denn sie sind Seewölfe – zwischen dem Pazifischen Ozean und der Salischen See leben sie eng verbunden mit dem Meer.

DER WOLF UND DIE SEE

Canis lupus crassodon oder der Vancouver Coastal sea wolf (auch Vancouver Island wolf oder kurz coastal wolf, oder sea wolf) hat eine Lebensweise entwickelt, die in enger Anpassung an die Küstenwälder Nordamerikas entstanden ist. Vancouver Island vor der Küste British Columbias ist zu Dreivierteln von Wald bedeckt. Besonders an der Westküste finden sich alte Bäume, die an die hundert Meter hoch und bis zu 1000 Jahre alt sind. Sie gehören zum Regenwald. Anders als die tropischen

Regenwälder der Südhalbkugel, handelt es sich um einen gemäßigten Regenwald, der an das Klima der nördlichen Breiten angepasst ist.

Die gemäßigten Regenwälder des Pazifiks im Westen Nordamerikas sind das größte gemäßigte Regenwaldvorkommen der Erde.[1] Entlang der Küste British Columbias haben eiszeitliche Gletscher tiefe Fjorde ausgehöhlt und eine steile Gezeitenküste geformt. Ihr folgend erstreckt sich der Great Bear Rainforest, der unter anderem Heimat einer seltenen weißen Variante des Schwarzbären ist, die auch als »Geisterbär« bekannt ist. Es ist ein einzigartiges Küstenökosystem, das von landeinwärts gerichteten Seewinden gespeist wird, die feuchtigkeitsgesättigte Luftmassen ins Landesinnere tragen.

Arten, die in den Küstenregenwäldern vorkommen, sind sowohl auf den Wald als auch auf das Meer angewiesen. Die Lachse sind eine der wichtigsten Arten des Regenwaldes und laichen in den Waldbächen, wo sie anschließend verenden und große Mengen Nährstoffe in den Wald einbringen.[2] Verschiedene Raubtiere tragen zusätzlich Hunderttausende Tonnen Meerestiere ins Landesinnere und so stammen bis zu 80 Prozent des Stickstoffs in den Bäumen aus dem Meer.[3] Meeresströmungen bringen vor allem im Sommer reichlich Phyto- und Zooplankton aus dem nördlichen Pazifik mit und Küsten und Flüsse sind sehr fischreich. Auch die Küstenwälder Vancouver Islands bieten einer gigantischen Vielfalt an pflanzlichen und tierischen Organismen Lebensraum, darunter auch große Raubtiere wie Grizzly, Schwarzbär und Wolf.

Küstenwölfe kommen vom Südwesten Alaskas, entlang der Küste British Columbias bis zu den Archipelen der Salish Sea, einschließlich Vancouver Island, vor. Ein Gebirgszug trennt die Küstenregion vom Landesinneren. In den 1930er-Jahren war dem Zoologen Ian McTaggart-Cowan aufgefallen, dass die Wölfe hier andersartig waren, doch erst 1998 begann ihre wissenschaftliche Erforschung. Ein Großteil des Verbreitungsgebiets der Küstenwölfe liegt in den Gebieten der First Nations, den indigenen Völkern Kanadas. Sie wussten selbstverständlich um die besonderen Wölfe und brachten die Forschenden durch ihr Wissen über Unterschiede zwischen den Festland- und den Meereswölfen auf die Idee, dass es sich sogar um genetisch verschiedene Populationen handeln könnte.

Erste DNA-Analysen einer Population von Küstenwölfen im südöstlichen Alaska zeigten tatsächlich, dass sich die Tiere genetisch von den im Landesinneren lebenden Grauwölfen unterscheiden, obwohl sie geografisch nahe beieinanderliegen.[4] Spätere Analysen über verschiedene Küstenpopulationen hinweg fanden ebenfalls starke genetische Unterschiede zur Inlandpopulation, aber geringe Unterschiede zwischen den verschiedenen Küstenwölfen. Sie legen nahe, die zuvor getrennten Unterarten *Canis lupus ligoni* (auf dem Alexander-Archipel), *Canis lupus columbianus* (an der Küste British Columbias) und *Canis lupus crassodon* (auf Vancouver Island) zu einer Küsten-Unterart des Wolfs zusammenzufassen.[5]

Eine große Studie aus dem Jahr 2016 konnte zeigen, dass die genetischen Unterschiede zwischen den verschiedenen Wolfsökotypen (also Wölfen, die in verschiedenen Lebensraumtypen leben und unterschiedliche Ökologie und Verhalten zeigen) nicht allein durch geografische Isolation definiert sind. Es scheint, dass sich Gene mit spezifischen Auswirkungen auf Morphologie, Fellfärbung, Stoffwechsel und Seh- und Hörvermögen verändern, je nach Bedingungen wie Klima oder Flora und Fauna im Lebensraum.[6] Tatsächlich findet man bei den Küstenwölfen auch einige äußere Veränderungen. Im Vergleich zu den Wölfen im Inland ist ihr Fell kürzer und gröber und häufiger grau mit auffälligen Rottönen und braunem Unterfell, was den Farben der felsigen Küsten besser entspricht. Sie sind außerdem kleiner und schlanker und haben veränderte Schädel und Kiefer.[7]

Das Leben mit dem Meer manifestiert sich in den Genen, der Erscheinung und dem Verhalten der Küstenwölfe, denn sie haben sich im Laufe ihrer Evolutionsgeschichte an das Küstenleben angepasst.[8] Neben dem Sammeln von Meeresfrüchten oder Aas machen sie auch Jagd auf Seeotter und Robben. Obwohl sie regelmäßig Maultierhirsche in den Wäldern jagen, stammt ihre Nahrung je nach Revier und Jahreszeit zu bis zu 85 Prozent aus dem Meer.[9] Auch folgen sie teilweise den saisonalen Wanderungen der Lachse. Zur Lachszeit kann ihre Ernährung zu 40 bis 70 Prozent aus Lachs bestehen.[10] Dabei sammeln sie nicht nur tote Individuen nach dem Laichen, sie fangen die Fische auch aktiv und mit großem Erfolg. Im Mittel fängt ein Wolf etwa 21 Fische pro Stunde.[11] Stabile Isotopenanalysen bestätigten, dass Küstenwölfe als Teil ihrer langfristigen Versorgung deutlich mehr Lachs fressen als ihre Artgenossen im Inland (wo es ebenfalls Lachse gibt, aber offenbar keine Spezialisierung auf Nahrung aus dem Wasser).[12] Das Meer ernährt die Küstenwölfe und das Land zwischen Wald und See ist ihnen Heimat geworden. Auf eindrückliche Weise ist ihre Lebensweise mit dem Wasser verbunden: Sie bewegen sich ganz selbstverständlich schwimmend zwischen den Küsteninseln fort. Dabei können mehrere Inseln eines Archipels zum regelmäßigen Streifgebiet gehören, über die sie dann als Meeresnomaden ziehen.[13]

Die Küstenwölfe Kanadas sind ein beeindruckendes Beispiel dafür, wie sich das Leben an veränderte Bedingungen anpassen kann. Eigentlich ausgewiesene Landbewohner, haben diese speziellen Wölfe eine semi-aquatische Lebensweise übernommen, wie man sie sonst von Waschbären und anderen sowohl an Land als auch am oder im Wasser lebenden Säugetieren kennt. Wölfe sind hervorragende Ausdauerläufer und haben sich dennoch zu guten Schwimmern entwickelt. Mindestens ein Rudel lebt beispielsweise auf Goose Island, das etwa 13 Kilometer von der Küste entfernt ist und nur schwimmend erreicht werden kann. Chris Darimont, der die Küstenwölfe für viele Jahre studiert hat, nannte sie einmal scherzhaft »Kanadas neuestes Meeressäugetier«.[14]

Die Landbewohner haben eine neue Lebensweise entwickelt, allerdings vollzogen sich diese Veränderungen offenbar über einen langen Zeitraum. Studien zeigen eine unabhängige Evolutionsgeschichte von Küsten- und Kontinentalwölfen seit der letzten Kaltzeit. Die heutigen Küstenwölfe sind demnach das Überbleibsel einer größeren Wolfspopulation, die der Mensch überwiegend ausgerottet hat.[15]

Tierische Fortbewegungsformen und die damit verknüpften Lebensweisen unterliegen, wie andere Merkmale, einem steten Wandel in der Antwort auf die Veränderungen der Umwelt. Die Natur hat dank ihrer Vielfalt und Variabilität ein immenses Anpassungspotenzial. Dieses Potenzial stößt jedoch im Anthropozän, dem vom Menschen und seinem Einfluss dominierten Erdzeitalter, an seine Grenzen. Um das anschaulicher zu machen, werfen wir noch einmal einen Blick auf einige der Tiere, die wir in den vergangenen Kapiteln begleitet haben:

Der Polarfuchs, der so ausdauernd von Spitzbergen über Grönland bis nach Kanada gewandert ist, konnte dort nur hingelangen, weil die Landmassen durch die gefrorene See verbunden waren. Doch das Meereis schmilzt immer früher und vormals ganzjährig vereiste Flächen sind nun zeitweise eisfrei. Keine andere Region der Erde ist so stark von der Klimaerwärmung betroffen wie die Arktis.[16] Seit den späten 1970er-Jahren hat sie sich fast viermal schneller erwärmt als der übrige Erdball.[17] In 40 Jahren hat der Arktische Ozean am Ende der Sommersaison etwa drei Viertel seines Meereisvolumens verloren und die Hälfte seiner Ausdehnung eingebüßt.[18]

Mit dem Eis verschwindet die Brücke, die den Polarfüchsen ihre Fernverbreitung ermöglicht.[19] Somit gibt es keine Verbindung mehr zwischen den Populationen, was zu genetischer Verarmung führen kann. Besonders die Küstenpopulationen der Polarfüchse sind für ihre Nahrungssuche auf dem Eis unterwegs, zum Beispiel, wenn sie den Eisbären folgen, um die Reste ihrer Beute zu fressen.[20] Besenderungsstudien an Polarfüchsen haben offengelegt, wie intensiv sie das Eis nutzen. Drei besenderte Tiere in Kanada legten beispielsweise innerhalb eines Winters Strecken von 904, 1096 und 2757 Kilometern auf dem Eis zurück und hielten sich dort auch für lange Zeit auf (zwischen 76 und 156 Tagen).[21] Dabei wissen die Tiere offenbar, ob sich unter dem Eis Land befindet oder sie sich über offenes Meer bewegen.[22]

Die Jagd nach seinem Pelz hat den Polarfuchs in Fenno-Skandinavien lokal ausgerottet, ebenfalls in ganz Finnland. Nur durch intensive Schutzbemühungen kann die Population in Norwegen und Schweden erhalten werden. Die vielfachen Auswirkungen der Klimaveränderungen auf Ausbreitungsverhalten, Nahrungsverfügbarkeit und Bedrohung durch den nordwärts expandierenden Rotfuchs bringen neue Herausforderungen für die schönen Langstreckenläufer mit sich.[23]

Auch die Korallenriffe, in denen Anemone und Clownfisch leben, sind durch die menschengemachte Erwärmung und Versauerung der Meere gefährdet. Bei einer Fortsetzung der derzeitigen Erwärmungs- und Versauerungsrate der tropischen Weltmeere ist es höchst unwahrscheinlich, dass in zukünftigen Ozeanen korallendominierte Riffsysteme existieren werden.[24]

Durch unsere Eingriffe in die Natur verändern sich die Wege der Tiere. Bis vor Kurzem zogen beispielsweise drei Viertel der Störche aus unserer Region über die Bosporus-Route, auf der wir den Storch vom Manyeke nach Norddeutschland zurückbegleitet haben. Heute zieht ein großer Teil der Tiere nach Westen. Viele Störche Mitteleuropas fliegen nur noch bis Nordafrika oder verbringen den Winter auf der Iberischen Halbinsel. Statt in natürlichen Feuchtgebieten, die massiv zurückgegangen sind, überwintern sie in der Nähe des Menschen häufig auf offenen Mülldeponien.[25]

Besonders dramatisch ist die Situation der Aale. Die Europäischen Aale, die als kleines Weidenblatt startend seit Jahrmillionen ihre geheimnisvolle Reise aus der Sargassosee in unsere Flüsse und Seen vollziehen, sind kurz davor, von der Erde zu verschwinden. In den letzten Jahrzehnten dokumentierte die Wissenschaft einen starken Rückgang im gesamten Verbreitungsgebiet, auch die japanische und amerikanische Art ist betroffen.[26] Ein Fisch, der Tausende Kilometer wandert, bis zu 24 Stunden an Land überlebt, an die 100 Jahre alt werden kann und einen wahnsinnig komplexen Lebenszyklus voller Metamorphosen zwischen Süßwasser und Meer durchlebt – dieses unglaubliche Lebewesen verschwindet in atemberaubendem Tempo.

In einigen europäischen Flüssen liegt der Aalbestand heute bei weniger als ein Prozent des Niveaus der 1980er-Jahre.[27] Die Ursachen sind vielfältig, doch allesamt menschengemacht: In der zweiten Hälfte des 20. Jahrhunderts ist ein erheblicher Teil des für Aale geeigneten Lebensraums im Mittelmeerraum (16 Prozent) sowie in der Nord- und Ostsee (71 Prozent) verloren gegangen. Hauptursache für den beobachteten Rückgang ist die Überfischung, besonders die der jungen Glasaale. Dazu kommen der aus dem asiatischen Raum eingeschleppte Schwimmblasenwurm, Umweltverschmutzung und Barrieren in den Gewässern (Staustufen, Wasserkraft etc.). Die Situation ist so kritisch, dass selbst bei einer radikalen Wende nicht abzusehen ist, ob der Aal noch eine Chance hat, das Anthropozän zu überdauern.[28]

Und wie geht es den Gnus in ihrem großen Kreislauf? Ihnen machen vor allem Zäune und Viehwirtschaft zu schaffen. Zahlen dazu gibt es von einer südlichen Gnu-Population in Botswana. Dort wurde auf Regierungsbetreiben in den späten 1980er-Jahren ein Zaun errichtet, der die Möglichkeiten zur Hausrindhaltung verbessern sollte. Dieser schnitt Wildtieren aus dem Zentralgebiet der Kalahari großräumig den Zugang zu Wasserstellen ab und führte 1988 zum Tod von 50 000 Gnus innerhalb von vier Monaten.[29]

Die klimatischen Veränderungen der Meere und Küstengebiete gefährden auch die großen Kreisläufe der Ozeane. Die gigantische Krill-Bewegung, die eine unermessliche Kaskade an Leben und Artenvielfalt nach sich zieht, hängt beispielsweise von den kalten Wassertemperaturen der arktischen Gewässer ab, die Wanderungen vieler Meerestiere, wie der Schildkröten, wiederum von klimaabhängigen Ozeanströmungen und Wirbeln. Meeresschildkröten stoßen durch die Erwärmung noch auf ein ganz anderes Problem: Wie wir wissen, übernimmt bei ihnen die Sonne das Ausbrüten der Eier. Die Temperatur im Sand bestimmt dabei, welches Geschlecht die Jungtiere erhalten. Bei den Unechten Karettschildkröten, die wir vom Schlupf bis zur Rückkehr an ihren Heimatstrand begleitet haben, entwickeln sich bei über 29,9 °C Weibchen, bei niedrigeren Temperaturen Männchen.[30] Es gibt keine Geschlechtschromosomen wie bei uns Menschen, stattdessen sind die geschlechtsbestimmenden Gene über das gesamte Genom verstreut und ihre Aktivierung wird durch die Temperatur ausgelöst.

Da mit steigenden Temperaturen immer weniger männliche Schildkröten geboren werden, könnte sich die globale Erwärmung auf die Schildkrötenpopulationen auswirken.[31] Eine australische Studie an einer der größten Meeresschildkröten-Populationen weltweit förderte beunruhigende Ergebnisse zutage. An den noch etwas kühleren Stränden waren 65 bis 69 Prozent der Schlüpflinge weiblich, an den wärmeren Niststränden waren es 99 Prozent.[32] Inwieweit das die Populationen insgesamt gefährden wird, wissen wir nicht.[33] Unabhängig davon machen den Arten jedoch der Fang (durch aktive Verfolgung und als Kollateralschaden bei der Fischerei), der Verlust von Niststränden sowie die Verschmutzung der Ozeane massiv zu schaffen. Bei Leztgenanntem wird den Tieren vor allem das viele Meeresplastik zum Verhängnis.[34] Die Bestände der Unechten Karettschildkröten auf Masirah Island sind in nur 20 Jahren um etwa 70 Prozent eingebrochen.[35] Nur eine von etwa 10 000 Schildkröten, die am Strand schlüpfen, schafft es normalerweise, erwachsen zu werden – eine hohe Verlustrate. Das Prinzip hat trotzdem etwa 100 Millionen Jahre lang gut funktioniert, heute sind jedoch alle sieben Arten global bedroht, zwei sind kurz vor dem Aussterben.[36]

Der Monarchfalter hingegen ist durch seine weite Verbreitung über viele Habitate hinweg nicht global gefährdet, das Wunder des großen Schmetterlingszugs von Kanada bis nach Mexiko hingegen schon. Die Zahl der Falter in ihren Überwinterungsquartieren ist eingebrochen. Ursachen sind der Lebensraumverlust und der Einsatz von Insektengiften wie Glyphosat und Neonicotinoiden. Ein großes Problem ist der Verlust der Seidenpflanzen, der bedeutenden Wirtspflanzen der Monarchfalter.[37] Sie sind durch den Einsatz von Herbiziden besonders betroffen, da sie vorwiegend in der Kulturlandschaft und an Ackerrändern vorkommen. Solche Gifte können die Sterblichkeit der Falter erhöhen oder die Entwicklung der Raupen beeinträchtigen.[38] Auch Fungizide stellten sich in Studien als schädlich heraus. Falter, die ihnen ausgesetzt waren, entwickelten teilweise kleinere Flügel.[39] Auch wenn der Monarchfalter nicht gänzlich aus der Welt verschwindet, wäre das Ausbleiben seiner großen Reise doch der Verlust eines der beeindruckendsten und schönsten Naturschauspiele unserer Erde.

DAS GROSSE GANZE

Weltweit zerstören Menschen Lebensräume, vernichten Arten und bringen Ökosysteme an den Rand ihrer Belastungsgrenze und darüber hinaus. Die massiven Eingriffe führen zu solch einem dramatischen Verlust der Artenvielfalt, dass wir uns laut der Meinung vieler Wissenschaftler im sechsten großen Massenaussterben der Erdgeschichte befinden.[40] Massenaussterbeereignisse gab es mehrfach in der Geschichte des Lebens und das Leben ging weiter – nur nicht für einen Großteil der Arten, die zuvor existiert hatten.[41] Denken wir nur an die Dinosaurier, die über Millionen Jahre Land, Wasser und Luft bevölkert hatten.[42] Sie waren so erfolgreich, so lange präsent, dass zwischen dem Jura (dem Erdzeitalter, nach dem die *Jurassic Park*-Filme benannt wurden) und dem Auftreten des Tyrannosaurus Rex mehr Zeit liegt als zwischen dem Tyrannosaurus Rex und dem Moment, in dem Sie diese Zeilen lesen.

Eine lange währende und außerordentlich vielfältige Fauna verschwand also vor 66 Millionen Jahren, im letzten Massenaussterben, innerhalb kürzester Zeit. Unabhängig davon, wie man die aktuellen Ereignisse benennen möchte, ist eines deutlich: Ähnliches passiert nun wieder. Anders als bei den vergangenen Aussterbeereignissen ist der Einfluss des Menschen aber deutlich homogener auf alle Artengruppen und Lebensräume verteilt und damit ungleich gefährlicher. Die Rate des Artensterbens heute ist bis zu 100 Mal so hoch wie die »normale Rate« im gesamten geologischen Zeitverlauf und die Erholungszeiträume für die Natur sind zu kurz. Der WWF Living Planet Index zeigt beispielsweise im Mittel einen 68-prozentigen Rückgang von Säugetieren, Vögeln, Fischen, Reptilien und Amphibien zwischen 1970 und 2016.[43] All das sollte uns schon aus Egoismus Sorgen machen, da unser eigenes Überleben von dem gegenwärtigen Erdökosystem abhängig ist. Darüber hinaus wäre die Ausrottung eines Großteils der einzigen bekannten Lebewesen, mit denen wir das Universum teilen, nicht nur ein Verlust, sie wäre schlichtweg Unrecht.[44]

Das Leben ist also in seiner Gänze bedroht, wandernde Arten sind jedoch in mancherlei Hinsicht besonders gefährdet. Durch ihre Wege um die Welt sind sie zusätzlichen Gefahren ausgesetzt und ihr Leben hängt nicht nur am Zustand eines einzelnen Fleckchen Erde, sondern an vielen, teils weit verstreuten Orten. Der UN-Report aus dem Jahr 2024 über den Zustand migrierender Arten weltweit hält entsprechend fest: Bei 44 Prozent der 1200 betrachteten wandernden Säugetiere, Vögel, Fische, Reptilien und Insekten sind die Bestände eingebrochen. Jede fünfte wandernde Art steht kurz vor dem Aussterben.[45] Sie zu erhalten, ist schwierig, denn dafür reicht es nicht, einen Landstrich oder eine Meeresregion zu schützen – alle »Trittsteine« auf dem Weg der Reise müssen intakt sein. Meeresschildkröten nisten und schlüpfen am Strand, verbringen viele Jahre im offenen Ozean nahe der Oberfläche, während sie heranwachsen, und suchen in flachen Küstengewässern nach Nahrung. All diese verschiedenen Orte sind Teil ihres Lebensraums. Egal ob Niststrände verloren gehen oder ob Meeresplastik ausgewachsene Schildkröten tötet – es gibt eine Vielzahl an Risiken an verschiedenen Punkten der Reise und sie alle können den gesamten Kreislauf zum Erliegen bringen. Auch Zugvögel können sowohl in ihren Sommer- als auch in ihren Wintergebieten streng geschützt werden und dennoch bedroht sein, wenn wichtige Rastplätze auf ihrer Reiseroute fehlen, weil immer mehr Feuchtgebiete trockengelegt werden oder andere Gefahren unterwegs eine sichere Ankunft verhindern.

Viele wandernde Fischarten scheitern an Stauwehren und anderen Barrieren im Wasser. Nach Tausenden Kilometern Reise können sie nicht mehr weiter, erreichen nie ihre Laichgebiete oder sterben an Verletzungen durch Turbinen von Wasserkraftwerken. Wir haben massiv in die natürlichen Verläufe, Fließgeschwindigkeiten und Sauberkeit von Gewässern eingegriffen. Flüsse und Bäche wurden begradigt, Ufer planiert, Stauwehre angelegt. Die Durchgängigkeit von Wasserwegen wurde laut Bundesamt für Naturschutz allein in Deutschland an über 50 000 Standorten unterbrochen oder eingeschränkt. 74 Prozent unserer heimischen Rundmäuler und Fische gelten inzwischen als gefährdet oder ausgestorben.[46] Migrierende Fischarten trifft das besonders hart. Tatsächlich ist keine andere Tiergruppe so stark gefährdet wie Aale, Störe und andere Wanderfische: 97 Prozent der untersuchten Arten stehen kurz davor, global auszusterben.[47]

Auf ihren Wegen überqueren ziehende Arten Grenzen an Land, zu Wasser und in der Luft, dadurch ist häufig internationale Zusammenarbeit nötig, um wirksame Maßnahmen zu treffen. Man kann einen Fluss nicht in Abschnitte teilen und dann nur einzelne davon schützen, er muss in seiner Gänze, von der Quelle bis zur Mündung und über Ländergrenzen hinweg, betrachtet werden.

Neben den vielen Barrieren und Gefahren auf ihren langen Reisen beeinflusst auch der Klimawandel wandernde Arten in besonderer Weise: Auch sie sind von den Auswirkungen steigender Temperaturen, veränderter Niederschlagsmuster oder Lebensraumverlust betroffen. Dazu kommt jedoch, dass sie ihr Leben häufig in unterschiedlichen Klimazonen verbringen und ihre Reise nach den jeweils passenden Zeitfenstern ausrichten müssen. Oder anders gesagt: Ein Storch am Manyeke muss wissen, wann es in Schleswig-Holstein Frühling wird, um zur rechten Zeit loszufliegen, damit es genug Nahrung gibt, wenn seine Küken dort schlüpfen.

Durch die Erwärmung verschieben sich die seit Jahrtausenden stabilen Zeitskalen. So passt das fein abgestimmte Wanderverhalten nicht mehr mit den Entwicklungen und daraus resultierenden Bedingungen im Lebensraum zusammen – es entsteht ein Mismatch-Effekt.[48] Diese Veränderungen sind für Zugvögel schwer berechenbar und kurzfristige Veränderungen durch die Entfernung nicht prüfbar: Wie kann ein Vogel vorhersehen, wie sich das Wetter Tausende Kilometer entfernt entwickeln wird? Und selbst wenn die Entwicklung berechenbar ist, weil der Frühling zum Beispiel konstant früher einsetzt, können nicht alle Zugvögel rechtzeitig losfliegen. Da das Zugverhalten teils durch genetische Mechanismen festgelegt ist und sich Tageslichtlängen, die häufig als Zeitgeber dienen, mit einem früheren phänologischen Frühling nicht mitverändern, findet in einigen Fällen keine Anpassung statt. Diese Arten sind besonders betroffen. Eine Studie zur Populationsentwicklung von 100 europäischen Zugvogelarten ergab entsprechend, dass Vogelarten mit rückläufiger Populationsentwicklung den Zeitpunkt ihres Frühjahrszugs nicht an den zeitigeren Frühlingsbeginn angepasst hatten, während Arten mit stabiler oder steigender Populationsentwicklung ihren Frühjahrszug erheblich vorzogen.[49]

FORTBEWEGUNG IM ANTHROPOZÄN

Über wandernde Arten hinaus wird tierische Fortbewegung weltweit durch menschliche Ausbreitung, Besiedelung, Wegeausbau und Landveränderungen behindert oder zum Erliegen gebracht. Bis zu Beginn des letzten Jahrhunderts waren die Bewegungen von Wildtieren noch relativ uneingeschränkt möglich, inzwischen nehmen sie aufgrund des massiven Einflusses auf die Umwelt global ab.

Eine Ursache ist die fehlende Konnektivität der Landschaft durch verschiedene Barrieren. Herdentiere wie die Karibus in Nordamerika werden in ihren Wanderungen von Zäunen behindert.[50] Auch viele Großraubtiere brauchen weitläufige, zusammenhängende Habitate, um ihren Nahrungsbedarf zu decken. Dabei stoßen sie durch menschliche Nutzung auf Hindernisse. Pumas in Kalifornien leben beispielsweise in einer Region mit über 20 Millionen Menschen, ausgedehnter Bebauung und großen Straßen, die die Landschaft unüberwindbar zerschneiden. Über die Hälfte der Tiere kommt durch Menschen ums Leben und die räumlich abgeschnittenen Populationen leiden auch in geschützten Gebieten mangels Austauschs an genetischer Verarmung und drohen zu erlöschen.[51] Straßen zerschneiden nicht nur Lebensräume, sondern sind auch Todesfallen für viele Tiere, die versuchen, sie zu überqueren.[52] Ausgerechnet jene Strukturen, die uns weitreichende Mobilität ermöglichen, schränken die Bewegungsfreiheit anderer Arten massiv ein.

Neben Straßen, Zäunen und anderer Bebauung kann auch die Umgestaltung von Landschaften oder die menschliche Präsenz selbst eine Barriere darstellen. Die Auswertung von GPS-Trackingdaten von mehr als 50 Arten weltweit zeigte, dass Tierbewegungen in Gebieten mit starkem menschlichem Einfluss allgemein kürzer ausfallen. Die Bewegungsradien von Säugetieren in Gegenden mit einem hohen menschlichen Fußabdruck waren im Durchschnitt halb so groß oder nur ein Drittel von jenen in Gebieten mit geringem Fußabdruck.[53]

Über Auswirkungen auf der Art-Ebene hinaus können solche Veränderungen weitreichendere Konsequenzen haben. Der Verlust der tierischen Mobilität verändert ein wesentliches Merkmal von Tieren, das sich in vielfältiger Weise auf Ökosystemprozesse auswirkt. Zum Beispiel auf die Wechselwirkungen zwischen Räubern und Beutetieren oder komplexe Nährstoffkreisläufe, wie sie uns beim Krill, den Gnus oder den Seevögeln begegnet sind. Die globale Kapazität von Tieren, Nährstoffe zu transportieren, ist Schätzungen zufolge auf nur noch 5 bis 8 Prozent ihres prähistorischen Werts gesunken. Das liegt vor allem am Rückgang von Seevögeln, Walen, Lachsen und großen Pflanzenfressern.[54]

Jedes Jahr durchqueren Milliarden wandernder Tiere den Planeten und transportieren dabei Nährstoffe, Energie und andere Organismen (einschließlich Samen, Kleintiere, Parasiten und Krankheitserreger) zwischen verschiedenen Orten umher. Dabei treten sie mit einer Vielzahl anderer Lebewesen in Wechselwirkung und formen so die lebendige Welt auf ihrem Fuße.

Der globale Einfluss tierischer Fortbewegung auf das Leben ist kaum zu erfassen. Klar ist, Tiere verbinden die Welt und ihre Fortbewegung ist grundlegend für das Funktionieren von Ökosystemen und das Überleben von Arten.[55] Darüber hinaus entsteht durch das Verschwinden von jahrtausendealten Zyklen und Dynamiken auch ein kultureller Verlust. Die Wege der Tiere sind eng mit der Kulturgeschichte des Menschen verwoben.[56] Schon die ältesten bekannten Gemälde der Menschheit, die Höhlenmalereien, die vor etwa 53 000 bis 43 000 Jahren von unseren Vorfahren geschaffen wurden, zeigen Tiere in Bewegung.[57] Wir kennen solche Malereien, zum Beispiel von Jagdszenen, heute von statischen Fotografien. An den unebenen Höhlenwänden und im flackernden Schein des Feuers haben sie vermutlich weit lebendiger gewirkt.[58] Seit diesen frühen Kunstwerken sind Jahrtausende vergangen, in denen sich Künstler aller Disziplinen, von der Bildhauerei bis zum Animationsfilm, der Bewegung von Tieren gewidmet haben.[59] Der Naturphilosoph Tom Greaves argumentiert sogar, dass Bewegung die primäre Grundlage für die ästhetische Wertschätzung von Tieren ist. Durch ihre Bewegung manifestierten sich ihm zufolge die vielfältigen Eigenschaften, die wir an Tieren bewundern.[60]

Die Flüchtigkeit, die der Bewegung innewohnt, birgt eine enorme Faszination. Unzählige Beispiele für tierische Reisen und Pfade ziehen sich durch die Literaturgeschichte und auch in Religion und Mystik ist sie von Bedeutung. In der Bibel gibt es verschiedene Bildvergleiche mit tierischer Bewegung: »Wie ein Vogel, der aus dem Nest flüchtet, so ist ein Mann, der aus seiner Heimat flieht«, Spr 27,8. Allerdings werden Tiere im christlichen Glauben auf auszubeutende Ressourcen reduziert.[61] Ganz andere Bedeutung wird Wildtieren und ihren Pfaden in vielen Glaubenssystemen von Naturreligionen und in der Kulturgeschichte vieler indigener Völker zugesprochen.[62] Kanadas Küstenwölfe haben beispielsweise wohl eine Sage der Tlingit First Nations über einen See-Wolf inspiriert, ein Mischwesen aus Meerestier und Wolf, das Weisheit und Wohlstand bringt.[63]

Wir müssen handeln, wenn unsere Nachfahren nicht dereinst nur noch, Höhlenmalereien gleich, auf Bildmaterial von den Wanderungen der Gnus, Monarchfalter oder Grauwale zurückblicken können sollen. Denn, wie der Philosoph Constantin Boundas schreibt: »Bewegung kann nicht auf der Grundlage von Augenblicken rekonstruiert werden, ebenso wenig wie Sein auf der Grundlage von Gegenwarten rekonstruiert werden kann.«[64]

HOFFNUNG

Unsere Erde ist unfassbar komplex und unbegreifbar schön. Noch kennen wir nicht einmal alle Arten, mit der wir sie teilen. T. S. Elliot schrieb: »Wir lassen niemals vom Entdecken und am Ende allen Entdeckens langen wir, wo wir losliefen, an, und erkennen den Ort zum ersten Mal.«[65] Die lebendige Welt zu erhalten – mit all ihren laufenden, kletternden, schwimmenden, gleitenden, rollenden Wesen – wird vielleicht die wichtigste Aufgabe und größte Prüfung in unserer eigenen Evolutionsgeschichte werden.

Der aktuelle Zustand mag beängstigend sein, das Ausmaß der Schäden massiv, die Kapazität des Lebens, sich zu erholen, ist es jedoch auch. Wann immer Lebensräume zerstört werden, sei es nach einem Waldbrand, Erdrutsch oder Vulkanausbruch, holt sich die Natur diese Orte langsam zurück. An solchen Orten können wir Sukzession beobachten, also wie Samen in der Erde keimen, vom Wind oder Tieren eingetragen werden und nach und nach wieder ein komplexes Ökosystem entsteht. Wir beobachten diese Rückeroberung auch an vormals vom Menschen genutzten Orten, zum Beispiel auf Brachen und städtischen »Lost Places«, wo zwischen Asphalt und Beton Leben sprießt, Fledermäuse und Vögel in Mauerritzen und Dachstühlen brüten und Füchse über Trümmerfelder streifen. »Die Natur weicht der Hacke«, schrieb der römische Dichter Horaz, »aber sie kehrt zurück.«[66]

Besonders eindrücklich lässt sich diese Rückkehr in der Region um Tschernobyl beobachten, wo nach dem verheerenden Reaktorunfall und dem Rückzug der Menschen nun Wölfe und Luchse umherstreifen, Elche, Wisente und Przewalski-Pferde weiden und sich die größte Population der Europäischen Sumpfschildkröte entwickelt hat. Es gibt Rehe, Wildschweine, Füchse, Fischotter, Wildkaninchen, Adler, Schwarzstörche und mehr Kleinsäuger und eine größere Vielfalt an Blumen und anderen Pflanzen als anderswo.[67] Der Biologe Robert James Baker schlussfolgerte über den Zustand der Natur nach der Katastrophe: »Tatsächlich hat Radioaktivität in dem Ausmaß, wie es mit der Kernschmelze in Tschernobyl in Verbindung gebracht wird, spürbare negative Auswirkungen auf die Pflanzen- und Tierwelt. Der Nutzen, den Menschen aus diesem hoch kontaminierten Ökosystem fernzuhalten, scheint jedoch die negativen Kosten, die mit der Strahlung verbunden sind, deutlich aufzuwiegen.«[68]

Nun können wir Menschen nicht einfach verschwinden, um der Natur Raum zu geben. Sie kann jedoch auch nicht lediglich an winzigen Restflicken überdauern, die wir nicht mehr betreten können. Wie die Essayistin Marilynne Robinson schreibt, müssen wir die Tatsache akzeptieren, dass die Folgen der menschlichen Präsenz in der Welt »universal und unausweichlich« sind.[69] Wir können aber lernen, *mit* der Natur zu leben und nicht länger gegen sie. Es mag viele Menschen verunsichern, dass gewohnte Lebensweisen hinterfragt werden. Sobald jemand das Stichwort »pflanzliche Ernährung« fallen lässt oder nachhakt, ob es wirklich jedes Jahr eine neue Garderobe oder das neue Smartphone sein müssen, wird es zudem schnell unbequem. Letztlich ist es aber, allem voran, unser Konsum, unser Verbrauch von Ressourcen, über deren regenerative Fähigkeiten hinaus, der die Probleme verursacht. Pflanzliche Ernährung verbraucht deutlich weniger Land als solche basierend auf tierischen Produkten. Das Reparieren und Nutzen von gebrauchter Technik reduziert die Ausbeutung von Ressourcen. Unser Konsum *hier* frisst Flächen und Leben *weltweit*, und auch wenn dieser Gedanke unangenehm ist, führt kein Weg an seiner Anerkenntnis vorbei.

Anders als manche suggerieren, müssen wir jedoch keinen Schritt zurück ins Mittelalter machen. Im Gegenteil heißt es, neue Wege zu beschreiten und nachhaltige Formen der Landnutzung für eine Koexistenz zu entwickeln. Wir können die Welt neu denken! Thoreau schreibt: »Die Erdoberfläche ist weich und nimmt leicht den Eindruck der Menschenfüße an, so ist es auch mit den Wegen, die der Geist beschreitet.«[70]

Für viele der beschriebenen Probleme gibt es Lösungsansätze. Barrieren für tierische Fortbewegung können teilweise zurückgebaut werden und tierische Bedürfnisse bei zukünftigen

Bauvorhaben von vorneherein mitgedacht werden. Flüsse können durch Fischtreppen, natürlich angelegte Umgehungen von Wehren wieder durchlässig gemacht werden. Die EU engagiert sich seit Jahren darin, Barrieren zu Wasser und zu Land zu reduzieren, und fördert zahlreiche Maßnahmen. Eine Fischtreppe, die bei Iffezheim im Rhein gebaut wurde, um den großen Wanderfischen wie Lachs, Meerforelle, Meerneunauge und Stör die Rückkehr in den Rhein bis zu ihren angestammten Laichplätzen zu ermöglichen, brachte Arten, die einst Hunderttausende Jahre lang zur heimischen Natur gehört hatten, Jahrzehnte nach ihrem Verschwinden wieder zurück. Abertausende Individuen aus 30 verschiedenen Arten nutzten sie seither.[71]

An Land können Grünbrücken Wildtieren helfen, Straßen und Bahntrassen zu überqueren. Die bepflanzten Brücken schaffen eine möglichst natürliche Verbindung zwischen den Habitaten zu beiden Seiten. Und sie werden von Tieren bereitwillig angenommen. Eine kameraüberwachte Grünbrücke im Biosphärenreservat Schorfheide/Chorin dokumentierte im Untersuchungszeitraum Winter 2016 bis Herbst 2019 allein 18 153 Querungen durch Wildtiere aus 14 verschiedenen Arten. Mit der Zeit trauten sich außerdem mehr Tiere über die Brücke: Die Zahl der durchschnittlichen Querungen pro Monat stieg innerhalb eines Jahres um beinahe ein Fünftel an.[72] Von solchen Maßnahmen profitieren wir doppelt, indem wir dadurch unsere Umwelt erhalten und Verkehrsunfälle reduzieren.

Manchmal braucht es aber nicht einmal große Bauvorhaben, sondern nur kluges Handeln: Nachdem der Fischotter Mitte des 20. Jahrhunderts in weiten Teilen Deutschlands ausgerottet worden war, kehren die Tiere in jüngster Zeit zurück – eine erfreuliche Entwicklung. Allerdings fiel auf, dass Fischotter es häufig vermeiden, unter Brücken hindurchzuschwimmen. An diesen verlassen sie dann das Wasser und überqueren die Brücke auf der Fahrbahn, wo sie ums Leben kommen. Einfache Holzplanken, die einen künstlichen Uferrand unter der Brücke schaffen, konnten Abhilfe schaffen.[73] Dicke Seile, von Baum zu Baum zweier Straßenseiten gespannt, können wiederum Eichhörnchen das Leben retten.

Menschliche Mobilitätsplanung kann die Verletzlichkeit tierischer Mobilität berücksichtigen und danach ausgerichtet werden.[74] Wenn wir nicht menschliche Tiere bei unseren Infrastrukturen mitdenken, können wir ihnen, im Wort- und im übertragenen Sinne, Brücken bauen. »Gib der Natur eine halbe Chance und sie wird sie nutzen, aber diese halbe Chance müssen wir ihr geben«, so der Naturfilmer Alastair Fothergill.[75]

FÜR DIE GUTE SACHE

Rund um den Globus engagieren sich Menschen für den Erhalt des bewegten Lebens. Menschen wie David Attenborough und Jane Goodall sind Ikonen dieses Engagements. Daneben gibt es Abertausende, die sich ebenfalls dafür einsetzen, sei es durch die eigene, nachhaltige Lebensweise, Umweltbildung oder beruflichen oder ehrenamtlichen Naturschutz. Sie siedeln Ameisenvölker um, zeigen Menschen, dass vegane Küche lecker sein kann, helfen Landschaften zu pflegen, leben monatelang als Vogelwarte auf einsamen Inseln oder tragen Kröten über Straßen. Sie alle machen einen Unterschied.

Hunderte Jahre nachdem sie von Menschen lokal ausgerottet wurden, zeigen nun Menschen jungen Waldrappen den Weg gen Süden. Die wundervollen schwarzen Ibis-Vögel werden im Süden Deutschlands, in Italien und Österreich im Rahmen eines EU-Programms ausgewildert. Da es keine Altvögel gibt, die den

Jungen zeigen können, wie sie in ihre bis zu 1000 Kilometer entfernten Überwinterungsgebiete gelangen, fliegen die Wissenschaftler kurzerhand per Ultraleicht-Flugzeug voraus. Ein gemeinsamer Zug von Vogel und Mensch, der nicht nur Symbolkraft hat: Seit einigen Jahren beobachten die Forscher eine zunehmende Zahl an Waldrappen, die zurück zum Brüten nach Deutschland kommen und ihren Nachwuchs selbstständig ins Winterquartier führen.[76]

Der UN-Report zum Status wandernder Arten stellt fest, dass Buckelwale, Blauwale und Seeadler von Schutzmaßnahmen profitieren, und auch bei den Meeresschildkröten gibt es positive Berichte. Bei 35 von 299 untersuchten Meeresschildkröten-Populationen sank die Zahl weiter, bei 95 stieg sie jedoch deutlich. Schutzmaßnahmen sind also wirksam und sie auszubauen, könnte diese Arten retten.[77]

Und die kleine Reliktpopulation der Küstenwölfe? Der Wolf gehörte einst zu den am weitesten verbreiteten Landtieren der Erde, bevor er durch seine Verteufelung (durch die Europäer) und intensive Nachstellung in weiten Teilen verdrängt wurde. In der Kultur der First Nations ist der Wolf dagegen ein Tier, dem man mit Achtung begegnen muss. Um die Küstenwölfe Kanadas zu erforschen, suchten Wissenschaftler daher die Zusammenarbeit, lernten von den Menschen vor Ort und nahmen Rücksicht auf die besondere Verbindung zum Wolf: So sind die Ergebnisse zur Genetik und Verbreitung der Tiere durch nichtinvasive Kotproben entstanden, da das Einfangen und Besendern der Tiere nicht gestattet ist.

Den First Nations verdanken wir auch den Schutz der ungewöhnlichen See-Wölfe, deren Populationen durch industrielle Abholzung, Klimawandel und Trophäenjagd bedroht sind. Heute sind beispielsweise die Wölfe im Heiltsuk-Gebiet weitgehend sicher, da über die Hälfte des Landes Schutzgebiet ist und der Rest großteils unter Ökosystemmanagement steht. In Zusammenarbeit mit den First Nations an der Küste hat die Raincoast Conservation Foundation zudem eine wirksame Kampagne zur Beendigung der Jagd entwickelt: Die Stiftung hat alle verbleibenden kommerziellen Jagdlizenzen im Great Bear Rainforest und in der Kitlope Conservancy aufgekauft und damit die kommerzielle Trophäenjagd auf 38 800 Quadratkilometern Küstenregion beendet.[78]

Es gibt also Hoffnung. Noch mag der weltweite Rückgang des bewegten Lebens erschütternd sein und die Prognose ist düster, wenn wir nicht grundlegend etwas verändern. Aber wir können etwas verändern! Wir haben das Wissen und die Mittel, diese Welt zu erhalten, wenn wir beides klug einsetzen.

Was uns manchmal zu fehlen scheint, sind die Empathie für das übrige Leben oder der Mut, nicht wegzusehen. Patricola McNiff schreibt in ihrem Essay *Roadkill*: »Am Straßenrand liegen tote Katzen. Ich schaue weg, blinzele/ dann betrauere ich sie weinend als meine eigenen/Akte der Wiedergutmachung.«[79] Wenn wir Anteil am Schicksal der Tiere nehmen, sind wir eher bereit, Verantwortung für die Konsequenzen unseres eigenen Handelns zu übernehmen. Manchmal braucht es dafür nur eine Erfahrung, wie das Entdecken eines toten Tieres am Straßenrand, dessen Weg der Mensch unbeabsichtigt beendet hat – oder eine emotionale Verbindung zu einem kleinen Polarfuchs, der übers weite Meereis läuft und mit dem wir mitfiebern, obwohl wir ihm nie begegnet sind.

Wir sind nun am Ende dieser gemeinsamen Reise angekommen. Was wir von ihr mitnehmen, in unsere bewegten Leben, ist jedem Reisenden selbst überlassen. Im besten Fall haben sich, einer Fährte gleich, unterwegs Spuren in unserem Denken, Fühlen und Handeln geformt. Eindrücke, die uns helfen, neue Wege zu beschreiten und Dinge zu verändern. Die Erkenntnis, dass die Tiere Teil eines gigantischen, bewegten Netzwerkes sind, mit dem auch wir in vielfältiger Weise verknüpft sind und dessen Komplexität wir nicht einmal ansatzweise verstanden haben, kann ebenso verunsichernd wie euphorisierend sein.

Der französische Wissenschaftler und Dichter Jean-Henri Fabre schrieb: »Das Leben birgt unergründliche Geheimnisse. Das menschliche Wissen wird aus den Archiven der Welt gelöscht sein, bevor wir das letzte Wort besitzen, das die Mücke uns zu sagen hat.[80]

Es liegt an uns, dafür zu sorgen, dass wir weiterhin eine geheimnisvolle Welt erleben dürfen, in der winzige Weidenblattlarven ihrer Zukunft entgegenschwimmen und sich majestätische Störche in die Lüfte erheben. Eine Welt, in der sich vor Abermillionen von Jahren die Tiere vom Land lösten, um zu verkörperter Bewegung zu werden – zu einzigartiger, verletzlicher und in Gestalt gegossener Freiheit.

DANK

An erster Stelle möchte ich *Ihnen* danken. Dafür, dass Sie dieses Buch gelesen haben. Unabhängig davon, ob Sie es im Laden gekauft haben, in einer Bibliothek ausgeliehen haben oder es auf anderen Wegen in Ihren Händen gelandet ist, danke ich Ihnen für Ihre Zeit. In einer rastlosen Welt fällt es vielen von uns nicht leicht, Muße für das Lesen zu finden. Schön, dass es Ihnen gelungen ist. Ich hoffe sehr, dass es Sie bereichert hat.

Ich danke dem Hanser Verlag, der schon bei meinem Buch über die lebendige Nacht an mein Vorhaben glaubte und auch diesmal darauf vertraut hat, dass diese Idee mit der Fortbewegung und irgendetwas mit modularen und unitaren Organismen, was auch immer das ist, großartig werden wird.

Bei Hanser arbeitet eine Reihe von tollen, engagierten Menschen, die mit Herzblut Bücher machen, ihnen allen danke ich dafür, dass sie dieses Buch möglich gemacht haben. Allen voran gilt dieser Dank meiner Lektorin Nicola, deren Blick auf meine Worte ich sehr schätze.

Danke an meine Kolleginnen und Kollegen. Die, mit denen ich das Glück habe arbeiten zu dürfen, und jene, die da draußen das Wunder der natürlichen Welt erforschen und ihre Erkenntnisse mit uns allen teilen.

Zu guter Letzt gilt mein Dank all den lieben und wohlwollenden Menschen in meinem Leben. Meiner Mutter danke ich sehr für ihr offenes Ohr. Sie ist immer die erste Person, die meine

Texte kennt, da ich sie ihr einen nach dem anderen vorlese. Es ist wie ein Ritual, ohne das sich der Abschluss eines Kapitels nicht vollständig anfühlt. Ich danke meiner Schwester für vieles, das hier nicht genannt werden muss. Sagen wir einfach, es gibt einen guten Grund dafür, dass ihr dieses Buch gewidmet ist. Und ich danke Yvonne für stundenlanges Nebeneinander-Arbeiten in aller Stille und Verbundenheit – und für ihre wunderbare Freundschaft.

ANMERKUNGEN

PROLOG

1 https://www.nabu.de/tiere-und-pflanzen/aktionen-und-projekte/vogel-des-jahres/2003-mauersegler/00908.html
2 Charles Wilp. Düsseldorf ›Vorort der Welt‹. *Dazzledorf.* Verlag Melzer, Dreieich 1977.
3 https://www.monopol-magazin.de/tinguely-schiff-immer-bewegung-bleiben
4 Theodor Pintner (1908). Die Aalfrage. – Schriften des Vereins zur Verbreitung naturwissenschaftlicher Kenntnisse Wien – 48: 117–143.

1 ERSTE SCHRITTE

1 Fuglei, E., & Tarroux, A. (2019). Arctic fox dispersal from Svalbard to Canada: one female's long run across sea ice. Polar Research.
2 Eberhardt, L. E., Garrot, R. A. & Hanson, W. C. (1983). Winter movements of Arctic foxes, Alopex lagopus, in a petroleum development area. Canadian Field-Naturalist 97, 66–70.
3 Tarroux, A., Berteaux, D., & Bêty, J. (2010). Northern nomads: ability for extensive movements in adult Arctic foxes. Polar Biology 33, 1021–1026, http://dx.doi.org/10.1007/s00300-010-0780-5
4 Goethes Werke. Vollständige Ausgabe letzter Hand. Erster Band, S. 67.
5 Kays, R. W., & Wilson, D. E. (2009). Mammals of North America. Princeton University Press.
6 BfN-Skripten 409, ISBN 978-3-89624-144-3.
7 Burgin, C. J., Colella, J. P., Kahn, P. L., & Upham, N. S. (2018). How many species of mammals are there? Journal of Mammalogy, 99(1), 1–14.
8 Hermanns-Audardóttir, M. (1991). The Early Settlement of Iceland.

Results based on excavations of a Merovingian and Viking farm site at herjólfsdalur in the westman islands, Iceland.
9 Páll Hersteinsson, Veronica Nyström et al.: Elstu þekktu leifar melrakka á Íslandi. In: Náttúrufræðingurinn. Band 76, 2007, S. 13–21 (isländisch, digitalisiert – mit englischsprachiger Zusammenfassung).
10 Dalén, L., Fuglei, E. V. A., Hersteinsson, P., Kapel, C. M., Roth, J. D., Samelius, G., … & Angerbjörn, A. (2005). Population history and genetic structure of a circumpolar species: the arctic fox. Biological Journal of the Linnean Society, 84(1), 79–89.
11 Nansen F., 1897: 294. Farthest north. London: Gibson Square Books.
12 Lai, S., Bêty, J., & Berteaux, D. (2017). Movement tactics of a mobile predator in a meta-ecosystem with fluctuating resources: the arctic fox in the High Arctic. Oikos, 126(7), 937–947.
13 Dalrymple, G. B. (2001). The age of the Earth in the twentieth century: a problem (mostly) solved. Geological Society, London, Special Publications, 190(1), 205–221.
14 Schidlowski, M. (2005). Die Anfänge des Lebens auf der Erde: Empirische Befunde der frühen geologischen Überlieferung. Das System Erde – was bewegt die Welt?
15 Wolfgang U. Eckart: Geschichte der Medizin. 1998, S. 179 f. und 195.
16 Miller, S. L. (1953). A production of amino acids under possible primitive earth conditions. Science, 117(3046), 528–529.
17 Lazcano, A., & Bada, J. L. (2003). The 1953 Stanley L. Miller experiment: fifty years of prebiotic organic chemistry. Origins of Life and Evolution of the Biosphere, 33, 235–242.
18 Schidlowski, M. (2005). Die Anfänge des Lebens auf der Erde: Empirische Befunde der frühen geologischen Überlieferung. Das System Erde – was bewegt die Welt?
19 Donoghue, P. C. (2020). Fossil cells. Current Biology, 30(10), R485-R490.
20 Coale, T. H., Loconte, V., Turk-Kubo, K. A., Vanslembrouck, B., Mak, W. K. E., Cheung, S., … & Zehr, J. P. (2024). Nitrogen-fixing organelle in a marine alga. Science, 384(6692), 217–222.
21 Richter, D., Grün, R., Joannes-Boyau, R. et al. The age of the hominin fossils from Jebel Irhoud, Morocco, and the origins of the Middle Stone Age. Nature 546, 293–296 (2017). https://doi.org/10.1038/nature22335
22 Neil A. Campbell und Jane B. Reece. Biologie. – 6. Auflage (Pearson Studium – Biologie), ISBN 3 827 371 805.
23 Quax, T. E., Albers, S. V., & Pfeiffer, F. (2018). Taxis in archaea. Emerging topics in life sciences, 2(4), 535–546.

24 Porter, J. R. (1976). Antony van Leeuwenhoek: tercentenary of his discovery of bacteria. Bacteriological reviews, 40(2), 260–269.
25 Nakagaki, T., Yamada, H., & Tóth, Á. (2000). Maze-solving by an amoeboid organism. Nature 407, 6803 (2000), 470. https://doi.org/10.1038/35035159
26 Chen, Z., Chen, X., Zhou, C., Yuan, X., & Xiao, S. (2018). Late Ediacaran trackways produced by bilaterian animals with paired appendages. Science Advances, 4(6), eaao6691.
27 Chen, Z., Zhou, C., Yuan, X., & Xiao, S. (2019). Death march of a segmented and trilobate bilaterian elucidates early animal evolution. Nature, 573(7774), 412–415.

2 DIE NATUR DER BEWEGUNG

1 David Hume (1987). »Of Commerce, in: Essays: Moral, political, and literacy, hg. von Eugen F. Miller, Indianapolis.
2 Shockey, B. J., & Anaya, F. (2011). Grazing in a new late Oligocene mylodontid sloth and a mylodontid radiation as a component of the Eocene-Oligocene faunal turnover and the early spread of grasslands/savannas in South America. Journal of Mammalian Evolution, 18, 101–115.
3 Bargo, M. S. (2001). The ground sloth Megatherium americanum: skull shape, bite forces, and diet. Acta Palaeontologica Polonica, 46(2).
4 Gaudin, T. J. (2004). Phylogenetic relationships among sloths (Mammalia, Xenarthra, Tardigrada): the craniodental evidence. Zoological Journal of the Linnean Society, 140(2), 255–305.
5 Tobias Keiling, Heidi Liedke, Judith Schalansky (Hg.) (2021). Faultiere. Ein Portrait, Matthes & Seitz Berlin, S. 14.
6 Tobias Keiling, Heidi Liedke, Judith Schalansky (Hg.) (2021). Faultiere. Ein Portrait, Matthes & Seitz Berlin, S. 14.
7 De Moura Filho, A. G., Huggins, S. E., & Lines, S. G. (1983). Sleep and waking in the three-toed sloth, Bradypus tridactylus. Comparative Biochemistry and physiology. A, Comparative Physiology, 76(2), 345–355.
8 Pauli, J. N., Mendoza, J. E., Steffan, S. A., Carey, C. C., Weimer, P. J., & Peery, M. Z. (2014). A syndrome of mutualism reinforces the lifestyle of a sloth. Proceedings of the Royal Society B: Biological Sciences, 281(1778), 20133006.
9 Nyakatura, J. A. (2012). The convergent evolution of suspensory posture

and locomotion in tree sloths. Journal of Mammalian Evolution, 19(3), 225–234.
10 Nyakatura, J. A., & Fischer, M. S. (2010). Three-dimensional kinematic analysis of the pectoral girdle during upside-down locomotion of two-toed sloths (Choloepus didactylus, Linné 1758). Frontiers in Zoology, 7, 1–16.
11 Moubtahij, Z., McCormack, J., Bourgon, N., Trost, M., Sinet-Mathiot, V., Fuller, B. T., … & Jaouen, K. (2024). Isotopic evidence of high reliance on plant food among Later Stone Age hunter-gatherers at Taforalt, Morocco. Nature Ecology & Evolution, 1–11.
12 Bolster, W. J. (2012). The mortal sea: fishing the Atlantic in the age of sail. Harvard University Press.
13 Skemp, J. B. (2013). The theory of motion in Plato's later dialogues. Cambridge University Press.
14 Plato, Greek Library 500 BC – 400 BC, 400 BC – 300 BC Prose Dialogue Philosophy Physics, doi:10.4159/DLCL.plato-philosopher_timaeus.1929.
15 Aristoteles. De motu animalium / Über die Bewegung der Lebewesen, herausgegeben von Klaus Corcilius und Oliver Primavesi, Philosophische Bibliothek 636. 2018.
16 https://www.nzz.ch/feuilleton/ueber-das-sezieren-von-leichen-kleine-geschichte-der-anatomie-ld.1469099
17 Rengachary, S. S., Colen, C., Dass, K., & Guthikonda, M. (2009). Development of anatomic science in the late middle ages: the roles played by Mondino de Liuzzi and Guido da Vigevano. Neurosurgery, 65(4), 787–794.
18 Moyes, C. D., & Schulte, P. M. (2007). Tierphysiologie. Pearson Deutschland GmbH.
19 https://www.etymonline.com/word/locomotion, abgerufen am 8.1.25.
20 https://www.deutsches-museum.de/forschung/bibliothek/unsere-schaetze/biologie-medizin/motu-animalium basierend auf: Gribbin, John: Science. A history, 1543–2001. London 2003, 144–145.
21 Braun, M. (2012). *Eadweard Muybridge*. Reaktion Books.
22 Moyes, C. D., & Schulte, P. M. (2007). Tierphysiologie. Pearson Deutschland GmbH.
23 Z. B. Kalfas, I., De Ketelaere, B., & Saeys, W. (2021). Towards in-field insect monitoring based on wingbeat signals: The importance of practice oriented validation strategies. Computers and Electronics in Agriculture, 180, 105849.

24 Smith, J. E. (1937). The structure and function of the tube feet in certain echinoderms. Journal of the Marine Biological Association of the United Kingdom, 22(1), 345–357.
25 Vidal-Gadea, A. G., Rinehart, M. D., & Belanger, J. H. (2008). Skeletal adaptations for forwards and sideways walking in three species of decapod crustaceans. Arthropod structure & development, 37(2), 95–108.
26 Gemmell, B. J., Dabiri, J. O., Colin, S. P., Costello, J. H., Townsend, J. P., & Sutherland, K. R. (2021). Cool your jets: biological jet propulsion in marine invertebrates. Journal of Experimental Biology, 224(12), jeb222083.
27 Gao, X., & Jiang, L. (2004). Water-repellent legs of water striders. Nature, 432(7013), 36–36.
28 Snyder, R. C. (1949). Bipedal locomotion of the lizard Basiliscus basiliscus. Copeia, 1949(2), 129–137.
29 Fish, F. E., & Hui, C. A. (1991). Dolphin swimming–a review. Mammal Review, 21(4), 181–195.
30 Froese, R. and D. Pauly. Editors. 2024. FishBase.World Wide Web electronic publication. www.fishbase.org, version (10/2024).
31 Turner, G. F. (1999). What is a fish species? Reviews in Fish Biology and Fisheries, 9, 281–297.
32 Boisvert, C. A., Johnston, P., Trinajstic, K., & Johanson, Z. (2019). Chondrichthyan evolution, diversity, and senses. Heads, jaws, and muscles: anatomical, functional, and developmental diversity in chordate evolution, 65–91.
33 Donley, J. M., Sepulveda, C. A., Konstantinidis, P., Gemballa, S., & Shadwick, R. E. (2004). Convergent evolution in mechanical design of lamnid sharks and tunas. Nature, 429(6987), 61–65.
34 Clack, J. A., Sharp, E. L., Long, J. A., Jørgensen, J. M., & Joss, J. (2011). The fossil record of lungfishes. The biology of lungfishes, 1–42.
35 Irisarri, I., & Meyer, A. (2016). The identification of the closest living relative (s) of tetrapods: phylogenomic lessons for resolving short ancient internodes. Systematic Biology, 65(6), 1057–1075.
36 Meyer, A., Schloissnig, S., Franchini, P., Du, K., Woltering, J. M., Irisarri, I., … & Schartl, M. (2021). Giant lungfish genome elucidates the conquest of land by vertebrates. Nature, 590(7845), 284–289.
37 Quillin, K. J. (2000). Ontogenetic scaling of burrowing forces in the earthworm Lumbricus terrestris. Journal of Experimental Biology, 203(18), 2757–2770.

38 Rieser, J. M., Li, T. D., Tingle, J. L., Goldman, D. I., & Mendelson III, J. R. (2021). Functional consequences of convergently evolved microscopic skin features on snake locomotion. Proceedings of the National Academy of Sciences, 118(6), e2 018 264 118.
39 Gilbert, C. (1997). Visual control of cursorial prey pursuit by tiger beetles (Cicindelidae). Journal of Comparative Physiology A, 181, 217–230.
40 Z. B. https://www.telegraph.co.uk/sport/olympics/paralympic-sport/9517308/Oscar-Pistorius-blade-controversy-sour-grapes-or-is-South-African-right-to-complain-about-Alan-Oliveiras-blades.html
41 Rabinowicz, A., & Huffingham, A. Animal locomotion: taking steps toward bio-inspired prosthetic and robotic design *in* Moving animals. Essays on direction, velocity and agency in humanimal encounters, Uppsala 2011.
42 Fusco, G. (2005). Trunk segment numbers and sequential segmentation in myriapods. Evolution & Development, 7(6), 608–617.
43 Marek, P. E., Buzatto, B. A., Shear, W. A., Means, J. C., Black, D. G., Harvey, M. S., & Rodriguez, J. (2021). The first true millipede—1306 legs long. Scientific reports, 11(1), 23 126.
44 Weihmann, T. (2018). Leg force interference in polypedal locomotion. Science Advances, 4(9), eaat3721.
45 James, R. S., & Wilson, R. S. (2008). Explosive jumping: extreme morphological and physiological specializations of Australian rocket frogs (Litoria nasuta). Physiological and Biochemical Zoology, 81(2), 176–185.
46 Armour, R. H., & Vincent, J. F. (2006). Rolling in nature and robotics: A review. Journal of Bionic Engineering, 3(4), 195–208.
47 Caldwell, R. L. (1979). A unique form of locomotion in a stomatopod—backward somersaulting. Nature, 282(5734), 71–73.
48 Rothschild, M. L., Schlein, J., Parker, K., Neville, C., & Sternberg, S. (1975). The jumping mechanism of Xenopsylla cheopis III. Execution of the jump and activity. Philosophical Transactions of the Royal Society of London. B, Biological Sciences, 271(914), 499–515.
49 Fröbisch, J., & Reisz, R. R. (2009). The Late Permian herbivore Suminia and the early evolution of arboreality in terrestrial vertebrate ecosystems. Proceedings of the Royal Society B: Biological Sciences, 276(1673), 3611–3618.
50 Singla, S., Jain, D., Zoltowski, C. M., Voleti, S., Stark, A. Y., Niewiarowski, P. H., & Dhinojwala, A. (2021). Direct evidence of acid-base interactions in gecko adhesion. Science Advances, 7(21), eabd9410.

51 Tucker, V. A. (1975). The energetic cost of moving about: walking and running are extremely inefficient forms of locomotion. Much greater efficiency is achieved by birds, fish—and bicyclists. American Scientist, 63(4), 413–419.
52 Alexander, R. M. (2005). Mechanics of animal movement. Current biology, 15(16), R616-R619.
53 Walker, J. A., & Westneat, M. W. (2000). Mechanical performance of aquatic rowing and flying. Proceedings of the Royal Society of London. Series B: Biological Sciences, 267(1455), 1875–1881.
54 Jagielska, N., O'Sullivan, M., Funston, G. F., Butler, I. B., Challands, T. J., Clark, N. D., … & Brusatte, S. L. (2022). A skeleton from the Middle Jurassic of Scotland illuminates an earlier origin of large pterosaurs. Current Biology, 32(6), 1446–1453.
55 Lawson, D. A. (1975). Pterosaur from the latest Cretaceous of West Texas: discovery of the largest flying creature. Science, 187(4180), 947–948.
56 Padian, K., & Chiappe, L. M. (1998). The origin and early evolution of birds. Biological reviews, 73(1), 1–42.
57 Adams, R. A., & Pedersen, S. C. (Eds.). (2013). Bat evolution, ecology, and conservation. Springer Science & Business Media.
58 Burgin, C. J., Colella, J. P., Kahn, P. L., & Upham, N. S. (2018). How many species of mammals are there? Journal of Mammalogy, 99(1), 1–14.
59 Dudley, R. (2000). The evolutionary physiology of animal flight: paleobiological and present perspectives. Annual review of physiology, 62(1), 135–155.
60 Brodsky, A. K. (1994). The evolution of insect flight. Oxford University Press.
61 Marden, J. H., O'Donnell, B. C., Thomas, M. A., & Bye, J. Y. (2000). Surface-skimming stoneflies and mayflies: the taxonomic and mechanical diversity of two-dimensional aerodynamic locomotion. Physiological and Biochemical Zoology, 73(6), 751–764.
62 Deiters, J., Kowalczyk, W., & Seidl, T. (2016). Simultaneous optimisation of earwig hindwings for flight and folding. Biology open, 5(5), 638–644.
63 Gaede, A. H., Wu, P. H., & Leitch, D. B. (2024). Variations in touch representation in the hummingbird and zebra finch forebrain. Current Biology.
64 Croxall, J. P., Silk, J. R., Phillips, R. A., Afanasyev, V., & Briggs, D. R. (2005). Global circumnavigations: tracking year-round ranges of non-breeding albatrosses. Science, 307(5707), 249–250.
65 Cho, M., Neubauer, P., Fahrenson, C., & Rechenberg, I. (2018). An

observational study of ballooning in large spiders: Nanoscale multifibers enable large spiders' soaring flight. PLoS biology, 16(6), e2004405.
66 White, P.S., Morran, L., & de Roode, J. (2017). Phoresy. Current Biology, 27(12), R578-R580.

3 FREIHEIT

1 Mariscal, R.N. (1970). The nature of the symbiosis between Indo-Pacific anemone fishes and sea anemones. Marine Biology, 6, 58–65.
2 Szczebak, J.T., Henry, R.P., Al-Horani, F.A., & Chadwick, N.E. (2013). Anemonefish oxygenate their anemone hosts at night. Journal of Experimental Biology, 216(6), 970–976.
3 Casas, L., Saborido-Rey, F., Ryu, T., Michell, C., Ravasi, T., & Irigoien, X. (2016). Sex change in clownfish: molecular insights from transcriptome analysis. Scientific reports, 6(1), 35461.
4 Buston, P.M. (2004). Territory inheritance in clownfish. Proceedings of the Royal Society of London. Series B: Biological Sciences, 271(suppl_4), S252-S254.
5 Sunobe, T. (2022). Protandry in fishes. In Hermaphroditism and Mating Systems in Fish (63–85). Singapore: Springer Nature Singapore.
6 Titus, B.M., Bennett-Smith, M.F., Chiodo, T., & Rodríguez, E. (2024). The clownfish-hosting sea anemones (Anthozoa: Actiniaria): updated nomenclature, biogeography, and practical field guide. Zootaxa, 5506(1), 1–34.
7 Emanuele Coccia. Die Wurzeln der Welt: Eine Philosophie der Pflanzen, Hanser 2018.
8 Turner, E.C. (2021). Possible poriferan body fossils in early Neoproterozoic microbial reefs. Nature, 596(7870), 87–91.
9 Bobrovskiy, I., Hope, J.M., Nettersheim, B.J., Volkman, J.K., Hallmann, C., & Brocks, J.J. (2021). Algal origin of sponge sterane biomarkers negates the oldest evidence for animals in the rock record. Nature Ecology & Evolution, 5(2), 165–168.
10 Botting, J.P., & Muir, L.A. (2018). Early sponge evolution: a review and phylogenetic framework. Palaeoworld, 27(1), 1–29.
11 van Maldegem, L.M., Nettersheim, B.J., Leider, A., Brocks, J.J., Adam, P., Schaeffer, P., & Hallmann, C. (2021). Geological alteration of Precambrian steroids mimics early animal signatures. Nature Ecology & Evolution, 5(2), 169–173.

12 Antcliffe, J. B., Callow, R. H., & Brasier, M. D. (2014). Giving the early fossil record of sponges a squeeze. Biological Reviews, 89(4), 972–1004.
13 Xiao, S., & Laflamme, M. (2009). On the eve of animal radiation: phylogeny, ecology and evolution of the Ediacara biota. Trends in Ecology & Evolution, 24(1), 31–40.
14 Erwin, D. H., Laflamme, M., Tweedt, S. M., Sperling, E. A., Pisani, D., & Peterson, K. J. (2011). The Cambrian conundrum: early divergence and later ecological success in the early history of animals. Science, 334(6059), 1091–1097.
15 Thomas Halliday. Urwelten: eine Reise durch die ausgestorbenen Ökosysteme der Erdgeschichte, Hanser 2022.
16 de Voogd, N. J.; Alvarez, B.; Boury-Esnault, N.; Cárdenas, P.; Díaz, M.-C.; Dohrmann, M.; Downey, R.; Goodwin, C.; Hajdu, E.; Hooper, J. N. A.; Kelly, M.; Klautau, M.; Lim, S. C.; Manconi, R.; Morrow, C.; Pinheiro, U.; Pisera, A. B.; Ríos, P.; Rützler, K.; Schönberg, C.; Turner, T.; Vacelet, J.; van Soest, R. W. M.; Xavier, J. (2025). World Porifera Database. Accessed at https://www.marinespecies.org/porifera on 2025-01-11. doi:10.14284/359
17 Hestetun, J. T., Tompkins-Macdonald, G., & Rapp, H. T. (2017). A review of carnivorous sponges (Porifera: Cladorhizidae) from the Boreal North Atlantic and Arctic. Zoological Journal of the Linnean Society, 181(1), 1–69.
18 Dunn, C. W., Hejnol, A., Matus, D. Q., Pang, K., Browne, W. E., Smith, S. A., … & Giribet, G. (2008). Broad phylogenomic sampling improves resolution of the animal tree of life. Nature, 452(7188), 745–749.
19 Redmond, A. K., & McLysaght, A. (2021). Evidence for sponges as sister to all other animals from partitioned phylogenomics with mixture models and recoding. Nature communications, 12(1), 1783.
20 McFadden, C. S., Daly, M., Brugler, M. R., Cartwright, P., Collins, A. G., Dawson, M. N., … & Stake, J. L. (2007). The phylum Cnidaria: a review of phylogenetic patterns and diversity 300 years after Linnaeus.
21 Bond, C., & Harris, A. K. (1988). Locomotion of sponges and its physical mechanism. Journal of experimental zoology, 246(3), 271–284.
22 McClendon, J. F. (1906). On the locomotion of a sea anemone (Metridium marginatum). The Biological Bulletin, 10(2), 66–67.
23 Parker, G. H. (1916). Locomotion of sea-anemones. Proceedings of the National Academy of Sciences of the United States of America, 449–450.
24 Boero, F., Bouillon, J., Gravili, C., Miglietta, M. P., Parsons, T., & Piraino, S. (2008). Gelatinous plankton: irregularities rule the world (sometimes). Marine ecology progress series, 356, 299–310.

25 Liedvogel, M., Chapman, B. B., Muheim, R., & Åkesson, S. (2013). The behavioural ecology of animal movement: reflections upon potential synergies. Animal Migration, 1(1), 39–46.
26 Perec, Georges, 1974, Species of spaces. Harmondsworth, Penguin Classics.
27 Herter, H. (1957). Bewegung der Materie bei Platon. Rheinisches Museum für Philologie, 100(4. H), 327–347, 328.
28 McFarland, S., & Hediger, R. (2009). Animals and agency. Leiden, Brill Publishers.
29 Herter, H. (1957). Bewegung der Materie bei Platon. Rheinisches Museum für Philologie, 100(4. H), 327–347.
30 Michael Begon, Robert W. Howarth und Colin Townsend. Ökologie, Springer, Berlin und Heidelberg 2017. ISBN: 978 366 249 9054.
31 Townsend, C. R., Begon, M., Harper, J. L., Townsend, C. R., Begon, M., & Harper, J. L. (2009). Geburt, Tod und Wanderbewegungen. Ökologie, S. 173–214.
32 Ernest Hemingway. In einem anderen Land, Rowohlt Taschenbuch 2020.
33 https://www.baumkunde.de/baumregister/1428-friederiken_eiche_im_hasbruch_bei_hude/, abgerufen am 11.1.25.
34 Chambers, J. Q., Higuchi, N., & Schimel, J. P. (1998). Ancient trees in Amazonia. Nature, 391(6663), 135–136.
35 Flanary, B. E., & Kletetschka, G. (2005). Analysis of telomere length and telomerase activity in tree species of various life-spans, and with age in the bristlecone pine Pinus longaeva. Biogerontology, 6, 101–111.
36 McEvedy, C., & Jones, R. (1978). Atlas of world population history. Penguin, zitiert auf https://web.archive.org/web/20210728114138/https://worldhistorysite.com/population.html, 11.1.25
37 Haarmann, H. (2002). Geschichte der Schrift (Vol. 2198). C. H. Beck.
38 Partridge, L., & Gems, D. (2002). The evolution of longevity. Current Biology, 12(16), R544-R546.
39 Powell, J., & Caccone, A. (2006). Giant tortoises. Current Biology, 16(5), R144-R145.
40 Sahm, A., Cherkasov, A., Liu, H., Voronov, D., Siniuk, K., Schwarz, R., … & Hoffmann, S. (2024). The Greenland shark (Somniosus microcephalus) genome provides insights into extreme longevity. bioRxiv, 2024–09.
41 Borges, R. M. (2009). Phenotypic plasticity and longevity in plants and animals: cause and effect? Journal of Biosciences, 34(4), 605–611.
42 Speck, T., Thielen, M., & Speck, O. (2018). What Can Be Learnt from Ageing in Biology and Damage-Tolerant Biological Structures for Long-

Lasting Biomimetic Materials? The Ageing of Materials and Structures: Towards Scientific Solutions for the Ageing of Our Assets, 27–38.
43 Jackson, J. B. C., & Coates, A. G. (1986). Life cycles and evolution of clonal (modular) animals. Philosophical Transactions of the Royal Society of London. B, Biological Sciences, 313(1159), 7–22.
44 DeWoody, J., Rowe, C. A., Hipkins, V. D., & Mock, K. E. (2008). »Pando« lives: molecular genetic evidence of a giant aspen clone in central Utah. Western North American Naturalist, 68(4), 493–497.
45 Pineau, R. M., Mock, K. E., Morris, J., Kraklow, V., Brunelle, A., Pageot, A., … & Gompert, Z. (2024). Mosaic of Somatic Mutations in Earth's Oldest Living Organism, Pando. bioRxiv, 2024–10.
46 Shefferson, R. P., Jones, O. R., & Salguero-Gómez, R. (Eds.). (2017). The evolution of senescence in the tree of life. Cambridge University Press.
47 Trewavas, A. (2003). Aspects of plant intelligence. Annals of botany, 92(1), 1–20.
48 Townsend, C. R., Begon, M., Harper, J. L., Townsend, C. R., Begon, M., & Harper, J. L. (2009). Geburt, Tod und Wanderbewegungen. Ökologie, S. 173–214.
49 Niklas, K. J. (2020). Plant evolution: an introduction to the history of life. University of Chicago Press.
50 Hilde Domin. Sämtliche Gedichte, S. Fischer 2014.

4 REISEN

1 Vergara, P., Gordo, O., & Aguirre, J. I. (2010). Nest size, nest building behaviour and breeding success in a species with nest reuse: the white stork Ciconia ciconia. In Annales Zoologici Fennici (Vol. 47, No. 3, 184–194). Finnish Zoological and Botanical Publishing Board.
2 Steininger, A., Schelling, U., Schönenberger, A., Ulmer, J., & Niederer, W. Entwicklung und Bestand des Weißstorches (*Ciconia ciconia*) in Vorarlberg.
3 Liedvogel, M., Chapman, B. B., Muheim, R., & Åkesson, S. (2013). The behavioural ecology of animal movement: reflections upon potential synergies. Animal Migration, 1(1), 39–46.
4 Marti, C. (2016). Aristoteles und die Zugvögel – was er schrieb und was nicht. Ornithol. Beobachter, 113, 309.
5 Marti, C. (2016). Aristoteles und die Zugvögel – was er schrieb und was nicht. Ornithol. Beobachter, 113, 309.

6 Geissler-Kuhn, A. (2018). Nach dem Probier-Stein der Vernunfft exa-miniret: Popularisierung realkundlichen Wissens in der Buntschrift-stellerei der Frühen Neuzeit. Universität Zürich.
7 Johannes Müller in Tierstudien, Neofelis 2021.
8 Schwalbach, J. G. Dissertatio physica de ciconijs, gruibus et hirundinibus, quis exeunte aestate abvolent et ubi hyement. Baumeister.
9 Shapin, S. (1995). A social history of truth: Civility and science in seven-teenth-century England. University of Chicago press; und Shapiro, B. J. (2000). A culture of fact: England, 1550–1720. Cornell University Press.
10 Johannes Praetorius, Storchs und Schwalben Winter-Qvartier. Frankfurt am Main, Leipzig 1676. Weidmann.
11 Johannes Müller. Vogelzüge in der deutschsprachigen Publizistik des 17. Jahrhunderts, Essay, Neofelis 2012.
12 Johannes Müller. Vogelzüge in der deutschsprachigen Publizistik des 17. Jahrhunderts, Essay, Neofelis 2012.
13 Harrison, T. P. (1954). Birds in the Moon. Isis, 45(4), 323–330.
14 James Cheshire, Oliver Uberti. Die Wege der Tiere, Hanser 2017.
15 Preuss, N. O. (2001). Hans Christian Cornelius Mortensen: Aspects of his life and of the history of bird ringing. Ardea, 89(1).
16 James Cheshire, Oliver Uberti. Die Wege der Tiere, Hanser 2017, S. 140.
17 Robinson, W. D., Bowlin, M. S., Bisson, I., Shamoun-Baranes, J., Thorup, K., Diehl, R. H., … & Winkler, D. W. (2010). Integrating concepts and technologies to advance the study of bird migration. Frontiers in Ecology and the Environment, 8(7), 354–361.
18 Ropert-Coudert, Y., & Wilson, R. P. (2005). Trends and perspectives in animal-attached remote sensing. Frontiers in Ecology and the Environment, 3(8), 437–444.
19 Buller, H. (2012). »One slash of light, then gone«. Animals as movement. *Études rurales*, (189), 139–153, 141.
20 Lulka, D. (2004). Stabilizing the herd: Fixing the identity of nonhumans. Environment and Planning D: Society and Space, 22(3), 439–463.
21 Battley, P. F., Warnock, N., Tibbitts, T. L., Gill Jr, R. E., Piersma, T., Hassell, C. J., … & Riegen, A. C. (2012). Contrasting extreme long-distance migration patterns in bar-tailed godwits Limosa lapponica. Journal of Avian Biology, 43(1), 21–32.
22 Egevang, C., Stenhouse, I. J., Phillips, R. A., Petersen, A., Fox, J. W., & Silk, J. R. (2010). Tracking of Arctic terns Sterna paradisaea reveals longest animal migration. Proceedings of the National Academy of Sciences, 107(5), 2078–2081.

23 https://www.deutschlandfunk.de/zugvoegel-kuesten-seeschwalben-reisen-mehr-als-80-100.html
24 Andrea Stegemann. Natur in Bewegung: Die erstaunlichen Wanderungen von Tieren und Pflanzen, Theiss in Herder, 2022.
25 James Cheshire, Oliver Uberti. Die Wege der Tiere, Hanser 2017, S. 140. Siehe auch: Holland, K. N., Wetherbee, B. M., Lowe, C. G., & Meyer, C. G. (1999). Movements of tiger sharks (Galeocerdo cuvier) in coastal Hawaiian waters. Marine Biology, 134, 665–673.
26 Bonfil, R., Meÿer, M., Scholl, M. C., Johnson, R., O'Brien, S., Oosthuizen, H., … & Paterson, M. (2005). Transoceanic migration, spatial dynamics, and population linkages of white sharks. Science, 310(5745), 100–103.
27 Wasser, S. K., Brown, L., Mailand, C., Mondol, S., Clark, W., Laurie, C., & Weir, B. S. (2015). Genetic assignment of large seizures of elephant ivory reveals Africa's major poaching hotspots. Science, 349(6243), 84–87.
28 Noonan, M. J., Markham, A., Newman, C., Trigoni, N., Buesching, C. D., Ellwood, S. A., & Macdonald, D. W. (2015). A new Magneto-Inductive tracking technique to uncover subterranean activity: what do animals do underground? Methods in Ecology and Evolution, 6(5), 510–520.
29 James Cheshire, Oliver Uberti. Die Wege der Tiere, Hanser 2017.
30 Hurme, E., Lenzi, I., Wikelski, M., Wild, T. A., & Dechmann, D. K. (2025). Bats surf storm fronts during spring migration. Science, 387(6729), 97–102.
31 Satterfield, D. A., Sillett, T. S., Chapman, J. W., Altizer, S., & Marra, P. P. (2020). Seasonal insect migrations: massive, influential, and overlooked. Frontiers in Ecology and the Environment, 18(6), 335–344.
32 Nicholson, K. L., Arthur, S. M., Horne, J. S., Garton, E. O., & Del Vecchio, P. A. (2016). Modeling caribou movements: seasonal ranges and migration routes of the Central Arctic Herd. PLoS One, 11(4), e0150333.
33 Chan, K. (2001). Partial migration in Australian landbirds: a review. Emu, 101(4), 281–292.
34 Hill, G. J. (1982). Seasonal movement patterns of the eastern grey kangaroo in southern Queensland. Wildlife Research, 9(3), 373–387.
35 Smith, D. H., & Zeller, F. (2017). The death and lives of hitchBOT: The design and implementation of a hitchhiking robot. Leonardo, 50(1), 77–78.
36 Smith, D. H., & Zeller, F. (2017). hitchbot: The risks and rewards of a hitchhiking robot. Suomen Antropologi: Journal of the Finnish Anthropological Society, 42(3), 63–65.
37 Elke Heidenreich. Ihr glücklichen Augen – kurze Geschichten von weiten Reisen, Hanser 2022.

38 Barrio, J., Gutiérrez, E. E., & D'Elía, G. (2024). The first living cervid species described in the 21st century and revalidation of Pudella (Artiodactyla). Journal of Mammalogy, 105(3), 577–588.
39 Dingle, H. (2008). Bird migration in the southern hemisphere: a review comparing continents. Emu-Austral Ornithology, 108(4), 341–359.
40 Salewski, V., & Bruderer, B. (2007). The evolution of bird migration – a synthesis. Naturwissenschaften, 94, 268–279.
41 Bairlein, F. (2003). Nutritional strategies in migratory birds. In Avian migration (321–332). Springer, Berlin und Heidelberg.
42 Norbert Scheuer: »Bis ich dies alles liebte. Neue Heimatgedichte«, C. H. Beck 2011.
43 Robert Frost. Gedichte, herausgegeben von Eva Hesse, Langewiesche Brandt 1963.

5 HEIMAT

1 Patrik Svensson. Das Evangelium der Aale, Hanser 2021.
2 Aarestrup, K., Økland, F., Hansen, M. M., Righton, D., Gargan, P., Castonguay, M., … & McKinley, R. S. (2009). Oceanic spawning migration of the European eel (Anguilla anguilla). Science, 325(5948), 1660–1660.
3 Van Ginneken, V. J., & Maes, G. E. (2005). The European eel (Anguilla anguilla, Linnaeus), its lifecycle, evolution and reproduction: a literature review. Reviews in Fish Biology and Fisheries, 15, 367–398.
4 Elke Heidenreich. Ihr glücklichen Augen – kurze Geschichten von weiten Reisen, Hanser 2022.
5 Bernd Heinrich. The Homing Instinct. Meaning & Mystery in Animal Migration, William Collins 2014, xii.
6 Tesch, F. W. (1967). Homing of eels (*Anguilla anguilla*) in the southern North Sea. Marine Biology, 1, 2–9.
7 Tesch, F. W. (1975). Migratory behaviour of displaced homing yellow eels (*Anguilla anguilla*) in the North Sea. Helgoland Marine Research, 27(2), 190–198.
8 Mitamura, H., Takagi, J., Itaya, Y., Watanabe, S., & Kume, M. (2024). Larger yellow-phase Japanese eels show short-range homing in a freshwater river. Journal of Fish Biology.
9 Parker, S. J. (1995). Homing Ability and Home Range of Yellow-Phase American Eels in a Tidally Dominated Estuary. Journal of the Marine

Biological Association of the United Kingdom, 75(1), 127–140. doi:10.1017/S0025315400015241
10 Teichmann, H. (1959). Über die Leistung des Geruchssinnes Beim Aal [Angüilla Anguilla (L.)]. Zeitschrift für vergleichende Physiologie, 42, 206–254.
11 Barbin, G. P., Parker, S. J., & McCleave, J. D. (1998). Olfactory clues play a critical role in the estuarine migration of silver-phase American eels. Environmental Biology of Fishes, 53, 283–291.
12 Schmucker, A. K., Johnson, N. S., Galbraith, H. S., & Li, W. (2016). Glass-eel-stage American eels respond to conspecific odor as a function of concentration. Transactions of the American Fisheries Society, 145(4), 712–722.
13 Mitamura, H., Takagi, J., Itaya, Y., Watanabe, S., & Kume, M. (2024). Larger yellow-phase Japanese eels show short-range homing in a freshwater river. Journal of Fish Biology.
14 Ginneken, V. V., Muusze, B., Breteler, J. K., Jansma, D., & Thillart, G. V. D. (2005). Microelectronic detection of activity level and magnetic orientation of yellow European eel, Anguilla anguilla L., in a pond. Environmental Biology of Fishes, 72, 313–320.
15 Durif, C. M., Browman, H. I., Phillips, J. B., Skiftesvik, A. B., Vøllestad, L. A., & Stockhausen, H. H. (2013). Magnetic compass orientation in the European eel. PloS One, 8(3), e59 212.
16 Naisbett-Jones, L. C., Putman, N. F., Stephenson, J. F., Ladak, S., & Young, K. A. (2017). A magnetic map leads juvenile European eels to the Gulf Stream. Current Biology, 27(8), 1236–1240.
17 Watanabe, S., & Shinozuka, K. (2020). Spatial learning in Japanese eels (Anguilla japonica). Animal Cognition, 23(1), 233–236.
18 Baker, M. (2013). First fluorescent protein identified in a vertebrate. Scientific American, 13 190.
19 Merkel, F. W., Fromme, H. G. Untersuchungen über das Orientierungsvermögen nächtlich ziehender Rotkehlchen (*Erithacus rubecula*). Naturwissenschaften 45, 499–500 (1958). https://doi.org/10.1007/BF0 0635576; Wiltschko W., Merkel F. W. (1966). Orientierung zugunruhiger Rotkehlchen im statischen Magnetfeld. Verh Dtsch Zool Ges Jena 1965:362–367.
20 Phillips, J. B., Muheim, R., & Jorge, P. E. (2010). A behavioral perspective on the biophysics of the light-dependent magnetic compass: a link between directional and spatial perception? Journal of Experimental Biology, 213(19), 3247–3255.

21 Lohmann, K. J., & Lohmann, C. M. F. (1993). A light-independent magnetic compass in the Leatherback Sea Turtle. Biol Bull 185:149–151.
22 Wang, Y., Pan, Y., Parsons, S., Walker, M. M., & Zhang, S. (2007). Bats respond to polarity of a magnetic field. Proc R Soc B 274:2901–2905; und Newton, K. C., & Kajiura, S. M. (2020). The yellow stingray (Urobatis jamaicensis) can use magnetic field polarity to orient in space and solve a maze. Marine Biology, 167(3), 36.
23 Liedvogel, M., Mouritsen, H. Cryptochromes – a potential magnetoreceptor: what do we know and what do we wantto know? J. Royal Soc. I., 2010, 7, 147–162.
24 Günther, A., Einwich, A., Sjulstok, E., Feederle, R., Bolte, P., Koch, K. W., … & Mouritsen, H. (2018). Double-cone localization and seasonal expression pattern suggest a role in magnetoreception for European robin cryptochrome 4.Current Biology, 28(2), 211–223.
25 Fleissner, G., Stahl, B., Thalau, P., Falkenberg, G., Fleissner, G. A novel concept of Fe-mineral-based magnetoreception: histological and physicochemical data from the upper beak of homing pigeons, Naturwiss., 2007, 94, 631–642.
26 Lohmann, K. J., Goforth, K. M., Mackiewicz, A. G., Lim, D. S., & Lohmann, C. M. (2022). Magnetic maps in animal navigation. Journal of Comparative Physiology A, 1–27.
27 Viguier, C. (1882). Le sens de l'orientation et ses organes chez les animaux et chez l' homme. Revue Philosophique de la France et de l' Etranger, 1–36.
28 Walcott, C. (1978). Anomalies in the earth's magnetic field increase the scatter of pigeons' vanishing bearings. In Animal Migration, Navigation, and Homing: Symposium Held at the University of Tübingen, August 17–20, 1977 (143–151). Springer, Berlin und Heidelberg.
29 Wiltschko, R., & Wiltschko, W. (2022). The discovery of the use of magnetic navigational information. Journal of Comparative Physiology A, 208(1), 9–18.
30 Naisbett-Jones, L. C., & Lohmann, K. J. (2022). Magnetoreception and magnetic navigation in fishes: a half century of discovery. Journal of Comparative Physiology A, 208(1), 19–40.
31 Lohmann, K. J., Goforth, K. M., Mackiewicz, A. G. et al. Magnetic maps in animal navigation. J Comp Physiol A 208, 41–67 (2022). https://doi.org/10.1007/s00359-021-01529-8
32 Phillips, J. B., Diego-Rasilla, F. J. The amphibian magnetic sense(s). J Comp Physiol A 208, 723–742 (2022). https://doi.org/10.1007/s00359-022-01584-9

33 Kimchi, T., & Terkel, J. (2001). Magnetic compass orientation in the blind mole rat *Spalax ehrenbergi*. The Journal of Experimental Biology 204(4); 751–758.

34 Cerveny, J., Begall, S., Koubek, P., Novakova, P., & Burda, H. Directional preference may enhance hunting accuracy in foraging foxes, Biol. Letters, 2011, 23, 355–357.

35 Bernd Heinrich. The Homing Instinct. Meaning & Mystery in Animal Migration, William Collins 2014.

36 Válková, T., & Vácha, M. (2012). How do honeybees use their magnetic compass? Can they see the North? Bulletin of entomological research, 102(4), 461–467.

37 Sotthibandhu, S., & Baker, R. R. (1979). Celestial orientation by the large yellow underwing moth, Noctua pronuba L. Animal Behaviour, 27, 786–800.; Sinsch, U. (2006). Orientation and navigation in Amphibia. Marine and Freshwater Behaviour and Physiology, 39(1), 65–71; und Diego-Rasilla, J. F., & Luengo, R. M. (2002). Celestial orientation in the marbled newt (Triturus marmoratus). Journal of Ethology, 20, 137–141.

38 Emlen, S. T. (1967). Migratory orientation in the indigo bunting, passerina cyanea: part i: evidence for use of celestial cues. The Auk, 84(3), 309–342.

39 Wagner, H. O., & Sauer, F. (1957). Die Sternenorientierung nächtlich ziehender Grasmücken (Sylvia atricapilla, borin und curruca) 1. Zeitschrift für Tierpsychologie, 14(1), 29–70; und Emlen, S. T. (1967). Migratory orientation in the indigo bunting, passerina cyanea: part i: evidence for use of celestial cues. The Auk, 84(3), 309–342.

40 Able, K. P., & Able, M. A. (1990). Calibration of the magnetic compass of a migratory bird by celestial rotation. Nature, 347(6291), 378–380; und Mouritsen, H., & Larsen, O. N. (2001). Migrating songbirds tested in computer-controlled Emlen funnels use stellar cues for a time-independent compass. Journal of Experimental Biology, 204(22), 3855–3865.

41 Michalik, A., Alert, B., Engels, S., Lefeldt, N., & Mouritsen, H. (2014). Star compass learning: how long does it take? Journal of Ornithology, 155(1), 225–234.

42 Mauck, B., Gläser, N., Schlosser, W., & Dehnhardt, G. (2008). Harbour seals (*Phoca vitulina*) can steer by the stars. Animal cognition, 11(4), 715–718.

43 Ugolini, A., Melis, C., & Innocenti, R. (1999). Moon orientation in adult and young sandhoppers. Journal of Comparative Physiology A, 184, 9–12.

44 Jones, G., & Holderied, M. W. (2007). Bat echolocation calls: adaptation and convergent evolution. Proceedings of the Royal Society B: Biological Sciences, 274(1612), 905–912.
45 Brinkløv, S., Fenton, M. B., & Ratcliffe, J. M. (2013). Echolocation in oilbirds and swiftlets. Frontiers in physiology, 4, 123.
46 Twitty, V., Grant, D., & Anderson, O. (1964). Long distance homing in the newt *Taricha rivularis*. Proceedings of the National Academy of Sciences, 51(1), 51–58.
47 Grant, D., Anderson, O., & Twitty, V. (1968). Homing orientation by olfaction in newts (*Taricha rivularis*). Science, 160(3834), 1354–1356.
48 Nevitt, G., & Dittman, A. (2004). Olfactory imprinting in salmon: new models and approaches. The Senses of Fish: Adaptations for the Reception of Natural Stimuli, 109–127.
49 Hanke, W., Wieskotten, S., Marshall, C., & Dehnhardt, G. (2013). Hydrodynamic perception in true seals (Phocidae) and eared seals (Otariidae). Journal of Comparative Physiology A, 199, 421–440.
50 Wiltschko, R., & Wiltschko, W. (2015). Avian navigation: a combination of innate and learned mechanisms. Adv. Study Behav, 47, 229–310.
51 Heimat. Gedichte, herausgegeben von Anton G. Leinter, Reclam 2017.
52 Bernd Heinrich. The Homing Instinct. Meaning & Mystery in Animal Migration, William Collins 2014, xii.

6 KREISLÄUFE

1 Sinclair, A. R. E., Mduma, S. A., & Arcese, P. (2000). What determines phenology and synchrony of ungulate breeding in Serengeti? Ecology, 81(8), 2100–2111.
2 Estes, R. D. (1976). The significance of breeding synchrony in the wildebeest. African Journal of Ecology, 14(2), 135–152.
3 Ogutu, J. O., Piepho, H. P., & Dublin, H. T. (2014). Responses of phenology, synchrony and fecundity of breeding by African ungulates to interannual variation in rainfall. Wildlife Research, 40(8), 698–717.
4 Wilsher, S., Stansfield, F., & Allen, W. T. (2019). Placentation in the blue wildebeest (Connochaetes taurinus). Placenta, 82, 46–56.
5 Subalusky, A. L., Dutton, C. L., Rosi, E. J., & Post, D. M. (2017). Annual mass drownings of the Serengeti wildebeest migration influence nutrient cycling and storage in the Mara River. Proceedings of the National Academy of Sciences, 114(29), 7647–7652.

6 Isenberg, A. C. (2020). The destruction of the bison: an environmental history, 1750–1920. Cambridge University Press.

7 Freese, C. H., Aune, K. E., Boyd, D. P., Derr, J. N., Forrest, S. C., Gates, C. C., … & Redford, K. H. (2007). Second chance for the plains bison. Biological Conservation, 136(2), 175–184.

8 Guthrie, R. D. (1982). Mammals of the mammoth steppe as paleo-environmental indicators. In Paleoecology of Beringia (307–326). Academic Press.

9 Mduma, S. A., Sinclair, A. R. E., & Hilborn, R. (1999). Food regulates the Serengeti wildebeest: a 40-year record. Journal of Animal Ecology, 68(6), 1101–1122.

10 Estes, R. D. (2014). The Gnu's world: Serengeti wildebeest ecology and life history. University of California Press.

11 Bryant, P. J. (1995). Dating remains of gray whales from the eastern North Atlantic. Journal of Mammalogy, 76(3), 857–861.

12 Swartz, S. L., Taylor, B. L., & Rugh, D. J. (2006). Gray whale *Eschrichtius robustus* population and stock identity. Mammal Review, 36(1), 66–84.

13 Jones, M. L., & Swartz, S. L. (2009). Gray whale: Eschrichtius robustus. In Encyclopedia of marine mammals (503–511). Academic Press.

14 https://animalia.bio/de/gray-whale

15 Rice, D. W., & Wolman, A. A. (1971). The Life History and Ecology of the Gray Whale (Eschrichtius Robustus). American Society of Mammalogists, Special Publication No. 3, Stillwater, OK.

16 Hamner, W. M., Hamner, P. P., Strand, S. W., & Gilmer, R. W. (1983). Behavior of Antarctic krill, Euphausia superba: chemoreception, feeding, schooling, and molting. Science, 220(4595), 433–435.

17 Atkinson, A., Siegel, V., Pakhomov, E. A., Jessopp, M. J., & Loeb, V. (2009). A re-appraisal of the total biomass and annual production of Antarctic krill. Deep Sea Research Part I: Oceanographic Research Papers, 56(5), 727–740.

18 Schmidt, K., & Atkinson, A. (2016). Feeding and food processing in Antarctic krill (Euphausia superba Dana). Biology and ecology of Antarctic krill, 175–224.

19 Flores, H., van Franeker, J. A., Siegel, V., Haraldsson, M., Strass, V., Meesters, E. H., … & Wolff, W. J. (2012). The association of Antarctic krill Euphausia superba with the under-ice habitat. PloS One, 7(2), e31775.

20 Conant, T. A., Dutton, P. H., Eguchi, T., Epperly, S. P., Fahy, C. C., Godfrey, M. H., … & Witherington, B. E. (2009). Loggerhead sea turtle (Caretta

caretta) 2009 status review under the US Endangered Species Act. Report of the loggerhead biological review Team to the National Marine Fisheries Service, 222, 5–2.
21 Tucker, A.D., Baldwin, R., Willson, A., Al Kiyumi, A., Al Harthi, S., Schroeder, B., … & Witherington, B. (2018). Revised clutch frequency estimates for Masirah Island loggerhead turtles (Caretta caretta). Herpetological Conservation and Biology, *13*(1), 158–166.
22 Lasala, J. A., Hughes, C.R., & Wyneken, J. (2018). Breeding sex ratio and population size of loggerhead turtles from Southwestern Florida. PLoS One, 13(1), e0191615.
23 Bowen, B.W., Abreu-Grobois, F.A., Balazs, G.H., Kamezaki, N., Limpus, C., & Ferl, R.J. (1995). Trans-Pacific migrations of the loggerhead turtle (Caretta caretta) demonstrated with mitochondrial DNA markers. Proceedings of the National Academy of Sciences, 92(9), 3731–3734.
24 Avens, L.I. (2003). Homing behavior, navigation, and orientation of juvenile sea turtles. The University of North Carolina at Chapel Hill.
25 Hays, G.C., & Speakman, J.R. (1991). Reproductive investment and optimum clutch size of loggerhead sea turtles (Caretta caretta). The Journal of Animal Ecology, 455–462.
26 Frick, M.G., Williams, K.L., Bolten, A.B., Bjorndal, K.A., & Martins, H.R. (2009). Foraging ecology of oceanic-stage loggerhead turtles Caretta caretta. Endangered Species Research, 9(2), 91–97.
27 Parham, J.F., & Zug, G.R. (1997). Age and growth of loggerhead sea turtles (Caretta caretta) of coastal Georgia: an assessment of skeleto-chronological age-estimates. Bulletin of Marine Science, 61(2), 287–304.
28 Snover, M.L., Avens, L., & Hohn, A.A. (2007). Back-calculating length from skeletal growth marks in loggerhead sea turtles Caretta caretta. Endangered Species Research, 3(1), 95–104.
29 Goforth, K.M., Lohmann, C.M., Gavin, A., Henning, R., Harvey, A., Hinton, T.L., … & Lohmann, K.J. (2025). Learned magnetic map cues and two mechanisms of magnetoreception in turtles. Nature, 1–8.
30 Tripathy, Basudev. (2008). An assessment of solitary and arribada nesting of olive ridley sea turtles (Lepidochelys olivacea) at the Rushikulya rookery of Orissa, India. Asiatic Herpetological Research, 11, 134–140.
31 Reich, K.J., Bjorndal, K.A., & Bolten, A.B. The ›lost years‹ of green turtles: using stable isotopes to study cryptic lifestages. In: Biology Letters. 3, 2007, 712–714, doi:10.1098/rsbl.2007.0394.
32 Kaartvedt, S. (2010). Diel vertical migration behaviour of the northern

krill (Meganyctiphanes norvegica Sars). Advances in Marine Biology, 57, 255–275.
33 Swadling, K. M. (2006). Krill migration: up and down all night. Current biology, 16(5), R173-R175.
34 Tarling, G. A., & Johnson, M. L. (2006). Satiation gives krill that sinking feeling. Current Biology, 16(3), R83-R84.
35 Schlitzer, R. (2002). Carbon export fluxes in the Southern Ocean: results from inverse modeling and comparison with satellite-based estimates. Deep Sea Research Part II: Topical Studies in Oceanography, 49(9–10), 1623–1644.
36 Savage, C. (2019). Seabird nutrients are assimilated by corals and enhance coral growth rates. Scientific Reports, 9(1), 4284.
37 Zwolicki, A., Zmudczyńska-Skarbek, K., Richard, P., & Stempniewicz, L. (2016). Importance of marine-derived nutrients supplied by planktivorous seabirds to High Arctic tundra plant communities. PLoS One, 11(5), e0154950.
38 Sarah Heuzeroth. Die Welt in einer Eierschale. Wie die Artenvielfalt uns rettet und warum wir Vögel brauchen, Eichborn 2024.
39 Zwolicki, A., Zmudczyńska-Skarbek, K., Matuła, J., Wojtuń, B., & Stempniewicz, L. (2016). Differential responses of Arctic vegetation to nutrient enrichment by plankton-and fish-eating colonial seabirds in Spitsbergen. Frontiers in Plant Science, 7, 1959.
40 Stempniewicz, L. (1990). Biomass of Dovekie excreta in the vicinity of a breeding colony. Colonial Waterbirds, 62–66.
41 Subalusky, A. L., Dutton, C. L., Rosi, E. J., & Post, D. M. (2017). Annual mass drownings of the Serengeti wildebeest migration influence nutrient cycling and storage in the Mara River. Proceedings of the National Academy of Sciences, 114(29), 7647–7652.
42 Hougner, C., Colding, J., & Söderqvist, T. (2006). Economic valuation of a seed dispersal service in the Stockholm National Urban Park, Sweden. Ecological economics, 59(3), 364–374.
43 Figuerola, J., & Green, A. J. (2002). Dispersal of aquatic organisms by waterbirds: a review of past research and priorities for future studies. Freshwater biology, 47(3), 483–494.

7 GEMEINSAME WEGE

1 Flockhart, D. T., Fitz-Gerald, B., Brower, L. P., Derbyshire, R., Altizer, S., Hobson, K. A., … & Norris, D. R. (2017). Migration distance as a selective episode for wing morphology in a migratory insect. Movement ecology, 5, 1–9.

2 Brower, L. P., Fink, L. S., & Walford, P. (2006). Fueling the fall migration of the monarch butterfly. Integrative and Comparative Biology, 46(6), 1123–1142.

3 Groen, S. C., & Whiteman, N. K. (2021). Convergent evolution of cardiac-glycoside resistance in predators and parasites of milkweed herbivores. Current Biology, 31(22), R1465-R1466.

4 Bernd Heinrich. The Homing Instinct: Meaning & Mystery in Animal Migration, William Collins 2014.

5 Alec Scott, University of Toronto Magazine, abgerufen am 1.3.25 von https://magazine.utoronto.ca/campus/history/where-do-you-go-my-lovelies-norah-and-fred-urquhart-monarch-butterfly-migration/

6 Urquhart, Fred A. (August 1976) in National Geographic, abgerufen am 1.3.25 von https://web.archive.org/web/20160212183841/http://ngm.nationalgeographic.com/1976/08/monarch-butterflies/urquhart-text

7 Brower, L. P. (1996). Monarch butterfly orientation: missing pieces of a magnificent puzzle. Journal of Experimental Biology, 199(1), 93–103.

8 Bradley, C. A., & Altizer, S. (2005). Parasites hinder monarch butterfly flight: implications for disease spread in migratory hosts. Ecology Letters, 8(3), 290–300.

9 Altizer, S., Bartel, R., & Han, B. A. (2011). Animal migration and infectious disease risk. science, 331(6015), 296–302.

10 Zhan, S., Zhang, W., Niitepold, K., Hsu, J., Haeger, J. F., Zalucki, M. P., … & Kronforst, M. R. (2014). The genetics of monarch butterfly migration and warning colouration. Nature, 514(7522), 317–321.

11 Reppert, S. M., Guerra, P. A., & Merlin, C. (2016). Neurobiology of monarch butterfly migration. Annual review of entomology, 61(1), 25–42.; Merlin, C., Gegear, R. J., Reppert, S. M., Antennal Circadian Clocks Coordinate Sun Compass Orientation in Migratory Monarch Butterflies, Science, 2009, 325, 1700–1704; und Heinze, S., Reppert, S. M., Sun Compass Integration of Skylight Cues in Migratory Monarch Butterflies, Neuron,2011, 69, 345–358.

12 Guerra, P. A., & Reppert, S. M. (2015). Sensory basis of lepidopteran

migration: focus on the monarch butterfly. Current Opinion in Neurobiology, 34, 20–28.

13 Guerra, P., Gegear, R., & Reppert, S. A magnetic compass aids monarch butterfly migration. Nat Commun 5, 4164 (2014). https://doi.org/10.1038/ncomms5164

14 Reppert, S. M., & de Roode, J. C. (2018). Demystifying monarch butterfly migration. Current Biology, 28(17), R1009-R1022.

15 The Governor General of Canada, https://www.gg.ca/en/honours/recipients/146-5071

16 Alec Scott, University of Toronto Magazine, abgerufen am 1.3.25 von https://magazine.utoronto.ca/campus/history/where-do-you-go-my-lovelies-norah-and-fred-urquhart-monarch-butterfly-migration/

17 Holland, R. A., Wikelski, M., & Wilcove, D. S. (2006). How and why do insects migrate? Science, 313(5788), 794–796.

18 Drake, V. A., & Gatehouse, A. G. (Eds.). (1995). Insect migration: tracking resources through space and time. Cambridge University Press.

19 Anderson, R. C. (2009). Do dragonflies migrate across the western Indian Ocean? Journal of tropical Ecology, 25(4), 347–358.

20 Hobson, K. A., Anderson, R. C., Soto, D. X., & Wassenaar, L. I. (2012). Isotopic evidence that dragonflies (Pantala flavescens) migrating through the Maldives come from the northern Indian subcontinent. PloS One, 7(12), e52 594.

21 Borisov, S. N., Iakovlev, I. K., Borisov, A. S., Ganin, M. Y., & Tiunov, A. V. (2020). Seasonal migrations of Pantala flavescens (Odonata: Libellulidae) in Middle Asia and understanding of the migration model in the Afro-Asian region using stable isotopes of hydrogen. Insects, 11(12), 890.

22 Talavera, G., & Vila, R. (2017). Discovery of mass migration and breeding of the painted lady butterfly Vanessa cardui in the Sub-Sahara: the Europe–Africa migration revisited. Biological Journal of the Linnean Society, 120(2), 274–285.

23 Hu, G., Stefanescu, C., Oliver, T. H., Roy, D. B., Brereton, T., Van Swaay, C., … & Chapman, J. W. (2021). Environmental drivers of annual population fluctuations in a trans-Saharan insect migrant. Proceedings of the National Academy of Sciences, 118(26), e2 102 762 118.

24 Chapman, J. W., Lim, K. S., & Reynolds, D. R. (2013). The significance of midsummer movements of Autographa gamma: Implications for a mechanistic understanding of orientation behavior in a migrant moth. Current Zoology, 59(3), 360–370.

25 Hamilton, W. D. (1971). Geometry for the selfish herd. Journal of theoretical Biology, 31(2), 295–311.
26 Estes, R. D. (1976). The significance of breeding synchrony in the wildebeest. African Journal of Ecology, 14(2), 135–152.
27 Parrish, J. K., & Edelstein-Keshet, L. (1999). Complexity, pattern, and evolutionary trade-offs in animal aggregation. Science, 284(5411), 99–101.
28 Vannier, J., Vidal, M., Marchant, R., El Hariri, K., Kouraiss, K., Pittet, B., … & Martin, E. (2019). Collective behaviour in 480-million-year-old trilobite arthropods from Morocco. Scientific reports, 9(1), 14 941.
29 Fischer, J., & Zinner, D. (2011). Communication and cognition in primate group movement. International Journal of Primatology, 32, 1279–1295.
30 Couzin, I. D., Krause, J., Franks, N. R., & Levin, S. A. (2005). Effective leadership and decision-making in animal groups on the move. Nature, 433(7025), 513–516.
31 Krueger, K., Flauger, B., Farmer, K., & Hemelrijk, C. (2014). Movement initiation in groups of feral horses. Behavioural Processes, 103, 91–101.
32 Deneubourg, J. L., & Goss, S. (1989). Collective patterns and decision-making. Ethology Ecology & Evolution, 1(4), 295–311.
33 Ballerini, M., Cabibbo, N., Candelier, R., Cavagna, A., Cisbani, E., Giardina, I., … & Zdravkovic, V. (2008). Empirical investigation of starling flocks: a benchmark study in collective animal behaviour. Animal behaviour, 76(1), 201–215.
34 Wiley, D., Ware, C., Bocconcelli, A., Cholewiak, D., Friedlaender, A., Thompson, M., & Weinrich, M. (2011). Underwater components of humpback whale bubble-net feeding behaviour. Behaviour, 575–602.
35 Howard, J. J., Henneman, L. M., Croning, G., Fox, J. A., & Hormiga, G. (1996). Conditioning of scouts and recruits during foraging by a leaf-cutting ant, Atta colombica. Animal Behaviour, 52(2), 299–306.
36 Farine, D. R., Aplin, L. M., Garroway, C. J., Mann, R. P., & Sheldon, B. C. (2014). Collective decision making and social interaction rules in mixed-species flocks of songbirds. Animal behaviour, 95, 173–182.
37 Christian Morgenstern. Als Gott den lieben Mond erschuf – Die schönsten Gedichte, Anaconda Verlag 2017, S. 61.
38 Mlot, N. J., Tovey, C., & Hu, D. L. (2012). Dynamics and shape of large fire ant rafts. Communicative & integrative biology, 5(6), 590–597.
39 McCreery, H. F., Gemayel, G., Pais, A. I., Garnier, S., & Nagpal, R. (2022). Hysteresis stabilizes dynamic control of self-assembled army ant constructions. Nature communications, 13(1), 1160.

40 Bajec, I. L., & Heppner, F. H. (2009). Organized flight in birds. Animal Behaviour, 78(4), 777–789.
41 Hummel, D. (1983). Aerodynamic aspects of formation flight in birds. Journal of theoretical biology, 104(3), 321–347.
42 Lissaman, P. B., & Shollenberger, C. A. (1970). Formation flight of birds. Science, 168(3934), 1003–1005.
43 Liedvogel, M., Chapman, B. B., Muheim, R., & Åkesson, S. (2013). The behavioural ecology of animal movement: reflections upon potential synergies. Animal Migration, 1(1), 39–46.
44 Parrish, J. K., & Edelstein-Keshet, L. (1999). Complexity, pattern, and evolutionary trade-offs in animal aggregation. Science, 284(5411), 99–101.
45 Rose Ausländer. Gedichte, Fischer 2012.

8 SELBSTBESTIMMTHEIT

1 Russell, J. C., Towns, D. R., Anderson, S. H., & Clout, M. N. (2005). Intercepting the first rat ashore. Nature, 437(7062), 1107–1107.
2 Atkinson, I. A. E. (1960). A preliminary account of the vegetation of Motuhoropapa Island Hauraki Gulf. Tane, 8, 6–11.
3 Moors, P. J. (1985). Norway rats (Rattus norvegicus) on the noises and motukawao Islands, Hauraki Gulf, New Zealand. New Zealand journal of ecology, 37–54.
4 Thorsen, M., Shorten, R., Lucking, R., & Lucking, V. (2000). Norway rats (Rattus norvegicus) on Fregate Island, Seychelles: the invasion; subsequent eradication attempts and implications for the island's fauna. Biological Conservation, 96(2), 133–138.
5 Kang, V., White, R. T., Chen, S., & Federle, W. (2021). Extreme suction attachment performance from specialised insects living in mountain streams (Diptera: Blephariceridae). Elife, 10, e63250.
6 Alexander, R. M. (2003). Principles of animal locomotion. Princeton University Press.
7 White, P. S., Morran, L., & de Roode, J. (2017). Phoresy. Current Biology, 27(12), R578-R580.
8 Kano, Y. (2009). Hitchhiking behaviour in the obligatory upstream migration of amphidromous snails. Biology Letters, 5(4), 465–468.
9 Vidlička, Ľ., Vršanský, P., Kúdelová, T., Kúdela, M., Deharveng, L., & Hain, M. (2017). New genus and species of cavernicolous cockroach (Blattaria, Nocticolidae) from Vietnam. Zootaxa, 4232(3), 361–375.

10 Bartlow, A. W., & Agosta, S. J. (2021). Phoresy in animals: review and synthesis of a common but understudied mode of dispersal. Biological Reviews, 96(1), 223–246.

11 https://www.independent.co.uk/news/world/australasia/emperor-penguin-australia-beach-denmark-b2644927.html, abgerufen am 8.3.2025.

12 https://www.smithsonianmag.com/smart-news/gus-the-young-emperor-penguin-who-made-a-surprise-appearance-in-australia-is-now-heading-home-180985527/, abgerufen am 8.3.2025.

13 Freedman, M. G., Dingle, H., Strauss, S. Y., & Ramírez, S. R. (2020). Two centuries of monarch butterfly collections reveal contrasting effects of range expansion and migration loss on wing traits. Proceedings of the National Academy of Sciences, 117(46), 28 887–28 893.

14 Rodda, G. H., & Savidge, J. A. (2007). Biology and impacts of Pacific Island invasive species. 2. Boiga irregularis, the brown tree snake (Reptilia: colubridae) 1. Pacific Science, 61(3), 307–324.

15 Ogutu-Ohwayo, R. (1993). The effects of predation by Nile perch, Lates niloticus L., on the fish of Lake Nabugabo, with suggestions for conservation of endangered endemic cichlids. Conservation Biology, 7(3), 701–711.

16 Aloo, P. A., Njiru, J., Balirwa, J. S., & Nyamweya, C. S. (2017). Impacts of Nile Perch, Lates niloticus, introduction on the ecology, economy and conservation of Lake Victoria, East Africa. Lakes & Reservoirs: Research & Management, 22(4), 320–333.

17 https://www.geo.de/natur/deutschlands-einsamster-job--der-vogelwart-auf-trischen-34754940.html, abgerufen am 7.3.25.

18 Rouco, C., Norbury, G. L., Smith, J., Byrom, A. E., & Petch, R. P. (2013). Population density estimates of brushtail possums (Trichosurus vulpecula) in dry grassland in New Zealand. New Zealand Journal of Ecology, 12–17; und Basse, B., McLennan, J. A., & Wake, G. C. (1999). Analysis of the impact of stoats, Mustela erminea, on northern brown kiwi, Apteryx mantelli, in New Zealand. Wildlife Research, 26(2), 227–237.

19 Towns, D. R., & Broome, K. G. (2003). From small Maria to massive Campbell: forty years of rat eradications from New Zealand islands. New Zealand journal of zoology, 30(4), 377–398.

20 Martin, A. R., & Richardson, M. G. (2019). Rodent eradication scaled up: clearing rats and mice from South Georgia. Oryx, 53(1), 27–35.

21 Piertney, S. B., Black, A., Watt, L., Christie, D., Poncet, S., & Collins, M. A. (2016). Resolving patterns of population genetic and phylogeographic

structure to inform control and eradication initiatives for brown rats Rattus norvegicus on South Georgia. Journal of Applied Ecology, 53(2), 332–339.
22 King, C. M. (2017). Liberation and spread of stoats (Mustela erminea) and weasels (M. nivalis) in New Zealand, 1883–1920. New Zealand Journal of Ecology, 41(2), 163–177.
23 Broome, K., Cox, A., Golding, C., Cromarty, P., Bell, P., & McClelland, P. (2014). Rat eradication using aerial baiting Current agreed best practice used in New Zealand. New Zealand Department of Conservation, Wellington, New Zealand.
24 Phillips, R. A., Catry, P., Silk, J. R., Bearhop, S., McGill, R., Afanasyev, V., & Strange, I. J. (2007). Movements, winter distribution and activity patterns of Falkland and brown skuas: insights from loggers and isotopes. Marine Ecology Progress Series, 345, 281–291.
25 Benkwitt, C. E., Gunn, R. L., Le Corre, M., Carr, P., & Graham, N. A. (2021). Rat eradication restores nutrient subsidies from seabirds across terrestrial and marine ecosystems. Current Biology, 31(12), 2704–2711.
26 https://neobiota.bfn.de/grundlagen/anzahl-gebietsfremder-arten.html und https://neobiota.bfn.de/grundlagen/oekologische-grundlagen.html, abgerufen am 8.3.25.
27 Easteal, S. (1981). The history of introductions of Bufo marinus (Amphibia: Anura); a natural experiment in evolution. Biological Journal of the Linnean Society, 16(2), 93–113.
28 Phillips, P. (2011). The case of the lengthening legs: cane toads in northern Australia. ANIMAL MOVEMENTS• MOVING ANIMALS, 161–195.
29 Seebens, H., Niamir, A., Essl, F., Garnett, S. T., Kumagai, J. A., Molnár, Z., … & Meyerson, L. A. (2024). Biological invasions on Indigenous peoples' lands. Nature Sustainability, 7(6), 737–746.
30 Rassistische Rhetorik, ›Staatsbürgerschaft‹ und die Nandus von Nordwestmecklenburg, Karolin Machtans, in Tierstudien, Neofelis 2021.
31 Sie dazu auch: ›Inasive‹ Tiere und der ›Heimat‹-Begriff. Eine diskursanalytische Annäherung, Tanja Ebner, in: Tierstudien, Neofelis 2021.
32 Gregorić, P. (2020). The Origin and the Instrument of Animal Motion–De Motu Animalium, Chapters 9 and 10. In: Aristotle's De Motu Animalium (416–444). Oxford University Press.
33 Beckermann, A. (1999). Artikel »Leib-Seele-Problem«. In: Enzyklopädie der Philosophie, Band 1, hg. von H. J. Sandkühler. Hamburg: Meiner 1999, S. 766–774.

34 Konrad Lorenz: Vergleichende Verhaltensforschung. Grundlagen der Ethologie. Springer, Wien und New York 1978, S. 5, ISBN 978-3-7091-3098-8.
35 Brigandt, I. (2005). The instinct concept of the early Konrad Lorenz. Journal of the History of Biology, 38, 571–608.
36 Siehe beispielsweise: Helm, B. (2006). Zugunruhe of migratory and non-migratory birds in a circannual context. Journal of Avian Biology, 37(6), 533–540.
37 Wiltschko, R. (2012). Magnetic orientation in animals (Vol. 33). Springer, Science & Business Media.
38 Berthold, P. (1991). Genetic control of migratory behaviour in birds. Trends in Ecology & Evolution, 6(8), 254–257.
39 Mueller, J. C., Pulido, F., & Kempenaers, B. (2011). Identification of a gene associated with avian migratory behaviour. Proceedings of the Royal Society B: Biological Sciences, 278(1719), 2848–2856; und Liedvogel, M., Åkesson, S., & Bensch, S. (2011). The genetics of migration on the move. Trends in ecology & evolution, *26*(11), 561–569.
40 Zhan, S., Merlin, C., Boore, J. L., & Reppert, S. M. (2011). The monarch butterfly genome yields insights into long-distance migration. Cell, 147(5), 1171–1185.
41 Beck, W., & Wiltschko, W. (1988). Magnetic factors control the migratory direction of pied flycatchers (Ficedula hypoleuca Pallas). Acta XIX Congr. Int. Ornithol, 2, 1955–1962.
42 Wiltschko, R., & Wiltschko, W. (2022). The discovery of the use of magnetic navigational information. Journal of Comparative Physiology A, *208*(1), 9–18.
43 Fransson, T., Jakobsson, S., Johansson, P., Kullberg, C., Lind, J., & Vallin, A. (2001). Magnetic cues trigger extensive refuelling. Nature, 414(6859), 35–36.
44 Gurarie, E., Hebblewhite, M., Joly, K., Kelly, A. P., Adamczewski, J., Davidson, S. C., … & Boelman, N. (2019). Tactical departures and strategic arrivals: Divergent effects of climate and weather on caribou spring migrations. Ecosphere, 10(12), e02971.
45 John Alcock. Das Verhalten der Tiere aus evolutionsbiologischer Sicht, G. Fischer 1996.
46 https://www.br.de/radio/bayern1/zugvoegel-134.html, abgerufen am 9.3.25.
47 Newton, I. (2012). Obligate and facultative migration in birds: ecological aspects. Journal of Ornithology, 153, 171–180.

48 Lack, D. L. (1960). The influence of weather on passerine migration: a review. Auk 77, 171–209; Akesson, S., & Hedenstrom, A. (2000). Wind selectivity of migratory flight departures in birds. Behav. Ecol. Sociobiol. 47, 140–144; und Richardson, W. J. (1978). Timing and amount of bird migration in relation to weather: a review. Oikos 30, 224–272.
49 Battley, P. F., Warnock, N., Tibbitts, T. L., Gill Jr, R. E., Piersma, T., Hassell, C. J., … & Riegen, A. C. (2012). Contrasting extreme long-distance migration patterns in bar-tailed godwits Limosa lapponica. Journal of Avian Biology, 43(1), 21–32.
50 Andrea Stegemann. Natur in Bewegung: Die erstaunlichen Wanderungen von Tieren und Pflanzen, Theiss in Herder, 2022.
51 Robert Moor. Wo wir gehen. Unsere Wege durch die Welt, Insel 2020.
52 Helbing, D., Keltsch, J., & Molnar, P. (1997). Modelling the evolution of human trail systems. Nature, 388(6637), 47–50.
53 https://sz-magazin.sueddeutsche.de/natur/trampelpfade-zeit-sparen-89137
54 Helbing, D. (1997). Wegeplanung am Computer. Wenn Physiker neue Wege gehen. Physik in unserer Zeit, 28(5), 223–224.
55 Klaus Humpert. Trails, Trucks & Traces, Edition Esefeld & Traub, 2020.
56 Arthur Schopenhauer. Über die Freiheit des menschlichen Willens. Über die Grundlage der Moral, Diogenes 2017.

9 ÜBERS ZIEL HINAUS

1 Heads, M. (2001). Birds of paradise, biogeography and ecology in New Guinea: a review. Journal of Biogeography, 28(7), 893–925.
2 Attenborough, D., & Fuller, E. (2012). Drawn from Paradise. The Discovery, Art and Natural History of the Birds of Paradise, London: Harper Collins. Siehe auch Marcaida, J. R. (2014). Rubens and the bird of paradise. Painting natural knowledge in the early seventeenth century. Renaissance Studies, 28(1), 112–127.
3 Birds-of-Paradise Project, Cornell Lab of Ornithology, https://www.birdsofparadiseproject.org/, abgerufen am 11.3.25.
4 Wer den Tanz einmal sehen möchte, kann dies hier tun: ›The Dancing Bird of Paradise Scene from Our Planet | Netflix‹ https://www.youtube.com/watch?v=BnLE-G1hVAE
5 Jones, A. G., & Ratterman, N. L. (2009). Mate choice and sexual selection: what have we learned since Darwin? Proceedings of the National Academy of Sciences, 106(supplement_1), 10 001–10 008.

6 Kuijper, B., Pen, I., & Weissing, F. J. (2012). A guide to sexual selection theory. Annual Review of Ecology, Evolution, and Systematics, 43(1), 287–311.
7 Wagner, C. E., Harmon, L. J., & Seehausen, O. (2012). Ecological opportunity and sexual selection together predict adaptive radiation. Nature, 487(7407), 366–369.
8 Irestedt, M., Jønsson, K. A., Fjeldså, J., Christidis, L., & Ericson, P. G. (2009). An unexpectedly long history of sexual selection in birds-of-paradise. BMC evolutionary biology, 9, 1–11.
9 Ein Video dazu gibt es hier: ›Moon Walkin‹ »Manakin« Bird, https://www.youtube.com/watch?v=Sxl_bvCRgyE
10 Endler, J. A., Gaburro, J., & Kelley, L. A. (2014). Visual effects in great bowerbird sexual displays and their implications for signal design. Proceedings of the Royal Society B: Biological Sciences, 281(1783), 20140235.
11 Endler, J. A., Endler, L. C., & Doerr, N. R. (2010). Great bowerbirds create theaters with forced perspective when seen by their audience. Current Biology, 20(18), 1679–1684.
12 Einen beeindruckenden Ausschnitt aus Attenboroughs Dokumentation dazu gibt es hier: https://www.youtube.com/watch?v=1XkPeN3AWIE
13 Wojcieszek, J. M., Nicholls, J. A., Marshall, N. J., & Goldizen, A. W. (2006). Theft of bower decorations among male Satin Bowerbirds (Ptilonorhynchus violaceus): why are some decorations more popular than others? Emu-Austral Ornithology, 106(3), 175–180.
14 Ligon, R. A., Diaz, C. D., Morano, J. L., Troscianko, J., Stevens, M., Moskeland, A., Laman, T. G., & Scholes, E. III. (2018). Evolution of correlated complexity in the radically different courtship signals of birds-of-paradise. PLOS Biology.
15 Scholes, E., & Laman, T. G. (2018). Distinctive courtship phenotype of the Vogelkop Superb Bird-of-Paradise Lophorina niedda Mayr, 1930 confirms new species status. PeerJ, 6, e4621.
16 Tania Munz. Der Tanz der Bienen. Karl von Frisch und die Entdeckung der Bienensprache, Czernin 2018, S. 200.
17 Riley, J. R., Greggers, U., Smith, A. D., Reynolds, D. R., & Menzel, R. (2005). The flight paths of honeybees recruited by the waggle dance. Nature, 435(7039), 205–207.
18 Biesmeijer, J. C., & Seeley, T. D. (2005). The use of waggle dance information by honey bees throughout their foraging careers. Behavioral Ecology and Sociobiology, 59, 133–142.

19 Kohl, P. L., Thulasi, N., Rutschmann, B., George, E. A., Steffan-Dewenter, I., & Brockmann, A. (2020). Adaptive evolution of honeybee dance dialects. Proceedings of the Royal Society B, 287(1922), 20 200 190. Und Auswirkungen: Conrad, T., & Ayasse, M. (2015). The role of vibrations in population divergence in the red mason bee, Osmia bicornis. Current Biology, 25(21), 2819–2822.

20 Charles Darwin (1899). The expression of emotions in people and animals. Harmondsworth, Penguin, S. 405.

21 Oña, J., Duque, E., Garland, E. C., Seger, K., Narváez, M., Maldonado, J., & Denkinger, J. (2019). A Giant's Dance: Underwater Social and Vocal Behavior of Humpback Whales (Megaptera novaeangliae) Recorded on the Northern Coast of Ecuador. Aquatic Mammals, 45(4), 456–464.

22 Dr. Patel im New York Times-Interview, https://web.archive.org/web/20100604034151/http://www.nytimes.com/2010/06/01/science/01conv.html?src=mv

23 Dr. Patel im New York Times-Interview, https://web.archive.org/web/20100604034151/http://www.nytimes.com/2010/06/01/science/01conv.html?src=mv

24 Patel, A. D., Iversen, J. R., Bregman, M. R., Schulz, I., Schulz, C., & San, C. (2008, August). Investigating the human-specificity of synchronization to music. In Proceedings of the 10th International Conference on Music Perception and Cognition (100–104). Sapporo; Adelaide: Hokkaido University; Casual Productions.

25 Harvard News Archiv: https://web.archive.org/web/20201215114939/https://news.harvard.edu/gazette/story/2019/07/study-of-snowball-the-cockatoo-suggests-humans-arent-the-only-ones-who-can-dance/

26 Patel, A. D., Iversen, J. R., Bregman, M. R., & Schulz, I. (2009). Experimental evidence for synchronization to a musical beat in a nonhuman animal. Current biology, 19(10), 827–830.

27 Keehn, R. J. J., Iversen, J. R., Schulz, I., & Patel, A. D. (2019). Spontaneity and diversity of movement to music are not uniquely human. Current Biology, 29(13), R621-R622.

28 Laland, K., Wilkins, C., & Clayton, N. (2016). The evolution of dance. Current Biology, 26(1), R5-R9.

29 Armstrong, E. A. (1943). The crane dance in East and West. Antiquity, 17(66), 71–76.

30 Dinets, V. (2013). Crane dances as play behaviour. Ibis, 155(2), 424–425.

31 Aus der brieflichen Abhandlung Schillers ›Über die ästhetische Erziehung des Menschen‹, 15. Brief, Klaus L. Berghahn (Hrsg.): Friedrich

Schiller: Über die ästhetische Erziehung des Menschen in einer Reihe von Briefen. Reclam, Stuttgart 2000.
32 Pellis, S. M., Pellis, V. C., Pelletier, A., & Leca, J. B. (2019). Is play a behavior system, and, if so, what kind? Behavioural processes, 160, 1–9.
33 Brooks, H. J., & Burghardt, G. M. (2023). A review of interspecific social play among nonhuman animals. Neuroscience & Biobehavioral Reviews, 151, 105 232.
34 O'Hara, M., & Auersperg, A. M. (2017). Object play in parrots and corvids. Current opinion in behavioral sciences, 16, 119–125; Burghardt, G. M. (2015). Play in fishes, frogs and reptiles. Current Biology, 25(1), R9-R10; Zylinski, S. (2015). Fun and play in invertebrates. Current Biology, 25(1), R10-R12.
35 Pellis, S. M., Pellis, V. C., Ham, J. R., & Stark, R. A. (2023). Play fighting and the development of the social brain: The rat's tale. Neuroscience & Biobehavioral Reviews, 145, 105 037.; z. B. Säugetiere: Cappiello, B. M., Hill, H. M., & Bolton, T. T. (2018). Solitary, observer, parallel, and social object play in the bottlenose dolphin (Tursiops truncatus). Behavioural Processes, 157, 453–458. Vögel: Diamond, J., & Bond, A. B. (2003). A comparative analysis of social play in birds. Behaviour, 1091–1115.
36 Power, T. G. (1999). Play and exploration in children and animals. Psychology Press.
37 Spöhrer, M. (2020). Technische Dinge im Wechselspiel: Spielsituationen als Experimentalsysteme am Beispiel einer autoethnographischen Studie zu Tetris 99.
38 Kaplan, G. (2020). Play behaviour, not tool using, relates to brain mass in a sample of birds. Sci. Rep. 10, 20 437.
39 Sharpe, L. L. (2005). Play does not enhance social cohesion in a cooperative mammal. Animal Behaviour, 70(3), 551–558.
40 Burghardt, G. M. (2014). A brief glimpse at the long evolutionary history of play. Animal behavior and cognition, 1(2), 90–98.
41 Emery, N. J., & Clayton, N. S. (2015). Do birds have the capacity for fun? Current Biology, 25(1), R16-R20.
42 Patel, A. D., Iversen, J. R., Bregman, M. R., & Schulz, I. (2009). Studying synchronization to a musical beat in nonhuman animals. Annals of the New York Academy of Sciences, 1169(1), 459–469.
43 Der Panther im Jardin des Plantes, Paris, Rainer Maria Rilke, 1903.
44 Paul Verlaine. Briefe Gedichte Texte, Verlag Autonomie und Chaos, Leipzig und Berlin 2022, ISBN 978-3-945980-71-2, S. 268.

45 Kurt Bayertz. Der aufrechte Gang. Eine Geschichte des anthropologischen Denkens, C. H. Beck 2012.
46 Richmond, B. G., & Strait, D. S. (2000). Evidence that humans evolved from a knuckle-walking ancestor. Nature, 404(6776), 382–385.
47 Stern Jr, J. T., & Susman, R. L. (1983). The locomotor anatomy of Australopithecus afarensis. American Journal of Physical Anthropology, 60(3), 279–317; Ward, C. V. (2002). Interpreting the posture and locomotion of Australopithecus afarensis: where do we stand? American Journal of Physical Anthropology: The Official Publication of the American Association of Physical Anthropologists, 119(S35), 185–215.
48 Thompson, N. E., Demes, B., O'Neill, M. C., Holowka, N. B., & Larson, S. G. (2015). Surprising trunk rotational capabilities in chimpanzees and implications for bipedal walking proficiency in early hominins. Nature communications, 6(1), 8416.
49 Harcourt-Smith, W. E. (2007). The origins of bipedal locomotion. Handbook of paleoanthropology, 3, 1483–1518.
50 Hippokrates gibt Präventionstipps mit zeitloser Gültigkeit. die BG 2006; 121(2): 84–89.
51 Zehr, E. P., Hundza, S. R., & Vasudevan, E. V. (2009). The quadrupedal nature of human bipedal locomotion. Exercise and sport sciences reviews, 37(2), 102–108.
52 Erling Kagge. Gehen. Weitergehen, Insel 2018.
53 Clara Paul. Neue Wege gehen, Geschichten und Gedichte zum Überwintern, Suhrkamp/Insel 2023.
54 Boecker, H., Sprenger, T., Spilker, M. E., Henriksen, G., Koppenhoefer, M., Wagner, K. J., … & Tolle, T. R. (2008). The runner's high: opioidergic mechanisms in the human brain. Cerebral cortex, 18(11), 2523–2531.
55 Laufen. Geschichte einer Leidenschaft, List 2001, S. 19.
56 Gerhard Danzer. Das Leben – ein Spiel? Ein Spiel! In: Eudämonie – Vom guten, besseren, gelingenden Leben. Springer, Berlin und Heidelberg 2023, S. 49–62.
57 Gonyou, H. W. (1994). Why the study of animal behavior is associated with the animal welfare issue. Journal of animal science, 72(8), 2171–2177. Siehe auch: Play behaviour in nonhuman animals and the animal welfare issue.
58 Bull, J. (2011). Animal Movements-Moving Animals: essays on direction, velocity and agency in humanimal encounters.
59 Ingold, T. (2011). Being alive: essays on movement, knowledge and description. London, Routledge.

60 Strimbu, S. (2023). Das Fördern der Sozialkompetenz von AD(H) S-Kindern mithilfe von Wahrnehmungsspielen im Sachunterricht im Erfahrungs- und Lernbereich Gemeinschaft. Pädagogische Hochschule Salzburg Stefan Zweig.
61 Scherer, S. (2018). Gamification und der Einfluss auf die kognitiven Fähigkeiten. Technische Hochschule Nürnberg.

10 NEUE WEGE BESCHREITEN

1 Riddell, D. (2005). Evolving approaches to conservation: integral ecology and Canada's Great Bear Rainforest. World Futures, 61(1–2), 63–78.
2 Reimchen, T. E., & Fox, C. H. (2013). Fine-scale spatiotemporal influences of salmon on growth and nitrogen signatures of Sitka spruce tree rings. BMC ecology, 13, 1–13.,
3 Reimchen, T. E. (2000). Some ecological and evolutionary aspects of bear-salmon interactions in coastal British Columbia. Can J Zoolog, 78:448–457; Reimchen, T. E. (2001). Salmon nutrients, nitrogen isotopes and coastal forests. Ecoforestry, 16(3), 13–16.
4 Weckworth, B. V., Talbot, S., Sage, G. K., Person, D. K., & Cook, J. (2005). A signal for independent coastal and continental histories among North American wolves. Molecular Ecology, *14*(4), 917–931.
5 Muñoz-Fuentes, V., Darimont, C. T., Wayne, R. K., Paquet, P. C., & Leonard, J. A. (2009). »Ecological factors drive differentiation in wolves from British Columbia« (PDF). Journal of Biogeography. 36 and Weckworth, B. V., Dawson, N. G., Talbot, S. L., Flamme, M. J., & Cook, J. A. (2011). Going coastal: shared evolutionary history between coastal British Columbia and Southeast Alaska wolves (Canis lupus). PLoS One, 6(5), e19 582.
6 Schweizer, R. M., Vonholdt, B. M., Harrigan, R., Knowles, J. C., Musiani, M., Coltman, D., Novembre, J., & Wayne, R. K. (2016). »Genetic subdivision and candidate genes under selection in North American grey wolves«. Molecular Ecology. 25 (1): 380–402. Und Schweizer, R. M., Robinson, J., Harrigan, R., Silva, P., Galverni, M., Musiani, M., Green, R. E., Novembre, J., & Wayne, R. K. (2016). »Targeted capture and resequencing of 1040 genes reveal environmentally driven functional variation in grey wolves«. Molecular Ecology. 25 (1): 357–79.
7 Muñoz-Fuentes, V., Darimont, C. T., Wayne, R. K., Paquet, P. C. &

Leonard, J. A. (2009). »Ecological factors drive differentiation in wolves from British Columbia« (PDF). Journal of Biogeography, 36.
8 Darimont, C. T., Paquet, P. C., & Reimchen, T. E. (2009). Landscape heterogeneity and marine subsidy generate extensive intrapopulation niche diversity in a large terrestrial vertebrate. Journal of Animal Ecology, 126–133.
9 Stronen, A. V., Navid, E. L., Quinn, M. S., Paquet, P. C., Bryan, H. M., & Darimont, C. T. (2014). Population genetic structure of gray wolves (Canis lupus) in a marine archipelago suggests island-mainland differentiation consistent with dietary niche. BMC ecology, 14, 1–9.
10 Darimont, C. T., Paquet, P. C., & Reimchen, T. E. (2008). Spawning salmon disrupt trophic coupling between wolves and ungulate prey in coastal British Columbia. BMC ecology, 8, 1–12.
11 Darimont, C. T., Reimchen, T. E., & Paquet, P. C. (2003). Foraging behaviour by gray wolves on salmon streams in coastal British Columbia. Canadian Journal of Zoology, 81(2), 349–353.
12 Szepanski, M. M., Ben-David, M., & Van Ballenberghe, V. (1999). Assessment of anadromous salmon resources in the diet of the Alexander Archipelago wolf using stable isotope analysis. Oecologia, 120, 327–335.
13 Paquet, P. C., Alexander, S. M., Swan, P. L., & Darimont, C. T. (2006). Influence of natural landscape fragmentation and resource availability on distribution and connectivity of gray wolves (Canis lupus) in the archipelago of coastal British Columbia, Canada. CONSERVATION BIOLOGY SERIES-CAMBRIDGE-, 14, 130.
14 https://www.nationalgeographic.com/magazine/article/coastal-sea-wolves-canada
15 Weckworth, B. V., Talbot, S. L., & Cook, J. A. (2010). Phylogeography of wolves (Canis lupus) in the Pacific Northwest. Journal of Mammalogy, 91(2), 363–375.
16 Corell, R. W. (2006). Challenges of climate change: an Arctic perspective. AMBIO: A Journal of the Human Environment, 35(4), 148–152.
17 Rantanen, M., Karpechko, A. Y., Lipponen, A., Nordling, K., Hyvärinen, O., Ruosteenoja, K., … & Laaksonen, A. (2022). The Arctic has warmed nearly four times faster than the globe since 1979. Communications Earth & Environment, 3(1), 168.
18 Gascard, J. C., Zhang, J., & Rafizadeh, M. (2019). Rapid decline of Arctic sea ice volume: Causes and consequences. The Cryosphere Discussions, 2019, 1–29.

19 Tarroux, A., Berteaux, D., & Bêty, J. (2010). Northern nomads: ability for extensive movements in adult arctic foxes. Polar Biology, 33, 1021–1026.
20 Lai, S., Bêty, J. & Berteaux, D. (2015). Spatio-temporal hotspots of satellite-tracked Arctic foxes reveal a large detection range in a mammalian predator. Movement Ecology 3, article no. 37.
21 Pamperin, N. J., Follmann, E. H., & Person, B. T. (2008). Sea-ice use by arctic foxes in northern Alaska. Polar Biology, 31, 1421–1426.
22 Fuglei, E., & Tarroux, A. (2019). Arctic fox dispersal from Svalbard to Canada: one female's long run across sea ice. Polar Research.
23 Hemphill, E. J. K., Flagstad, Ø., Jensen, H., Norén, K., Wallén, J. F., Landa, A., … & Eide, N. E. (2020). Genetic consequences of conservation action: Restoring the arctic fox (Vulpes lagopus) population in Scandinavia. Biological Conservation, 248, 108 534.
24 Hoegh-Guldberg, O. (2011). Coral reef ecosystems and anthropogenic climate change. Regional Environmental Change, 11, 215–227.
25 Flack, A., Fiedler, W., Blas, J., Pokrovsky, I., Kaatz, M., Mitropolsky, M., … & Wikelski, M. (2016). Costs of migratory decisions: a comparison across eight white stork populations. Science advances, 2(1), e1 500 931.
26 Europäischer Aal: Dekker, W., Pawson, M., & Wickström, H. (2007). Is there more to eels than slime? An introduction to papers presented at the ICES Theme Session in September 2006. ICES Journal of Marine Science, *64*(7), 1366–1367. Europäischer und Amerikanischer Aal: Castonguay, M., Hodson, P. V., Moriarty, C., Drinkwater, K. F., & Jessop, B. M. (2007). Is there a role of ocean environment in American and European eel decline. Fisheries Oceanography 3, 197–203. Japanischer Aal: Kimura, S., Inove, T., & Sugimoto, T. (2008). Fluctuation in the distribution of low-salinity water in the North Equatorial Current and its effect on the larval transport of the Japanese eel. Fisheries Oceanography 10, 51–60.
27 Bonhommeau, S., Castonguay, M., Rivot, E., Sabatié, R., & Le Pape, O. (2010). The duration of migration of Atlantic Anguilla larvae. Fish and Fisheries, 11(3), 289–306.
28 Bevacqua, D., Melià, P., Gatto, M., & De Leo, G. A. (2015). A global viability assessment of the European eel. Global Change Biology, 21(9), 3323–3335.
29 Estes, R. D. (2014). The Gnu's world: Serengeti wildebeest ecology and life history. University of California Press.
30 Ewert, M. A., Jackson, D. R., & Nelson, C. E. (1994). Patterns of temperature-dependent sex determination in turtles. Journal of Experimental Zoology, 270(1), 3–15.

31 Lockley, E. C., & Eizaguirre, C. (2021). Effects of global warming on species with temperature-dependent sex determination: Bridging the gap between empirical research and management. Evolutionary Applications, 14(10), 2361–2377. Siehe auch: Reneker J. L., Kamel S. J. Climate change increases the production of female hatchlings at a northern sea turtle rookery. Ecology. 2016; 97(12):3257–64. https://doi.org/10.1002/ecy.1603 PMID: 27912005

32 Jensen, M. P., Allen, C. D., Eguchi, T., Bell, I. P., LaCasella, E. L., Hilton, W. A., … & Dutton, P. H. (2018). Environmental warming and feminization of one of the largest sea turtle populations in the world. Current Biology, 28(1), 154–159.

33 Hays G. C., Mazaris A. D., Schofield G., Laloe J-O. Population viability at extreme sex-ratio skews produced by temperature-dependent sex determination. Proceedings of the Royal Society B-Biological Sciences, 2017; 284.

34 Kühn, S., Bravo Rebolledo, E. L., van Franeker, J. A. (2015). Deleterious effects of litter on marine life. In: Bergmann, M., Gutow, L., Klages, M. (Eds.), Marine Anthropogenic Litter. Springer, Cham, 75–116; und Nelms, S. E., Duncan, E. M., Broderick, A. C., Galloway, T. S., Godfrey, M. H., Hamann, M., … & Godley, B. J. (2016). Plastic and marine turtles: a review and call for research. ICES Journal of Marine Science, 73(2), 165–181. Zu den Effekten: Emily M. Duncan et al.: Microplastic ingestion ubiquitous in marine turtles. In: Global Change Biology, 2018, doi:10.1111/gcb.14519.

35 Tucker, A. D., Baldwin, R., Willson, A., Al Kiyumi, A., Al Harthi, S., Schroeder, B., … & Witherington, B. (2018). Revised clutch frequency estimates for Masirah Island loggerhead turtles (Caretta caretta). Herpetological Conservation and Biology, 13(1), 158–166.

36 https://www.iucn-mtsg.org/statuses, abgerufen am 14.03.25.

37 Hartzler, R. G.(2010). Reduction in common milkweed (Asclepias syriaca) occurrence in Iowa cropland from 1999 to 2009. Crop Prot. 29, 1542–1544.

38 Agrawal, A. A., & Inamine, H. (2018). Mechanisms behind the monarch's decline. Science 360, 1294–1296; und Malcolm, S. B. (2018). Anthropogenic impacts on mortality and population viability of the monarch butterfly. Ann. Rev. Entomol. 63, 277–302.

39 Olaya-Arenas, P., Hauri, K., Scharf, M. E., & Kaplan, I. (2020). Larval pesticide exposure impacts monarch butterfly performance. Scientific reports, 10(1), 14 490.

40 Cowie, R. H., Bouchet, P., & Fontaine, B. (2022). The Sixth Mass Extinction: fact, fiction or speculation? Biological Reviews, 97(2), 640–663. Und Barnosky, A. D., Matzke, N., Tomiya, S., Wogan, G. O., Swartz, B., Quental, T. B., … & Ferrer, E. A. (2011). Has the Earth's sixth mass extinction already arrived? Nature, 471(7336), 51–57.
41 Bambach, R. K. (2006). Phanerozoic biodiversity mass extinctions. Annu. Rev. Earth Planet. Sci. 34, 127–155; und: Hull, P. (2015). Life in the aftermath of mass extinctions. Current Biology, 25(19), R941-R952.
42 Brusatte, S. L., Benton, M. J., Ruta, M. & Lloyd, G. T. (2008). Superiority, competition, and opportunism in the evolutionary radiation of dinosaurs. Science, 321(5895), 1485–1488.
43 Harper, C. K. (2023). Poaching forensics: animal victims in the courtroom. Annual Review of Animal Biosciences, 11(1), 269–286. Siehe auch: Ripple, W. J., Chapron, G., López-Bao, J. V., Durant, S. M., Macdonald, D. W., Lindsey, P. A., … & Zhang, L. (2017). Conserving the world's megafauna and biodiversity: the fierce urgency of now. Bioscience, 67(3), 197–200.
44 Ceballos, G., & Ehrlich, P. R. (2018). The misunderstood sixth mass extinction. Science, 360(6393), 1080–1081.
45 UNEP-WCMC, 2024. State of the World's Migratory Species. UNEP-WCMC, Cambridge, United Kingdom.
46 https://www.bfn.de/oekologische-durchgaengigkeit
47 UNEP-WCMC, 2024. State of the World's Migratory Species. UNEP-WCMC, Cambridge, United Kingdom.
48 Renner, S. S., & Zohner, C. M. (2018). Climate change and phenological mismatch in trophic interactions among plants, insects, and vertebrates. Annual review of ecology, evolution, and systematics, 49(1), 165–182.
49 Møller, A. P., Rubolini, D., & Lehikoinen, E. (2008). Populations of migratory bird species that did not show a phenological response to climate change are declining. Proceedings of the National Academy of Sciences, 105(42), 16 195–16 200.
50 Karibu: Wilson, R. R., Parrett, L. S., Joly, K., & Dau, J. R. (2016). Effects of roads on individual caribou movements during migration. Biological Conservation, 195, 2–8.
51 Vickers, T. W., Sanchez, J. N., Johnson, C. K., Morrison, S. A., Botta, R., Smith, T., … & Boyce, W. M. (2015). Survival and mortality of pumas (Puma concolor) in a fragmented, urbanizing landscape. PloS One, 10(7), e0 131 490. Und: Ernest, H. B., Vickers, T. W., Morrison, S. A., Buchalski, M. R., & Boyce, W. M. (2014). Fractured genetic connectivity threatens a

southern California puma (Puma concolor) population. PloS One, 9(10), e107985.
52 Coffin, A. W. (2007). From roadkill to road ecology: a review of the ecological effects of roads. Journal of transport Geography, 15(5), 396–406.
53 Tucker, M. A., Böhning-Gaese, K., Fagan, W. F., Fryxell, J. M., Van Moorter, B., Alberts, S. C., … & Mueller, T. (2018). Moving in the Anthropocene: Global reductions in terrestrial mammalian movements. Science, 359(6374), 466–469.
54 Doughty, C. E., Roman, J., Faurby, S., Wolf, A., Haque, A., Bakker, E. S., … & Svenning, J. C. (2016). Global nutrient transport in a world of giants. Proceedings of the National Academy of Sciences, 113(4), 868–873. Siehe auch: Benkwitt, C. E., Carr, P., Wilson, S. K., & Graham, N. A. (2022). Seabird diversity and biomass enhance cross-ecosystem nutrient subsidies. Proceedings of the Royal Society B, 289(1974), 20220195.
55 Bauer, S., & Hoye, B. J. (2014). Migratory animals couple biodiversity and ecosystem functioning worldwide. Science, 344(6179), 1242552.
56 Salmi, A. K., & Niinimäki, S. (2021). Reindeer on the move: an introduction to the archaeology of animal movement. Archaeologies of Animal Movement. Animals on the Move, 1–9. Und: Petrie, C. A., Lightfoot, E., Jones, P. J., Walker, J. R., Valentine, B. T., Krigbaum, J., … & O'Connell, T. C. (2024). Animal movement on the hoof and on the cart and its implications for understanding exchange within the Indus Civilisation. Scientific Reports, 14(1), 158.
57 Oktaviana, A. A., Joannes-Boyau, R., Hakim, B., Burhan, B., Sardi, R., Adhityatama, S., … & Aubert, M. (2024). Narrative cave art in Indonesia by 51,200 years ago. Nature, 631(8022), 814–818. Und: Borić, D. (2007). Images of animality: hybrid bodies and mimesis in early prehistoric art. Material beginnings: a global prehistory of figurative representation, 89–105.
58 Wachtel, E. (1993). The first picture show: cinematic aspects of cave art. Leonardo, 26(2), 135–140.
59 Bull, J. (2011). Animal Movements – Moving Animals: essays on direction, velocity and agency in humanimal encounters. Centre for Gender Research, Uppsala University.
60 Greaves, T. (2019). Movement, wildness and animal aesthetics. Environmental Values, 28(4), 449–470.
61 Simone Peganini. Tiere zwischen Flucht und Migration in der hebräischen Bibel. In: Tierstudien 19, Neofelis 2021.

62 Caron, D. A. (2002). The Animals Came Dancing: Native American Sacred Ecology and Animal Kinship.
63 Musée canadien de l'histoire, The Myth of Wasko, in connection with the Sen-i-coot-quin-nie house near Skidegate, Queen Charlotte Islands, according to James Deans (36: 59–61).
64 Boundas, Constantin (1996). »Deleuze-Bergson: an ontology of the virtual«, in: P. Patton ed., Deleuze: a critical reader. Oxford, Blackwell: 81–106.
65 T. S. Eliot: Vier Quartette. Four Quartets. Engl./Dt. Übersetzt von Norbert Hummelt, Suhrkamp (Berlin) 2015.
66 Übersetzung von »Natūram expellas furca, tamen usque recurret« aus Brockhaus' Kleines Konversations-Lexikon, fünfte Auflage, Band 2., Leipzig 1911, S. 247.
67 Sokolov, V. E., Rjabov, I. N., Ryabtsev, I. A., Tikhomirov, F. A., Shevchenko, V. A., & Taskaev, A. I. (1993). Ecological and genetic consequences of the Chernobyl atomic power plant accident. Vegetatio, 109, 91–99. Und: Andrea Stegemann. Natur in Bewegung: Die erstaunlichen Wanderungen von Tieren und Pflanzen, Theiss in Herder, 2022.
68 Baker, R. J., & Chesser, R. K. (2000). The Chornobyl nuclear disaster and subsequent creation of a wildlife preserve. Environmental Toxicology and Chemistry, 19(5), 1231–1232.
69 Raglon, R. (2009). The Post Natural Wilderness & Its Writers. Journal of Ecocriticism, 1(1), 60–66.
70 Clara Paul. Neue Wege gehen, Geschichten und Gedichte zum Überwintern, Suhrkamp/Insel 2023.
71 Frank Hartmann. 20 Jahre Fischpass Iffezheim. Wasserwirtsch 110, 97–98 (2020); und G. Bartl, Frank Hartmann. Wiederansiedlung des Atlantischen Lachses in Baden-Württemberg, 21.
72 Ökologische Erfolgskontrolle an der Grünbrücke »Melzower Forst« über die BAB 11 zum Nachweis der Funktionalität als Wildtierpassage (Monitoring größerer Säugetiere), Landeskompetenzzentrum Forst Eberswalde (LFE), Fachbereich 43, Forschungsstelle für Wildökologie und Jagdwirtschaft, Zwischenbericht 2019.
73 Körbel, O., Rogoschick, B., & Ernst, N. (2001). Vermeidung der durch den Straßenverkehr bedingten Verluste von Fischottern (Lutra lutra). Forschung Straßenbau und Straßenverkehrstechnik, (805). Und: Jancke, S., & Giere, P. (2011). Patterns of otter Lutra lutra road mortality in a landscape abundant in lakes. European journal of wildlife research, 57, 373–381.

74 Fishel, S. R. (2019). Of other movements: nonhuman mobility in the Anthropocene. *Mobilities*.

75 Andrea Stegemann. Natur in Bewegung: Die erstaunlichen Wanderungen von Tieren und Pflanzen, Theiss in Herder, 2022.

76 Fritz, J., Kramer, R., Hoffmann, W., Trobe, D., & Unsöld, M. (2017). Back into the wild: establishing a migratory Northern bald ibis Geronticus eremita population in Europe. International Zoo Yearbook, 51(1), 107–123. Und: Fritz, J., Hoffmann, W., & Unsöld, M. (2016, August). Back into European ecosystems: the LIFE+ northern bald ibis reintroduction project in Central Europe. In Proceedings of the Northern Bald Ibis Conservation and Translocation Work-shop—Report of 4th IAGNBI Meeting, Seekirchen, Austria (5–7).

77 Antonios D. Mazaris et al.: Global sea turtle conservation successes. In: Science Advances. Band 3, Nr. 9, 2017, doi:10.1126/sciadv.1600730.

78 https://canadiangeographic.ca/articles/the-amazing-sea-wolves-of-the-great-bear-rainforest/

79 Patricola-McNiff, B. (2001). Roadkill. Journal of Humanistic Psychology, 41(4), 90.

80 Jean-Henri Fabre. The Life of the Spider, Blue Ribbon Books, New York City, 1912, S. 34.

BILDNACHWEISE

S. 27: iStock.com/nikpal
S. 61: iStock.com/neil bowman
S. 106: iStock.com/Francesco Ricciardi
S. 133: iStock.com/toos
S. 167: © Alexander Semenov
S. 196: iStock.com/adogslifephoto
S. 225: iStock.com/Kara Capaldo
S. 253: iStock.com/David O' Brien
S. 279: oben: iStock.com/crbellette, unten: © JJ Harrison, https://commons.wikimedia.org/wiki/File:Wilson%27s_Bird-of-Paradise_0A2A1913.jpg#/media/File:Wilson's_Bird-of-Paradise_0A2A1913.jpg
S. 307: © Isabelle Groc

REGISTER

E

F

I

J

K

L

M

N

Q

R

S

T

U

V

W

Y

Z